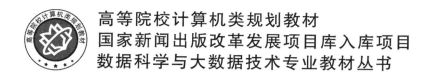

高等院校计算机类规划教材
国家新闻出版改革发展项目库入库项目
数据科学与大数据技术专业教材丛书

NoSQL 数据库技术

袁燕妮　编著

北京邮电大学出版社
www.buptpress.com

内 容 简 介

NoSQL 数据库泛指非关系型数据库,是大数据存储的关键技术。本书主要介绍 NoSQL 数据库基础理论与关键技术。首先理论结合实践,介绍图类、文档类、键值类、列族类等主流 NoSQL 数据库的技术架构、数据存储与管理的关键技术,并分别基于 Neo4j、MongoDB、Redis、Cassandra 用大量实例深入浅出地介绍四类数据库的具体技术,基于 Java、Python 语言介绍了数据库访问技术;其次介绍时序数据库、RDF 数据库等其他类型的 NoSQL 数据库;最后简要介绍区块链存储关键技术。

本书可以作为高等院校数据科学与大数据技术专业及计算机相关专业学习 NoSQL 数据库理论与技术的教材,也可以作为 NoSQL 数据库爱好者的参考书。

图书在版编目(CIP)数据

NoSQL 数据库技术 / 袁燕妮编著. -- 北京:北京邮电大学出版社,2020.8(2022.10 重印)
ISBN 978-7-5635-6184-1

Ⅰ. ①N…　Ⅱ. ①袁…　Ⅲ. ①数据库系统—高等学校—教材　Ⅳ. ①TP311.13

中国版本图书馆 CIP 数据核字(2020)第 149978 号

策划编辑:姚　顺　刘纳新　　责任编辑:刘春棠　　封面设计:柏拉图

出版发行:北京邮电大学出版社
社　　　址:北京市海淀区西土城路 10 号
邮政编码:100876
发 行 部:电话:010-62282185　传真:010-62283578
E-mail:publish@bupt.edu.cn
经　　　销:各地新华书店
印　　　刷:保定市中画美凯印刷有限公司
开　　　本:787 mm×1 092 mm　1/16
印　　　张:15.25
字　　　数:396 千字
版　　　次:2020 年 8 月第 1 版
印　　　次:2022 年 10 月第 3 次印刷

ISBN 978-7-5635-6184-1　　　　　　　　　　　　　　　　　　　　定价:48.00 元

大数据顾问委员会

　　大数据时代,同时伴随着物联网、人工智能、区块链技术的高速发展,传统关系型数据库在很多业务场景中显得力不从心,NoSQL 数据库系统应用越来越广泛。本书按照北京邮电大学数据科学与大数据技术专业培养方案中课程体系内容设计要求,围绕 OBE 人才培养理念,充分考虑本专业人才培养目标在问题分析能力、研究能力、使用现代工具能力、终身学习能力四方面的要求,主要针对大数据存储与管理能力培养需求设计知识体系内容,理论与实践并重,循序渐进。本书通过具体应用场景示例培养学生的学习兴趣,通过理论与实践相结合的方法使学生掌握主流 NoSQL 数据库的典型特征及适用场景,掌握基于 NoSQL 数据库进行大数据存储与管理的基本技术与方法,了解 NoSQL 数据库技术的新进展。

　　本书共 12 章,包括 NoSQL 数据库概述、图数据库技术、Neo4j 图数据库、文档数据库技术、MongoDB 文档数据库、键值类数据库技术、Redis 键值数据库、列族数据库技术、Cassandra 列族数据库、NoSQL 数据库访问技术、其他类型的 NoSQL 数据库以及区块链数据存储技术。各章节间关系如图 1 所示。

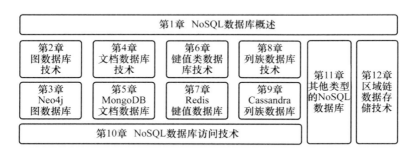

图 1　本书知识内容组成及各章节关系

　　读者在学习时,通过第 1 章先对 NoSQL 数据库技术有个整体认识,第 2 章～第 9 章每两章为一个模块,分别先掌握某类数据库的基础理论与知识,再就某一种具体类型的数据库学习掌握其安装及数据操作管理细节知识。第 10 章学习基于 Java、Python 语言的四类数据库编程访问技术。第 11 章主要基于时序数据库、RDF 数据库、搜索引擎学习其他类型的 NoSQL 数据库技术。第 12 章简单介绍区块链存储关键技术。本书以实际应用为出发点,精心组织内容,四类数据库基于典型应用场景设计具体示例,并配有思考与练习题。课件和课堂示例源代码等可通过北京邮电大学出版社网站(http://www.buptpress.com/)下载,极大地方便了教与学。通过实践练习,学生可掌握四大类主流 NoSQL 数据库应用与管理技术基础知识。另外,读者也可扫描本书中的二维码学习知识点相关扩展内容或下载相关资源,以提高学习效率。

学习 NoSQL 数据库技术需要先修的专业课程有:数据科学导论、大数据技术基础、数据库理论与技术等。按照 1 周 2 学时,开设 16 周,共计 32 学时的课程计划,教学进度建议如表 1 所示。

表 1　32 学时教学计划

周	教学内容	实践内容
1	第 1 章 NoSQL 数据库概述	
2	第 2 章 图数据库技术	
3	第 3 章 Neo4j 图数据库	
4	实践:Neo4j 图数据库实践	Neo4j 安装与数据管理操作实践
5	第 4 章 文档数据库技术	
6	第 5 章 MongoDB 文档数据库	
7	实践:MongoDB 文档数据库实践	MongoDB 安装与数据管理操作实践
8	第 6 章 键值类数据库技术	
9	第 7 章 Redis 键值数据库	
10	实践:Redis 键值数据库实践	Redis 安装与数据管理操作实践
11	第 8 章 列族数据库技术	
12	第 9 章 Cassandra 列族数据库	
13	实践:Cassandra 列族数据库实践	Cassandra 安装与数据管理操作实践
14	第 10 章 NoSQL 数据库访问技术	
15	第 11 章 其他类型的 NoSQL 数据库	
16	第 12 章 区块链数据存储技术	

课时安排上或许有些紧张,建议授课老师根据教学内容要求进行调整,可略过部分章节。作者喜欢研讨式教学,所以在每章后面增加了调研分析、思考类习题,希望学生课堂上在老师引领掌握基础理论、技术知识的基础上,课外能够充分发挥自己的能动性,主动深入扩展相关理论与技术知识面,提高自己提出问题、解决问题的能力。老师可以适当针对某些习题采用翻转课堂的方法,组织课堂讨论,也可以将学生的自主学习过程与效果纳入课程考评体系。

本书的出版首先要感谢母校北京邮电大学计算机学院、山东大学计算机学院的培养及一路走来有缘相识的各位恩师的谆谆教导;特别要感谢北京邮电大学数据科学与大数据技术专业负责人吴斌教授、王柏教授的大力支持和鼓励;感谢从事 NoSQL 数据库技术相关研究的科研人员、企业及互联网知识论坛贡献者们,推动了 NoSQL 数据库技术的诞生与发展;还要诚挚感谢合作过、指导我、帮助我、关心我的各位领导、同事、同学和朋友,感谢每个项目团队中一起奋斗过的、努力过的研究生们。作为北京邮电大学数据科学与大数据技术新专业新教材系列的编撰者之一,倍感荣耀,这也是我完成此书的强大动力。

　　我要感谢我的家人,谢谢他们的理解和鼓励,正是他们默默的支持,使我能够静下心来研究梳理 NoSQL 数据库技术相关知识,编著本书。

　　最后,感谢各位读者选择了本书,希望本书能对读者的学习有所助益。

　　由于时间仓促,涉及的新技术范围广,加之作者水平有限,书中错误、疏漏及不足之处在所难免,敬请读者批评指正。

袁燕妮
于北京邮电大学

目　录

第1章

NoSQL 数据库概述

NoSQL(Not Only SQL)泛指非关系型数据库,与传统的用于事务型管理的关系型数据库存在很大的不同,特别是在大数据时代,NoSQL 技术是实现大数据分布式存储、高性能访问与管理,用于支撑互联网＋、智慧＋等大规模、创新型应用的关键技术,根据不同类型大数据的特点分别提供相适应的存储与管理技术。本章主要从 NoSQL 数据库的基本概念、分类、特点、CAP 等理论及其与云计算、物联网、区块链技术的关系角度从整体上来初步认识 NoSQL 技术体系。

本章内容思维导图如图 1-1 所示。

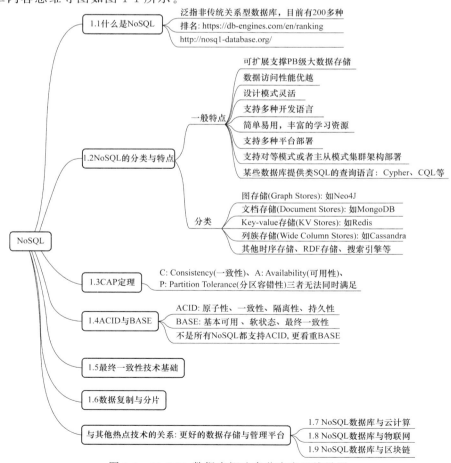

图 1-1　NoSQL 数据库概述章节内容思维导图

1.1　什么是 NoSQL？

"Big Data"（大数据）时代的来临已经毋庸置疑，数据已成为各个国家的基础性战略资源，是不同行业企事业单位的重要资产，同时也是不同国家科研组织机构创新的重要出发点和驱动力。大数据正日益对全球生产、流通、分配、消费活动以及经济运行机制、社会生活方式和国家治理能力产生重要影响。特别是全球各个领域纷纷通过"＋互联网""＋物联网""＋AI"等技术手段提升现有信息化系统的数据采集与智慧分析支撑能力，业务数据不断累积，经过大数据处理与分析，分析结果反作用于业务系统服务能力的提高，这个过程循环迭代式演进，进一步激发和促进了数据科学与大数据技术的高速发展。大数据本身依托于国民经济各个领域的应用系统而生，服务于社会与个体生产与生活的各个环节和活动，将面临更加严峻、迫切的高效存储与管理新技术的重大挑战。

传统的关系数据库管理系统（Relational Database Management System，RDBMS）面对快速增长的数据规模和日渐复杂的数据类型，渐渐力不从心，无法应对很多 PB 级及以上数据库处理任务。特别是在支撑 Web 2.0 网站应用开发时，RDBMS 暴露了很多难以克服的问题。Web 2.0 网站要根据用户个性化信息来实时生成动态页面和提供动态信息，数据库并发负载非常高。对于关系数据库来说，在 PB 级海量信息中进行 SQL 查询，效率是极其低下甚至是不可忍受的。

大数据技术体系一般包含以下五方面：

- 大数据采集技术；
- 大数据预处理技术；
- 大数据存储与管理技术；
- 大数据分析与挖掘技术；
- 大数据应用技术。

大数据存储与管理技术在大数据处理与分析技术栈中起着承上启下的重要作用。大数据存储主要分为分布式文件存储技术与适合弹性横向扩展部署的 NoSQL 类型数据库技术。NoSQL 是对不同于 RDBMS 的数据库管理系统的统称。NoSQL 一词最早出现于 1998 年，Carlo Strozzi 提出"要找到存储和检索数据的其他高效途径，而不是在任何情况下都把关系数据库当作万金油"。2009 年在亚特兰大举行的"no：sql（east）"讨论会对 NoSQL 给出一个被普遍接受的解释是"非关系型的"数据库管理系统，强调它是传统关系型数据库的有益补充，而不是替代传统关系型数据库。

NoSQL 数据库与 RDBMS 的区别主要体现在以下八个方面。

（1）存储方式：关系型数据库是以规范的表格形式存储的，表中一行数据包含很多存储属性值的字段。行与行之间很容易关联协作存储，按行提取数据很方便。而 NoSQL 数据库则与其相反，往往纵向按列大块数据存储，或者按照数据本身键值对特点、文档特点、图结构特点进行非关系型存储。

（2）存储结构：关系型数据库对应的是数据表结构需要预先定义，描述数据存储的形式和内容。预定义结构虽然能够很好地保障系统的稳定性，但数据模型灵活性较差，修改比较困难，在存储大规模数据时，容易存在稀疏列问题。而 NoSQL 数据库基于动态结构，数据存储结构可以根据需求灵活变化,不要求所有行的数据属性结构都一致。

(3) 存储规范:关系型数据库为了降低数据冗余,需要满足一定的存储范式要求,把数据分割为一系列的关系表以避免重复,获得精简的空间利用。虽然管理起来很清晰,但是单个操作如果涉及多张表的时候,数据管理就显得比较麻烦。而 NoSQL 数据存储为了支撑大数据的高性能访问,大多采用牺牲空间换时间的方式,模式设计适当引入数据冗余,对数据存储没有严格规范要求,更加有利于大规模数据管理操作。

(4) 存储扩展:从可扩展性角度来看,关系型数据库一般采用纵向扩展,也就是说想要提高处理能力,要使用速度更快的计算机,好比轻型卡车拉不动货的时候就换重型卡车拉货。因为数据存储在关系表中,操作的性能瓶颈可能涉及多个表,需要通过提升计算机性能来克服。虽然有很大的扩展空间,但是最终会达到纵向扩展的上限。而 NoSQL 数据库采用的则是横向扩展方式,它的存储集群部署架构天然是支持分布式的,可以通过给资源池添加更多的一般数据库服务器来分担负载。好比一只蚂蚁完不成任务的时候,就集结成千上万只蚂蚁一起完成任务。

(5) 查询方式:关系型数据库通过结构化查询语言 SQL 来操作数据库。SQL 支持数据库CURD 操作的功能非常强大,是业界的标准用法。而 NoSQL 查询以块为单元操作数据,使用的是非结构化查询语言,目前还没有统一标准。

(6) 事务管理:关系型数据库遵循原子性(Atomicity)、一致性(Consistency)、隔离性(Isolation)、持久性(Durability),即 ACID 规则,支持数据强一致性管理,对事务的支持很好。而在 NoSQL 分布式数据库中强调基本可用(Basically Available)、软状态(Soft-state)、最终一致性(Eventual Consistency),即 BASE 原则。虽然有的 NoSQL 数据库也可以用于事务管理,但这并不是 NoSQL 的闪光点。

(7) 性能:关系型数据库为了维护数据的一致性付出了巨大的代价,在面对高并发读写任务时性能非常差,尤其是面对大数据的时候效率非常低。而 NoSQL 存储的格式本质上大都是 Key-Value 类型的,综合利用内存存储、数据副本、负载均衡等机制来保障大数据访问性能,而且遵循数据最终一致性要求,所以高性能是 NoSQL 数据库与生俱来的优势。

(8) 授权方式:关系型数据库通常有 SQL Server、MySQL、Oracle、DB2 等,大多数企业级应用关系型数据库都是付费的,并且价格昂贵,成本很高。而 NoSQL 数据库目前大多数都是开源的,相对成本较低。

总之,NoSQL 数据库除了成本相对低外,突出的优点主要是灵活、可扩展、高性能和功能强大,并提供卓越的用户体验,以上四方面特点分别描述如下。

- 灵活性:NoSQL 数据库通常提供灵活的模型架构,以实现更快速的迭代开发。灵活的数据模型使 NoSQL 数据库成为半结构化和非结构化数据的理想之选。
- 可扩展性:相比较采用更加昂贵和强大的服务器来满足需求的纵向扩展(Scale up)方式,NoSQL 数据库通常采用横向扩展(Scale out)的方式,即大多采用 X86 等相对廉价的服务器搭建集群的方式进行扩展,以满足性能访问需求。
- 高性能:NoSQL 数据库针对特定的数据模型(如列族、文档、键值和图形等)和访问模式进行了优化,这与尝试使用关系数据库完成类似功能相比可实现更高的性能。
- 功能强大:NoSQL 数据库提供功能强大的 API 和数据类型,专门针对其各自的数据模型而构建。

与 NoSQL 数据库的优势相对应的不足之处主要体现在:目前还缺乏统一的标准约束,不同的数据库之间没有类似 RDBMS 中 SQL 一样的统一数据查询操作语言支持;强调最终一致性而不是强一致性。各个行业以事务管理为核心的应用系统中,主要是对少量业务数据的事务操作,关系型数据库依然处于主导地位,如客户关系管理系统、企业资源管理系统等。

大数据分析驱动的应用系统架构往往包含数据采集层、数据处理层、数据存储层、数据分析与应用呈现层,应用系统需求决定数据存储层技术选型,如系统可靠性要求怎么样、性能访问速度要求如何、数据存储结构满足什么特点等,再综合判断选择什么类型的数据库管理系统去支撑业务功能的设计与实现。

从各个应用领域整体应用系统架构讲,往往是以少量数据事务管理操作为主的 OLTP 型应用系统与批量数据操作为主的分析型应用系统相互服务,形成闭环的综合支撑系统架构,所以很多实际应用系统中一般同时采用 RDBMS 和一种或多种 NoSQL 数据库分别发挥各自所长,综合满足应用系统的业务支撑需求。

除了 RDBMS 和 NoSQL 数据库技术,近几年还出现了 NewSQL 数据库技术,其目标是结合传统关系型数据库与 NoSQL 数据库技术的优点,这类新式的关系型数据库管理系统,针对 OLTP(读-写)工作负载,追求提供与 NoSQL 系统相同的扩展性能,且仍然保持 ACID 和 SQL 等特性。NoSQL 与 NewSQL 目前都还处于快速研究发展阶段。

1.2　NoSQL 的分类与特点

近年来 NoSQL 技术迅猛发展,按照数据存储特点,NoSQL 数据库一般分为图存储、文档存储、键值存储、列族存储和其他类型共五大类。参考国际知名的数据库排名网站 DB-Engines Ranking 首页 2019 年 11 月的数据库分类,除 RDBMS 外,NoSQL 数据库的分类如表 1-1 所示。

表 1-1　NoSQL 数据库的分类

类型	Top 3 代表	特点
图存储 (Graph Stores)	Neo4j Microsoft Azure Cosmos DB (Multi-model) OrientDB(Multi-model)	图数据的最佳存储。相比使用传统关系数据库性能更优,存储模式设计与使用更加灵活、简单
文档存储 (Document Stores)	MongoDB Amazon DynamoDB(Multi-model) Couchbase	文档存储一般用类似 JSON(JavaScript Object Notation)的格式存储,存储的内容是文档型的嵌套结构。可以对某些字段建立索引,实现类似关系数据库的某些功能
Key-Value 存储	Redis(Multi-model) Amazon DynamoDB(Multi-model) Microsoft Azure Cosmos DB	可以通过 Key 快速查询到其 Value。支持多种类型值的存储
列族存储 (Wide Column Stores)	Cassandra HBase Microsoft Azure Cosmos DB (Multi-model)	顾名思义,是按列存储数据的。最大的特点是方便存储结构化和半结构化数据,对某一列或者某几列的查询有非常大的性能优势

类型	Top 3 代表	特点
时序存储（Time Series Stores）	InfluxDB Kdb+ Prometheus	时间序列数据库用于支撑时间序列数据的优化存储，每个条目都有一个相关的时间戳。时间序列数据可以来自传感器、智能电表等，或可以存储一个高频股票交易系统的股票价格波动情况
对象存储（Object oriented Stores）	InterSystems Caché(Multi-model) Versant ObjectDB ObjectStore	通过类似面向对象语言的语法操作数据库，通过对象的方式存取数据
XML 数据库	MarkLogic Oracle Berkeley DB Virtuoso	可以高效地存储 XML 数据，并支持 XML 的内部查询语法，如 XQuery、Xpath 等。原生类 XML DB 有 BaseX 等
RDF 存储	MarkLogic(Multi-model) Virtuoso(Multi-model) Apache Jena-TDB	资源描述框架存储是一种信息的描述方法，最初用于描述元数据。目前主要用于语义网、知识图谱的存储。RDF 存储主要以主语、谓语、宾语三元组形式表示信息
搜索引擎（Search Engines）	Elasticsearch Splunk Solr	搜索引擎是用于数据内容搜索的 NoSQL 数据库管理系统。除了这种应用的一般优化，专业化数据库通常还支持复杂搜索表达式、全文搜索、源搜索、搜索结果的排序和分组、空间搜索和高扩展性分布式搜索等功能
事件存储（Event Stores）	Event Store IBM Db2 Event Store NEventStore	事件存储数据库是记录事件发生的数据库管理系统，坚持所有的状态变化的事件都对应一个时间戳，从而创建单个对象的时间序列。一个对象的当前状态可以通过回放，推断对象从开始到当前时间的所有事件
多值数据库（Multivalue DBMS）	Adabas UniData,UniVerse jBASE	多值数据库类似于关系数据库系统中的表存储数据，但可以记录多个值。因为这违背了第一范式，这些系统有时被称为 NF2(非第一范式)系统
内容存储（Content Stores）	Jackrabbit ModeShape	多媒体数据库是专门管理数字内容的数据库管理系统，如文本、图片或视频，包括它们的元数据。除了通常使用 SQL 或 XPath 存储和查询，多媒体数据库通常支持的功能是全文检索、版本控制、多媒体数据内容的存储与访问控制
导航数据库（Navigational DBMS）	IMS IDMS	导航数据库只允许通过链接记录访问数据集

本书将主要基于前四类目前主流 NoSQL DB 来学习相关理论及技术基础知识，这四类 NoSQL 数据库的特点概述如下。

1. 图数据库

世界万事万物之间存在着纷繁复杂的关联关系，人与人、人与物、物与物通过时间、地域空间、动作事件等发生相互联系，进行状态变迁。从技术角度来讲，可以用图论中图的概念来抽象表示复杂的关系网络。图结构数据如图 1-2 所示。图论、网络科学是图数据库重要的理论基础。图数据库可以高效支撑网状图形结构数据的管理与分析型应用,如微信、微博等社交网络应用场景,金融领域账务往来网络分析应用场景,复杂的交通网络、计算机网络、通信网络、智能电网、有线电视网、物联网等物理网络流量分析、安全分析、监控预警分析等场景。

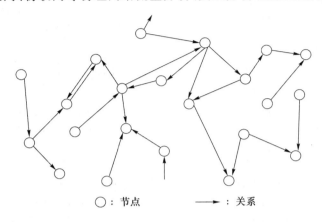

○：节点　　　　——→：关系

图 1-2　图结构数据示例

以社交平台为例,一个大 V 有少则十几万,多则几千万的粉丝,这些关注关系如果采用 RDBMS 存储,则需要将一条关注关系存为一条数据,每条数据主要包含大 V 标识、粉丝标识及关注时间等信息。整个平台用户数量往往上亿级别,仅仅关注关系轻松破亿、破十亿,甚至上百亿,并且为了保证每条数据的唯一性,还需要设置联合索引,RDBMS 就有些力不从心了。传统的性能优化技术,如根据 ID 哈希将数据分别存储到 100 张表中,可以起到提高查询一个用户有哪些粉丝性能的作用,但是查询一个用户关注了哪些人时仍然需要遍历全表。如果想查询类似好友的好友这种结果的话,RDBMS 需要通过多次表链接查询才能实现,性能往往满足不了业务需求。

应运而生的专门用于网络图数据存储的图数据库突出特点简介如下:

- 采用非关系的图数据结构直接存储数据,数据建模直接用节点与关系表示数据,节点间的关系可以带有描述属性,节点可以有不同类型的类别标签,节点与节点之间也可以存在多种不同类型的关系;
- 支持基于路径的高性能图数据遍历访问方法;
- 可横向扩展,支持分布式集群架构,能够支撑数十亿节点的高效访问;
- 支持 Java、Python 等多种开发语言;
- 支持跨平台部署、简单易用等。

2. 文档数据库

从 1989 年起,Lotus 通过其群件产品 Notes 提出了数据库技术的全新概念——文档数据库,文档数据库区别于传统的其他数据库,以文档的形式存储数据。在 RDBMS 中,相关信息被分割成离散的数据段,存放在不同的数据库表中,如有关客户的完整信息被分别存放在客户基本信息表、客户订单表、客户缴费信息表、客户投诉记录表等。文档数据库中文档是处理信息的基本单位。一个文档可以很长、很复杂,内容结构不固定,与字处理文档类似。一个文档相当于关系数据库中表的一条记录,但可以把一个客户相关的属性信息都放在一个文档里。一个描述客户信息的文档示例如下,数据存储方式非常类似 JSON。

```
{
    "_id": "5cf0029caff5056591b0ce7d",
    "firstname": "Jane",
    "lastname": "Wu",
    "address": {
        "street": "1 Circle Rd",
        "city": "Los Angeles",
        "state": "CA",
        "zip": "90404"
    },
    "hobbies": ["surfing", "coding"]
}
```

文档主要以嵌套的键值树形结构来存储数据,文档与文档之间没有显式的关联,文档中除了数据值以外,很重要的是存储了用来描述数据的元数据,即用 Key 来表示 Value 的含义。在文档数据库中相关的文档构成集合,相同集合中不同文档的结构可以不同。文档数据库是功能最丰富、最像关系数据库的 NoSQL 数据库。

文档数据库的突出特点简介如下:
- 不需要定义固定的文档结构,文档结构灵活易修改,添加 1 个新字段不会对其他已有文档有任何影响,整个过程非常便捷;
- 分布式架构支持更高的写入负载;
- 高可用性,支持主从式快速、安全及自动化的集群节点故障转移;
- 支持高效查询,支持灵活的索引机制;
- 支持复杂的查询条件。

3. 键值数据库

键值数据库将数据存储为键值对集合,其中键作为唯一标识符。键和值都可以是从简单对象到复杂复合对象的任何内容。键值数据库是高度可分区的,可水平扩展,支持大数据的高性能存储与访问。在很多场合可以对关系数据库起到很好的补充作用,能够支撑电子商务平台节假日高峰时段业务的并发访问量需求。

以会话存储为例,一个面向会话的应用程序(如 Web 应用程序)在用户登录时启动会话,并保持活动状态直到用户注销或会话超时。在此期间,应用程序将所有与会话相关的数据存储在内存或数据库中,会话数据包括用户资料信息、消息、个性化数据和主题、建议、有针对性的促销和折扣等。每个用户会话具有唯一的标识符。除了主键之外,任何其他键都无法查询会话数据,因此快速键值存储更适合于会话数据。

键值数据库的突出特点简介如下:
- 简洁:数据主要采用 Key-Value(KV)形式存储。
- 高速:数据驻留内存,Redis 也支持将内存中的数据持久化到磁盘中,重启的时候可以再次加载进行使用,同时保障数据的高性能访问及可靠性。
- 易扩展:根据系统负载量,灵活添加或删除服务器。
- 对键可设置失效时间,丰富的配置管理功能可以精准地设定数据服务级别。

键值结构如表 1-2 所示,虽然简单,但键对应的值除了可以是普通的数值、网页地址与文本内容等字符串类值以外,还可以是图像、视频、音频等更加丰富的内容数据。

表 1-2　键值数据存储结构示意

键	值
Key1	Value1
……	……
Key$n$	Value$n$

4. 列族数据库

列族数据库的典型代表是谷歌的 BigTable,一个表往往有上亿行和百万列,为了解决数据稀疏问题及数据的高效访问,本质上也是 KV 形式存储,与键值数据库的区别是使用行和列综合作为键,值可以带有时间戳,一定时期的历史数据在一起存储。经常在一起处理的相关列可以设计为列族,列族数据库中的一般存储结构如表 1-3 所示,不同的列族数据库建模时具体对应的术语有所不同。列族数据库在存储互联网爬取信息、用户偏好信息、地理信息等高维大数据时应用广泛。

表 1-3　列族数据存储结构示意

	列族1		……
	列1	……	列n
行键1			
行键2	Ts1:值1　Ts2:值2　Ts3:值3		
……			

列族数据库的突出特点简介如下:

- 更好的可扩展性,以列的方式纵向分割数据,列可以根据业务数据需求灵活增加,对已有数据影响很小,存储节点类似其他类型的 NoSQL 数据库,可以随着数据量的增加横向扩展。
- 高可用性,支持跨不同地理区域的、分布式多节点复制数据的存储架构,一般配置为采用多个不同位置节点存储数据及其副本数据,当存储部分数据的服务器崩溃时,其他服务器仍然可以提供正常的数据服务。
- 适合离线批量数据处理,能够高效地支持数据聚合类运算,不太适合经常性删除和更新类实时操作。
- 支持跨平台部署,提供 Java、Python、Ruby 等多种语言应用开发 API。

1.3　CAP 定理

NoSQL 数据库管理系统均采用分布式集群架构支持大数据的高效存储与访问。分布式存储系统必然存在如下三方面的问题。

- 一致性(Consistency,C):所有节点在同一时间具有相同的数据,即如何保障不同节点上所有数据及其副本都是一致的。

- 可用性(Availability,A):保证每个请求不管成功或者失败都有响应,即如何根据用户请求保障返回数据操作的结果。
- 分区容错性(Partition Tolerance,P)或者稳健性:系统中任意信息的丢失或失败不会影响系统的继续运作,即如何在某些节点出现故障的时候仍然能够继续运行。

以上三方面问题是分布式系统中的经典 CAP 问题。2000 年,Eric Brewer 教授在 ACM 分布式计算原理主题研讨会上做了主题演讲,介绍了著名的 CAP 定理,也称布鲁尔定理 (Brewer's CAP Theorem)。2002 年,麻省理工学院的 Seth Gilbert 和 Nancy Lynch 两人证明了 CAP 理论的正确性,并进行了完善。CAP 定理指出一个分布式系统不可能同时满足一致性、可用性和分区容错性这三个需求,最多只能同时满足其中两个。

鱼与熊掌不可兼得也。如果关注的是一致性,那么就需要处理因为系统不可用而导致的写操作失败的情况;而如果关注的是可用性,那么应该知道系统的读操作可能不能精确地读取到写操作写入的最新值。因此系统的关注点不同,相应地采用的策略也是不一样的,如不同数据对于一致性的要求是不同的。举例来讲,用户评论数据对不一致是不敏感的,可以容忍相对较长时间的不一致,这种不一致并不会对交易和用户体验产生很大的影响;而产品价格数据则是非常敏感的,有的用户不能容忍超过秒级的价格不一致。只有真正地理解了系统的需求,才有可能利用好 CAP 理论。

RDBMS 和不同类型的 NoSQL 数据库管理系统设计与实现时分别在 CAP 三方面进行了取舍,如图 1-3 所示。

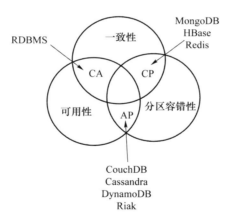

图 1-3　CAP 与数据库之间的关系

根据 CAP 原理可以将数据库管理系统分成如下三大类。

- 满足 CA 原则:满足一致性、可用性,通常在分区容错性上不太强大,传统关系数据库属于此类。
- 满足 AP 原则:满足可用性、分区容错性,对一致性要求低一些。Cassandra 等数据库属于此类,对于大型网站,可用性与分区容错性优先级要高于数据一致性,一般会尽量朝着 A、P 的方向设计,然后通过其他手段保证对于一致性的商务需求。
- 满足 CP 原则:满足一致性、分区容错性,通常会牺牲一定的可用性。

1.4 ACID 与 BASE

ACID 是数据库管理系统中事务（Transaction）管理方面必须满足的四个特性。

1. 原子性（Atomicity，A）

原子性指事务里的所有操作要么全部执行，要么都不执行，事务成功的条件是事务里的所有操作都成功执行，只要有一个操作失败，整个事务就失败，需要回滚。比如银行转账，从 A 账户转 100 元至 B 账户，包含两个操作，先从 A 账户取出即减去 100 元，然后存入即增加 100 元至 B 账户。这两步要么一起完成，要么一起不完成，如果只完成第一步，第二步失败，钱会莫名其妙少了 100 元。

2. 一致性（Consistency，C）

一致性指数据库要保障数据遵守一定的一致性管理规则，事务的运行不会改变数据库原本的一致性约束。如现有完整性约束 $a+b=10$，如果一个事务改变了 a，那么必须得改变 b，使得事务结束后依然满足 $a+b=10$，否则事务失败。

3. 隔离性（Isolation，I）

隔离性指并发的事务之间不会互相影响，如果一个事务要访问的数据正在被另外一个事务修改，只要另外一个事务未提交，它所访问的数据就不受未提交事务的影响。事务与事务之间要求互不影响。假如现在有个事务交易是从 A 账户转 100 元至 B 账户，在这个交易还未完成的情况下，如果 B 查询自己的账户，是看不到新增加的 100 元的。

4. 持久性（Durability，D）

持久性是指一旦事务提交后，它所做的修改将会永久地保存在数据库上，即持久化到外存中，即使出现宕机也不会丢失。持久化之后的，即已经成功提交的事务是不允许回滚的。

RDBMS 事务管理严格遵循 ACID 原则，对数据进行强一致性管理。基于 ACID 的数据库系统设计时可以说是悲观的，因为必须考虑计算环境里所有可能的故障导致的失效模式，并进行仔细测试保证事务的完整性。事务管理中涉及很多资源锁定与释放、事务日志管理等操作。

NoSQL 数据库的性能优势主要是因为采用的分布式集群架构，不管是 AP 原则还是 CP 原则实现，为了满足分区容错性，在一致性方面做出一定的让步，满足的是非强一致性管理原则，即基本可用、软状态、最终一致性（Basically Available，Soft-state，Eventually Consistent，BASE）。BASE 三方面含义解释如下。

- 基本可用性：分布式系统在出现不可预知故障的时候，允许损失部分可用性。比如电商平台业务促销高峰时段，用户查询数据的相应时间延长会大大影响用户的体验，可以在高峰期停掉一些非必须功能，如报表生成功能等，以保障用户核心关键功能的低延迟、高性能交互访问，如客户订单管理功能等。

- 软状态：允许系统中的数据存在中间状态，并认为该中间状态的存在不会影响系统的整体可用性，即允许系统在不同节点的数据副本之间进行数据同步的过程存在延时。

- 最终一致性：BASE 系统显著的特点是要保证在短时间内，即使有不同步的风险，也要允许新数据能够被存储。所有的数据副本，在经过一段时间的同步后，最终能够达到一个一致的状态。

基于 BASE 的 NoSQL 数据库系统相比较 ACID 来讲倾向于更加简单和迅速的大数据存储管理机制,不必编写处理非常复杂的资源锁定和释放代码,比较乐观地允许一定时期内数据出现不一致问题,其关键任务是保证服务响应并稍后处理不一致的部分,保障最终一致性。

总之,ACID 与 BASE 各有优势,从应用角度来看,在某些行业客户关系管理系统、支付转账等关键业务支撑系统采取严格的 ACID 事务管理数据库。在某些需要管理的数据超过了当前系统能够管理的规模时,为了处理大数据而进行扩展,并将系统架构从集中式迁移到分布式系统时,就需要引入 BASE 类型的 NoSQL 数据库来保证系统的高可用性。

1.5　最终一致性技术基础

1.5.1　一致性问题

NoSQL 分布式集群系统是由多个节点(指服务器、存储设备等)构成的,由于网络异常、服务器故障等原因,节点并不总能保证正常工作,特别是在节点数量很大的时候,出现异常状况在所难免。为了保证系统的正常运行,提供高可用的服务,分布式系统中对于数据的存储采用多数据副本来保证可用性,这个过程对于用户来说是透明的。那么随之就会带来数据副本的不一致问题。按照服务保障能力的不同,客户端访问一致性主要分为以下类型。

(1) 严格一致性:语义上相当于只存在一份数据。任何更新看上去都是即时发生的。

(2)"读己之所写"一致性:客户端可立即看到自己所作的更新,且客户端可在不同请求之间切换服务器,但不能立即看到其他客户端所作的更新。

(3) 会话一致性:对于客户端在同一会话作用域中发起的请求,通常绑定到同一台服务器,提供"读己之所写"一致性。

(4) 单调读一致性:保证时间上的单调性,保证客户端在未来的请求中,只会读到比当前更新的数据。

(5) 最终一致性:这是最弱的一种保证。在更新的过程中,客户端可能看到不一致的视图。当并发访问同一数据概率非常小的时候,或者业务场景对一致性要求不高时,此效果是可以被接受的。

一致性管理是指为了满足分区容错性如何按照一致性协议使分布式系统中多个服务器的状态达成一致,集群中各个节点遵循该协议进行一致性管理,即使系统中有少数服务器出现故障,也不会影响可用性。分布式系统中一致性管理方法有 Quorum 的 NWR 策略、Paxos 算法、Raft 算法、向量时钟、时间戳、两阶段提交协议等,这些算法或者模型均以 CAP 理论为基石,并依据不同的情况作出权衡,例如 Paxos 具有较强的一致性,但是系统延迟较大。此外,很多系统中采用多种策略的结合,例如,NWR 策略经常与向量时钟一同使用解决数据的一致性问题。常用的经典一致性管理算法思想简介如下。

1.5.2　Quorum 的 NWR 策略

Quorom 机制是一种分布式系统中常用的,用来保证数据冗余和最终一致性的投票算法,其主要数学思想来源于鸽巢原理。Quorum 的 NWR 策略中 N 代表总的节点数量,W 代表写的节点数量,R 代表读的节点数量。分布式系统中,冗余数据是保证可靠性的手段,因此冗余数据的一致性维护就非常重要。一般而言,一个写操作必须要对所有的冗余数据都更新完成了,才能称为成功结束。比如一份数据在 5 台设备上有冗余,因为不知道读数据会落在哪一台设备上,那么一次写操作,必须 5 台设备都更新完成,写操作才能返回。对于写操作比较频繁的系统,这个操作的瓶颈非常大。Quorum 算法可以让写操作只要写完 3 台就返回,剩下的由系统内部同步完成。而读操作,也需要至少读 3 台,才能保证至少可以读到一个最新的数据。

　　Quorom 机制中分布式系统中的每一份数据拷贝对象都被赋予一票。每一个操作必须要获得最小的读票数(V_r)或者最小的写票数(V_w)才能读或者写。如果一个系统有 V 票(意味着一个数据对象有 V 份冗余拷贝),那么这最小读写票数必须满足:

　　(1) $V_r + V_w > V$;

　　(2) $V_w > V/2$。

　　第一条规则保证了一个数据不会被同时读写。当一个写操作请求过来的时候,它必须要获得 V_w 个冗余拷贝的许可。而剩下的数量是 $V - V_w$,不够 V_r,因此不能再有读请求过来了。同理,当读请求已经获得了 V_r 个冗余拷贝的许可时,写请求就无法获得许可了。第二条规则保证了数据的串行化修改。一份数据的冗余拷贝不可能同时被两个写请求修改。Quorum 的读写最小票数可以用来作为系统在读、写性能方面的一个可调节参数。写票数 V_w 越大,则读票数 V_r 越小,这时候系统写的开销就大。反之,则写的开销就小。

　　读数据时,假设总共有 N 个数据副本,其中 K 个已经更新,$N - K$ 个未更新,那么任意读取 $N - K + 1$ 个副本数据的时候就必定至少有 1 个是属于更新了的 K 个里面的,也就是 Quorum 的交集,我们只需比较读取的 $N - K + 1$ 中版本最高的那个数据返回给用户就可以得到最新更新的数据了。

　　写数据时,也只需要完成写 K(大于 $N/2$ 个)个副本的更新后,就可以告诉客户端操作完成,而不需要全部写入了,当然告诉用户完成操作后,系统内部还是会继续把剩余的副本更新,这对于用户是透明的。通过运用 Quorum 机制可以一定程度上解决读写模型中读写负载均衡问题,降低写入数据成本,关键是在更新多少个数据副本后,就能保障总能读到最新的数据。

1.5.3　Paxos 算法简介

　　Paxos 算法是莱斯利·兰伯特(Leslie Lamport)于 1990 年提出的,类似于解决拜占庭将军问题,基于消息传递解决分布式系统中的一致性问题。一个被 Paxos 管理的系统实际上谈论的是值状态和跟踪等问题。Cassandra、Google 的分布式锁服务 Chubby 等采用的都是 Paxos 算法进行一致性管理。Paxos 完成一次写操作需要两次来回,分别是 Prepare/Promise 和 Propose/Accept,如图 1-4 所示。

　　第一次由提交者(Leader)向所有其他服务器发出 Prepare 消息请求准备,所有服务器中大多数如果回复诺言(Promise)就表示准备好了,可以接受写入;第二次提交者向所有服务器发出正式建议 Propose,所有服务器中大多数如果回复已经接收(Accept)就表示成功。这里大多数的含义一般指超过半数以上,即至少 $N/2 + 1$ 个节点,N 为节点总数。

　　接受的过程可能会发生失败,在回复了诺言消息以后,在接收到 Accept 消息之前,如果有足够多的服务器正好在这个时间段失败,那么执行接受行为的只能是少数服务器,如果一个客户端试图从系统中大多数节点服务器读取它们同意接受的值,会发现一些节点服务器报告有不同的值数据,这会引起读失败,但是 Paxos 还保持一致性,不允许在没有达成共识的情况下任何写操作发生,这种坏的情况在实践中经常通过重复接受阶段来让大多数节点最终接受。

另外,Paxos 算法中会维护一个全局唯一的序列号(Sequence Number)。序列号是由建议流程产生的,它定义了接受流程应该准备接受带有序列号的建议,这个序列号是算法的关键,它用于表明新旧建议之间的区别,如果两个流程都试图设置一个值,Paxos 认为最后一个流程应该有优先权,这样让流程分辨哪个是最后一个,这样它就能设置最新的值。

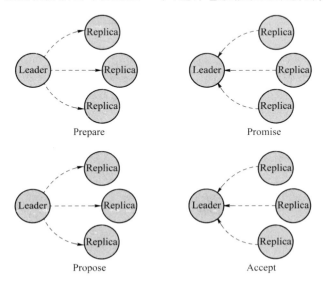

图 1-4　Paxos 一致性算法执行过程

1.5.4　Raft 算法简介

Raft 原理动画
演示链接

Raft 是由斯坦福大学的 Diego Ongaro 博士在 2014 年提出的一种更易于理解的分布式架构中日志一致性管理算法。所有一致性算法都会涉及状态机,状态机用于保证系统从一个一致的状态开始,以相同的顺序执行一系列日志操作指令最终达到另一个一致的状态,如图 1-5 所示。它和 Paxos 算法的目标一样,但相比于 Paxos,Raft 算法更容易理解,也更容易应用到实际的系统当中。Raft 算法是 Zookeeper 框架的核心算法,也是区块链中采用比较多的共识算法。

Raft 算法中,分布式系统中的节点有三种角色。

(1) 领导者(Leader):只有一个,负责接收客户端的请求,将日志复制到其他节点并告知其他节点何时应用这些日志是安全的。

(2) 候选者(Candidate):通常多个,用于选举 Leader 的一种角色。

(3) 追随者(Follower):通常多个,负责响应来自 Leader 或者 Candidate 的请求。

其基本思想类似民主选举,领导者由民众投票选举产生。集群刚开始没有领导者,所有服务器节点都是追随者,接下来进行选举,角色转换为候选者参与投票,每台服务器只能投一票,得票超过半数以上的当选为领导者,并设定这届领导者的任期(Term),从而选举结束,其他候选人转换为追随者,并无条件服从领导者的领导。Raft 把时间切割为任意长度的任期,每个

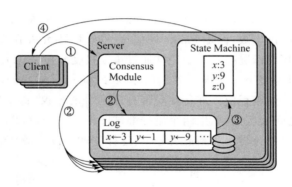

图 1-5 Raft 算法作用示意

任期都有一个任期号,采用连续的整数。三类角色状态转换如图 1-6 所示。

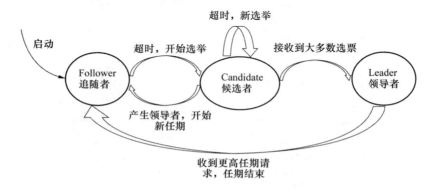

图 1-6 Raft 协议中的服务器角色转换

从时间角度看 Raft 协议任期如图 1-7 所示,每次选举如果成功则由领导者来负责集群中的事务及状态管理,有时也可能出现选举失败,则需要重新选举直到选举成功,如图 1-7 中的 t3 情况。

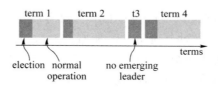

图 1-7 Raft 协议的任期

基于 Leader 的方法,Raft 算法可以分解成三个子问题。

(1)领导者选举(Leader Election):原来的领导者挂掉后,必须选出一个新的领导者,候选者可以自己选自己。

(2)日志复制(Log Replication):领导者从客户端接收日志,并向 Follower 发出指令,比如进行日志复制。

(3)安全性(Safety):如果有任意的 Server 将日志项在状态机中执行了,那么其他的 Server 只会执行相同的日志项。

首先来看 Leader Election,Raft 使用一种心跳机制来触发领导人选举。当服务器程序启动时,它们都是 Follower 身份。如果一个跟随者在一段时间里没有接收到任何消息,也就是选举超时,然后就会认为系统中没有可用的领导者,开始进行选举以选出新的领导者。要开始一次选举过程,Follower 会给当前 term 加 1 并且转换成 Candidate 状态,并行地向集群中的其他服务器节点发送请求投票的消息来给自己投票。候选人的状态维持直到以下任何一个条件发生。

(1) 自己赢得这次选举。如果这个节点赢得了半数以上的选票就会成为新的领导者,每个节点会按照先来先服务(First-come-first-served)的原则进行投票,并且一个 term 中只能投给一个节点,这样就保证了一个 term 最多有一个节点赢得半数以上的选票。当赢得选举成为 Leader 后,会给所有节点发送这个信息,这样所有节点都会转成 Follower。

(2) 其他的服务器成为领导者。如果在等待选举期间,Candidate 接收到其他 Server 要成为 Leader 的 RPC 消息,分两种情况处理:

① 如果 Leader 的 term 大于或等于自身的 term,那么该 Candidate 会转成 Follower 状态;

② 如果 Leader 的 term 小于自身的 term,那么会拒绝该 Leader,并继续保持 Candidate 状态。

(3) 一段时间之后没有任何一个获胜的人,有可能很多 Follower 同时变成 Candidate,导致没有 Candidate 能获得大多数的选举,从而无法选出领导者。当这个情况发生时,每个 Candidate 会超时,然后增加 term,发起新一轮选举 RPC 消息。需要注意的是,如果没有特别处理,可能导致无限地重复选举的情况。Raft 采用随机定时器的方法来避免这种情况,每个 Candidate 选择一个时间间隔内的随机值,例如 150～300 ms,采用这种机制,一般只有一个 Server 会进入 Candidate 状态,然后获得大多数 Server 的选举,最后成为领导者。每个 Candidate 在收到 Leader 的心跳信息后会重启定时器,从而避免在领导者正常工作时发生选举的情况。

有关 Log Replication,当选出领导者后,它会开始接受客户端请求,每个请求会带有一个指令,可以被回放到状态机中。领导者把指令追加成一个日志条目(Log Entry),然后通过 AppendEntries RPC 并行地发送给其他的 Server,当该日志条目被多数派 Server 复制后,领导者会把该日志条目回放到状态机中,然后把结果返回给客户端。当 Follower 宕机或者运行较慢时,领导者会无限地重发 AppendEntries 给这些 Follower,直到所有的 Follower 都复制了该日志条目。Raft 的日志复制保证以下性质(Log Matching Property):

(1) 如果两个 Log Entry 有相同的 index 和 term,那么它们存储相同的指令;

(2) 如果两个 Log Entry 在两份不同的日志中,并且有相同的 index 和 term,那么它们之前的 Log Entry 是完全相同的。

其中特性一通过以下保证:

- Leader 在一个特定的 term 和 index 下,只会创建一个 Log Entry;
- Log Entry 不会改变它们在日志中的位置。

特性二通过以下保证:

- AppendEntries 会做 Log Entry 的一致性检查,当发送一个 AppendEntries RPC 时,Leader 会带上需要复制的 Log Entry 前一个 Log Entry 的(index,term);
- 如果 Follower 没有发现与它一样的 Log Entry,那么它会拒绝接受新的 Log Entry,这样就能保证特性二得以满足。

有关安全性选举限制,在一些一致性算法中,即使一台 Server 没有包含所有之前已提交的 Log Entry,也能被选为领导者,这些算法需要把 Leader 上缺失的日志从其他的 Server 拷贝到 Leader 上,这种方法会导致额外的复杂度。相对而言,Raft 使用一种更简单的方法,即它保证所有已提交的 Log Entry 都会在当前选举的 Leader 上,因此,在 Raft 算法中,日志只会从 Leader 流向 Follower。

为了实现上述目标,Raft 在选举中会保证一个 Candidate 只有得到大多数的 Server 的选票之后,才能当选。得到大多数的选票表明,选举它的 Server 中至少有一个 Server 是拥有所有已经提交的 Log Entry 的,而 Leader 的日志至少和 Follower 的一样新,这样就保证了 Leader 肯定有所有已提交的 Log Entry。

Raft 与 Paxos 类似都是为了实现一致性管理这个目标,算法过程如同选举一样,参选者需要说服大多数选民即服务器投票给他,一旦当选后就跟随其操作。Raft 和 Paxos 的区别在于选举的具体过程不同。

1.5.5　向量时钟机制

向量时钟(Vector Clock)实际上是一组版本号,版本号即逻辑时钟,假设数据需要存放 3 份,需要 3 台 DB 存储(用 A、B、C 表示),那么向量维度就是 3,每个 DB 有一个版本号,从 0 开始,这样就形成了一个向量版本 [A:0, B:0, C:0]。

Step 1:初始状态下,所有机器都是 [A:0, B:0, C:0]:

DB_A—> [A:0, B:0, C:0]

DB_B—> [A:0, B:0, C:0]

DB_C—> [A:0, B:0, C:0]

Step 2:假设应用是一个电商平台,现在录入一个华为 P30 的价格 3 888 元;客户端随机选择一个 DB 机器写入。现假设选择了 A,数据大概是这样:

{key= HUAWEI-P30_price; value=3888; vclk=[A:1,B:0,C:0]}

Step 3:接下来 A 会把数据同步给 B 和 C,于是最终同步结果如下:

DB_A—> {key= HUAWEI-P30_price; value=3888; vclk=[A:1, B:0, C:0]}

DB_B—> {key= HUAWEI-P30_price; value=3888; vclk=[A:1, B:0, C:0]}

DB_C—> {key= HUAWEI-P30_price; value=3888; vclk=[A:1, B:0, C:0]}

Step 4:过了几分钟,价格出现波动,降价到 3 688 元;于是某个业务员更新价格。这时候系统随机选择了 B 作为写入存储,于是结果看起来是这样:

DB_A—> {key= HUAWEI-P30_price; value=3888; vclk=[A:1, B:0, C:0]}

DB_B—> {key= HUAWEI-P30_price; value=3688; vclk=[A:1, B:1, C:0]}

DB_C—> {key= HUAWEI-P30_price; value=3888; vclk=[A:1, B:0, C:0]}

Step 5:于是 B 就把更新同步给其他几个存储:

DB_A—> {key= HUAWEI-P30_price; value=3688; vclk=[A:1, B:1, C:0]}

DB_B—> {key= HUAWEI-P30_price; value=3688; vclk=[A:1, B:1, C:0]}

DB_C—> {key= HUAWEI-P30_price; value=3688; vclk=[A:1, B:1, C:0]}

到目前为止都是正常同步,下面开始演示一种不正常的情况。

Step 6：价格再次发生波动，变成 4 000 元，这次选择 C 写入：

DB_A—>｛key＝ HUAWEI-P30_price；value＝3688；vclk＝[A：1，B：1，C：0]｝

DB_B—>｛key＝ HUAWEI-P30_price；value＝3688；vclk＝[A：1，B：1，C：0]｝

DB_C—>｛key＝ HUAWEI-P30_price；value＝4000；vclk＝[A：1，B：1，C：1]｝

Step 7：C 把更新同步给 A 和 B，因为某些问题，只同步到 A，结果如下：

DB_A-->｛key＝ HUAWEI-P30_price；value＝4000；vclk＝[A：1，B：1，C：1]｝

DB_B—>｛key＝ HUAWEI-P30_price；value＝3688；vclk＝[A：1，B：1，C：0]｝

DB_C—>｛key＝ HUAWEI-P30_price；value＝4000；vclk＝[A：1，B：1，C：1]｝

Step 8：价格再次波动，变成 3 788 元，系统选择 B 写入：

DB_A—>｛key＝ HUAWEI-P30_price；value＝4000；vclk＝[A：1，B：1，C：1]｝

DB_B—>｛key＝ HUAWEI-P30_price；value＝3788；vclk＝[A：1，B：2，C：0]｝

DB_C—>｛key＝ HUAWEI-P30_price；value＝4000；vclk＝[A：1，B：1，C：1]｝

Step 9：当 B 同步更新给 A 和 C 的时候就出现问题了，A 自己的向量时钟是 [A：1，B：1，C：1]，而收到更新消息携带过来的向量时钟是 [A：1，B：2，C：0]，B：2 比 B：1 新，但是 C：0 却比 C：1 旧。这时候发生不一致冲突。不一致问题如何解决？向量时钟策略并没有给出解决办法，留给用户自己去解决，只是告知目前数据存在冲突。

向量时钟版本号变更规则其实就 2 条，比较简单。

（1）每次修改数据，本节点的版本号加 1，例如上述 Step 8 中向 B 写入，于是从 B：1 变成 B：2，其他节点的版本号不发生变更。

（2）每次同步数据会有三种情况：

① 本节点的向量版本都要比消息携带过来的向量版本低（小于或等于），如本节点为 [A：1，B：2，C：3]，消息携带过来为[A：1，B：2，C：4] 或[A：2，B：3，C：4]等。这时候合并规则取每个分量的最大值。

② 本节点的向量版本都要比消息携带过来的向量版本高，这时候可以认为本地数据比同步过来的数据要新，直接丢弃要同步的版本。

③ 出现冲突，如上述 Step 9 中，有的分量版本大，有的分量版本小，无法判断到底谁是最新版本，这时就要进行冲突仲裁。

向量时钟冲突不像 Paxos 算法能自行解决，需要人工干预编写代码解决。加上时间戳是一个方法，具体方法是再加一个维度信息，即数据更新的时间戳（Timestamp），如[A：1，B：2，C：4，ts：123434354]。如果发生冲突，再比较一下两个数据的时间戳，大的数值说明比较后更新，选择它作为最终数据，并对向量时钟进行修正。

亚马逊 Key-Value 模式的存储平台 Dynamo 系统将数据的不一致性冲突交给客户端来解决。当用户查询某一数据的最新版本时，若发生数据冲突，系统将把所有版本的数据返回给客户端，交由客户端进行处理。

向量时钟方法的主要缺点就是向量时钟值的大小与参与的用户有关，在分布式系统中参与的用户很多，随着时间的推移，向量时钟值会增长到很大。一些系统中为向量时钟记录时间戳，某一时间根据记录的时间对向量时钟值进行裁剪，删除最早记录的字段。

1.6　数据复制与分片

NoSQL集群主要通过数据复制和分片(Sharding)机制保障读取数据的并行性,满足分区容错性的要求。数据复制是指将同一份数据拷贝至多个节点。数据分片是指将不同数据存放在不同节点中。复制和分片是两项正交的技术,它们既可以选其一使用,也可以结合使用。

数据复制的实现方法与集群架构紧密相关,不同类型的NoSQL数据库管理系统提供了丰富的参数对数据复制需要达到的能力级别进行选择性配置,如保持3个副本还是5个副本。客户端在更新或新增数据后,已有数据副本之间如何保持一致以及新增数据如何传播才能达到数据副本配置要求,是数据复制架构重点解决的问题。一般按照集群架构的管理模式分为主从复制与对等复制。

1. 主从复制

集群按照主从(Master/Slaver)模式将服务器分为主服务器和从服务器,主服务器主要负责数据的写操作,从服务器主要负责分担读操作的压力。主、从服务器按照一定的策略进行消息交互,将数据复制到从服务器中。Redis、MongoDB、HBase、Neo4j等NoSQL数据库均支持主从模式复制数据。主从架构中主服务器存在单点故障的问题,需要为主服务器配置备份服务器,进一步提高系统架构的分区容错性。

2. 对等复制

集群按照对等(Peer to Peer)模式搭建,集群服务器的地位平等,不同的服务器都可写入数据,节点间相互协调以同步数据。当存在不一致情况时,可以由应用程序来判断,或通过Raft选举算法实现一致性管理。NoSQL数据库中的Cassandra数据库采用的就是对等模式,管理技术与方法详见具体章节。

数据分片机制本质上解决的是负载均衡问题,尽可能地将数据均匀地分布存储在不同服务器上。负载均衡常用算法有轮循(Round Robin)算法、哈希(Hash)算法、最少连接(Least Connection)算法、响应速度(Response Time)算法、加权(Weighted)法等。一致性哈希是分布式系统负载均衡的首选算法,也是最为常用的算法。

NoSQL数据库管理系统往往将数据分片与数据复制机制结合在一起使用。一方面,将数据分片存放在多个服务器中,每一个数据子集都由一台服务器负责;另一方面,将数据复制到多个服务器上,每份数据都能在多个节点中找到。在响应用户请求时,根据服务器负载情况派发数据查询与操作任务。

1.7　NoSQL数据库与云计算

2006年8月9日,Google首席执行官埃里克·施密特(Eric Schmidt)在搜索引擎大会(SES San Jose 2006)上首次提出"云计算"(Cloud Computing)的概念。云计算是利用分布式计算和虚拟资源管理等技术,通过网络将分散的IT资源集中起来形成共享的资源池,以动态、按需和可度量的方式向用户提供服务。用户可使用各种形式的终端,如PC、平板计算机、智能手机等,通过网络接入云,获取资源服务。"云"中的资源在用户端看来可按需无限扩展,随时获取,按需使用,按使用量付费。云服务一般按服务资源的类型不同可分为三类,即将基础设施作为服务(Infrastructure as a Service,IaaS)、将平台作为服务(Platform as a Service,PaaS)与将软件作为服务(Software as a Service,SaaS)。

云计算技术与大数据技术是相辅相成、互相促进的关系。云计算通过网络将复杂的大数据计算处理任务分解成无数个小任务,分派给集群系统中的多个服务器节点分别进行处理和分析,最后将这些子任务完成的结果汇总并返回给客户端。云计算的资源管理机制、分布式计算架构为大数据的存储与计算提供了基础设施。大数据时代复杂的数据处理与分析任务为云计算提供了用武之地。按照云计算服务平台是否对外开放经营可分为公有云、私有云和混合云。著名的云服务提供商国外有亚马逊、谷歌、微软、IBM 等,国内有腾讯、阿里、华为、百度、京东等。

NoSQL 数据库是重要的大数据存储技术,云计算技术一方面为不同类型的 NoSQL 数据库架构中的资源管理与负载均衡调度等机制提供了技术参考和支撑,如 Hadoop 生态中的 HBase 数据库内置了 Zookeeper 实现集群的协调一致性资源管理;另一方面,云服务供应商提供了不同类型的 NoSQL 数据库服务,用户可以通过购买服务的方式使用 NoSQL 数据库,相比自己购买服务器搭建并维护 NoSQL 数据库集群来讲更加经济便捷。

以图数据库为例,Neo4j 以其优秀的产品体验和成熟的社区目前应用广泛。除了 Neo4j 外,国内外著名公有云计算厂商大都部署了图数据库的云上版本,提供图数据库的托管服务,部分列表如下:

① 亚马逊云(AWS):Neptune 是专门的图数据库服务;
② 微软云(Azure):Azure Cosmos DB 是一种多模数据库;
③ 谷歌云(GCP):Google Cloud Datastore 非专用云图数据库;
④ IBM 云:JanusGraph;
⑤ 阿里云(Alibaba Cloud):HGraphDB;
⑥ 华为云:GES(Graph Engine Service);
⑦ 腾讯云:SKG(Star Knowledge Graph);

各大云服务供应商针对其他类型的 NoSQL 数据库也相应提供了云服务,这里就不再一一列举,有兴趣的读者可以进一步调研。NoSQL 数据库云服务为应用设计与开发技术方案提供了另一种选择。

公有云托管的图数据库大多是基于 Apache Tinkerpop 这个图数据库与图计算框架开发的,采用 Gremlin 查询语言,衍生出一个被称为 Tinkerpop-Enabled 的图数据库派系。JanusGraph 就是其中的优秀代表,它的前身是著名的图数据库 Titan,包括百度开源的图数据库 HugeGraph,它的架构也是源自 JanusGraph。

1.8　NoSQL 数据库与物联网

物联网(The Internet of Things,IOT)指通过信息传感器、射频识别技术、全球定位系统、红外感应器、激光扫描器等各种装置与技术,实时采集任何需要监控、连接、互动的物体或过程,采集其音频、视频、光、热、电、力学、生物、位置等各种需要的信息,通过各类可能的网络接入,实现物与物、物与人的泛在连接,实现对物品和过程的智能化感知、识别和管理。物联网是一个基于互联网、传统电信网等的信息承载体，让所有能够被独立寻址的普通物理对象可以互联互通。物联网的应用领域涉及方方面面，在国防、军事、工业、农业、环境、交通、物流、健康、安保等领域的应用，有效地推动了国民经济各个应用领域的智能化发展。5G技术带来的高宽带、低延迟传输网络将进一步促进物联网技术的发展与应用。

人类的日常生活已经与数据密不可分，各行各业也越来越依赖大数据手段来开展工作，物联网的大发展必将进一步推动数据的大规模增长。物联网技术体系主要包括整体感知、可靠传输和智能处理三方面的关键技术。物联网感知大数据的智能处理离不开NoSQL高性能大数据存储技术的支持，物联网感知数据具有典型的空间时序特征，数据内容主要体现物品或事件在某些地理位置随着时间的流逝其状态的变化情况，数据存储与处理实时性要求高，NoSQL数据库中与实时流数据处理技术框架相适应的时序类型数据库能够很好地匹配物联网感知数据的存储需求。

1.9　NoSQL 数据库与区块链

区块链（Blockchain）是分布式数据存储、点对点（P2P）传输、共识机制、加密算法等计算机技术的新型应用模式。区块链本质上是一个去中心化的数据库，是一串使用密码学方法相关联产生的数据块，每一个数据块中包含了一批网络交易的信息，用于验证其信息的防伪有效性。区块链系统上的节点可以是不同组织的，彼此无须信任；区块链数据由所有节点共同维护，每个参与维护的节点都能复制获得一份完整记录的拷贝。区块链技术旨在提供天然可信的分布式账本平台，不需要第三方中介机构。区块链技术将有利于安全可靠的审计管理和账目清算，减少犯罪可能性和各种被篡改的风险。

跟传统技术相比，区块链技术可能带来更短的时间、更少的人力和维护成本。区块链数据存储技术主要特点简述如下。

（1）维护一条不断增长的日志链式数据，只能添加记录，而发生过的记录都不可篡改。

（2）去中心化，或者说多中心化，无须集中的控制而能达成共识；正因为中心不是只有一个，所以才可以更好地支持防篡改。

（3）通过密码学的机制来确保交易无法抵赖和破坏，并很好地保护用户信息和记录的隐私性。

从技术特点上，区块链系统一般需要具备以下特性。

（1）分布式容错性：网络极其稳健，可以容错1/3左右节点的异常状态。

（2）不可篡改性：提交后的数据会一直存在，不可被销毁或修改。

（3）隐私保护性：密码学保证了未经授权者能访问到数据，但无法解析。

从数据存储角度可以认为区块链技术本质上是一种关注焦点在数据安全与隐私保护方面的分布式数据库技术。区块链技术是金融领域、征信领域、共享经济、知识产权保护等领域的研究热点。区块链对等分布式架构中的一致性问题与采用对等集群架构的某些NoSQL数据库有一定的相似性，核心算法思想可以互相借鉴。与NoSQL数据库相区别的是区块链分布式架构中每个节点中存储的不仅仅是数据本身，还包含数据的来源信息，随着区块链节点规模的增加，数据操作往往会存在较大延迟，为了提高事务处理性能，区块链技术架构中也引入键值数据库、文档数据库等存储技术。

1.10　本 章 小 结

本章首先介绍了 NoSQL 数据库技术产生的背景、基本概念、分类与特点，然后对 CAP 定理、ACID 与 BASE、保障最终一致性的经典算法及 NoSQL 数据库集群中的数据复制与分片机制进行了阐述，最后对 NoSQL 数据库技术与云计算、物联网、区块链的关系进行了分析和介绍。大数据时代 NoSQL 数据库技术得到高速发展，凭借低成本、易扩展、大数据高性能存储与访问以及灵活的数据存储模式成功地在数据库领域站稳了脚跟。CAP 定理是 NoSQL 数据管理系统的基石，强调强一致性、可用性和分区容错性不能同时满足，在进行系统设计的时候必须在这三者之间做出权衡。NoSQL 数据库采用 BASE 模型（即基本可用、软状态和最终一致性）。目前 NoSQL 数据库没有一个统一的架构，两种 NoSQL 数据库之间的不同甚至远远超过两种关系型数据库的不同。不同类型的 NoSQL 数据库各有所长，分别适用于不同特点的数据存储与应用场景。

1.11　思考与练习题

1. 什么是 NoSQL 数据库？它与 RDBMS 是什么关系？

2. 相比 RDBMS，NoSQL 数据库有什么突出优点？

3. 什么是横向扩展（Scale out）？什么是纵向扩展（Scale up）？相比较 RDBMS，NoSQL 数据库在哪种扩展方式上更具优势？

4. 四大类主流的 NoSQL 数据库是什么？NoSQL 数据库的共性特点是什么？四类 NoSQL 数据库的突出特点分别是什么？针对每类数据库请列举出两种具体的数据库名称。

5. 什么是 CAP？NoSQL 数据库能够同时满足三方面特性吗？

6. BASE 的含义是什么？

7. NoSQL 数据库是否都不支持 ACID 特性？如果不是，至少列举出两个支持 ACID 特性的 NoSQL 数据库。

8. 什么是分布式系统一致性问题？常用算法有哪几种？

9. NoSQL 数据库中复制机制与分片机制有什么不同？

10. NoSQL 数据库主从复制与对等复制有什么区别？

11. 简述 Raft 算法原理。

12. NoSQL 数据库与云计算有什么联系？

13. 物联网业务数据有什么典型特征？什么类型的 NoSQL 数据库比较适合应用在物联网应用系统中？为什么？

14. 区块链技术与 NoSQL 数据库技术有什么区别和联系？

15. 请查阅相关资料，了解目前哪些 NoSQL 数据库是我国自主研发的，并简述其特点。

本章参考文献

［1］ https：//db-engines.com/en/ranking.

［2］ http：//nosql-database.org/.

［3］ https：//en.wikipedia.org/wiki/NoSQL.

［4］ 孟小峰.大数据管理概论［M］.北京：机械工业出版社,2017.

［5］ Dan McCreary,Ann Kelly.解读 NoSQL［M］.北京：人民邮电出版社,2016.

［6］ Joe Celko.NoSQL 权威指南［M］.北京：人民邮电出版社,2016.

［7］ 皮雄军.NoSQL 数据库技术实战［M］.北京：清华大学出版社,2015.

［8］ https：//www.cnblogs.com/hzmark/p/raft.html.

第2章

图数据库技术

现实世界中一切事物都处在联系之中,如人与人之间的好友关系、同事关系、师生关系,社交网络中的关注关系,在各个业务领域中的合作关系,组织机构之间的从属关系等;互联网中计算机与计算机之间的网络通信关系、不同网页之间的链接关系;物联网中人与物之间的通信连接关系、物与物之间的通信连接关系等,复杂关系数据无处不在。图数据库(Graph Database)是一种使用顶点和边即图结构来抽象表示与存储复杂的关系数据,并基于图结构进行点、边、路径等语义操作的数据存储与管理技术。图数据库广泛应用在社交网络、安全风险防控领域、知识图谱、推荐系统、IT 运维等场景中。

本章内容思维导图如图 2-1 所示。

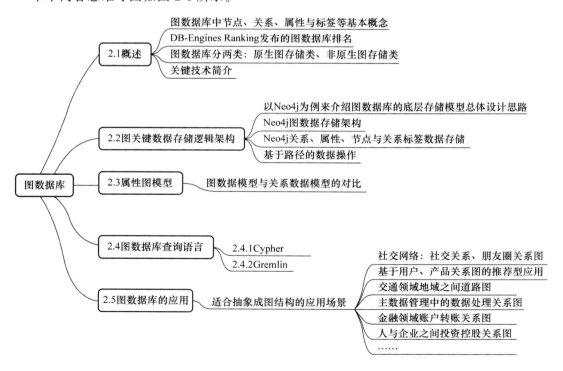

图 2-1 图数据库技术章节内容思维导图

2.1 概　　述

各个应用领域中人、事、物、组织机构等实体与实体之间都存在着千丝万缕的联系,可抽象成上亿节点,甚至百亿、千亿节点规模的大规模图数据。同时,节点及其间关系随着时间不断动态变化。为了挖掘实时动态大图复杂关系中蕴藏着的潜在知识,涌现出很多著名的图结构大数据计算框架,如 Pregel、Hama、GraphLab、Spark GraphX、Flink Gelly 等。图数据的高性能管理与计算离不开图数据存储技术的协同助力。但是传统的关系型数据库更加注重刻画实体内部的属性,实体与实体之间的关系往往需要通过外键来实现,查询实体关系时需要 Join 操作,特别是深层次的多级关系查询需要大量的 Join 操作,非常耗时。为了降低图数据运算复杂性,提升图数据处理的性能,图数据库应运而生。

图数据库是以实体及其关系为主要存储对象的数据库系统,存储图结构的数据具有突出优势,如演员与电影之间的参演关系图、朋友圈关系图、银行转账图、飞机航班与城市节点构成的图数据等。图数据库中包含的节点、关系、属性与标签等基本概念描述如下。

- 节点(Vertex):指不同应用领域中人、事件、物品、地点、组织等业务实体。如电信领域中的客户、用户、套餐产品、供货商、卡号资源等,影视娱乐领域中的演员、导演、电影、剧场等。
- 边(Edge):指顶点之间的关系。如订购关系、朋友关系、道路连通关系、演员与电影之间的参演关系、计算机与计算机之间的网络连接关系、物品与物品之间的构成关系、银行账号之间的转账关系等。
- 属性(Property):指描述顶点或边特征的信息属性。如某一个客户节点有姓名、年龄、客户类型等属性;某一演员与某部电影的参演关系有参演角色类型、角色名称等属性。
- 标签(Label):指节点、关系的类别。如表示演员的吴京节点、成龙节点都有表示是演员的标签;节点的标签可以有多个,如吴京、成龙节点上还可以有表示是人的标签。关系的类别标签有朋友关系、参演关系、执导关系、包含关系等。有时标签也专指节点类别,关系的类别称为关系类型。

这里属性、标签是对离散数学图定义的扩展,更加符合实际应用中图数据管理的需求。图灵奖获得者 Charles Bachman——网状数据库之父早在 1970 年就提出网状数据库的概念,其模型表达能力很强,但结构复杂、查询语言不易掌握和使用,并未普及开来。大数据时代图无处不在,图数据库技术如雨后春笋般高速发展,用以支持图数据的事务型处理和分析型处理。国际知名的数据库排名网站 DB-Engines Ranking 发布的 2019 年 11 月图数据库(Graph DBMS)排名结果(https://db-engines.com/en/ranking/graph+dbms)如图 2-2 所示。

按照底层采用的存储技术的不同,图数据库一般分为以下两类。

(1) 原生图存储类:采用非关系模型,并针对图数据专门进行了性能优化,一般采用免索引邻接的方式进行图数据存储,每个节点都会维护其相邻节点的引用,每个节点都表现为其附近节点的微索引。此种存储方式性能大大提高,可以很好地支持原生图处理引擎进行图数据计算,秒级可遍历百万级节点。此类数据库典型代表为 Neo4j、TigerGraph 等。

(2) 非原生图存储类:指底层采用键值数据库、文档数据库、列族数据库或者其他类型通用数据库存储图数据,通常需要建立全局索引来提高图数据的访问性能。此类数据库如底层

	Rank		DBMS	Database Model	Score		
Nov 2019	Oct 2019	Nov 2018			Nov 2019	Oct 2019	Nov 2018
1.	1.	1.	Neo4j ✚	Graph	50.53	+1.07	+7.41
2.	2.	2.	Microsoft Azure Cosmos DB ✚	Multi-model 🛈	31.98	+0.65	+9.94
3.	3.	3.	OrientDB	Multi-model 🛈	5.38	+0.25	-0.41
4.	4.	4.	ArangoDB ✚	Multi-model 🛈	5.02	+0.14	+0.87
5.	5.	5.	Virtuoso ✚	Multi-model 🛈	2.63	-0.09	+0.26
6.	6.	6.	JanusGraph	Graph	1.80	+0.15	+0.68
7.	7.	↑ 8.	Amazon Neptune	Multi-model 🛈	1.60	+0.23	+0.55
8.	8.	↑ 9.	GraphDB ✚	Multi-model 🛈	1.13	+0.02	+0.45
9.	9.	↑ 12.	Dgraph ✚	Graph	1.04	-0.03	+0.53
10.	↑ 11.	↑ 14.	TigerGraph ✚	Graph	1.01	+0.07	+0.60

☐ include secondary database models　　34 systems in ranking, November 2019

图 2-2　DB-Engines Ranking 发布的 2019 年 11 月图数据库排名

采用列族数据库存储图数据的 JanusGraph。

图数据库面临的挑战主要是大规模图数据的高效存储与复杂的图操作技术。不同图数据库实现技术与使用方法会有所差异,图数据库包含的关键技术主要包含如下内容。

- 点、边操作:包含基本的增、删、改、查操作,支持有向图,支持两节点间存在多条边。
- 属性:包含点、边属性的增、删、改、查操作,属性类型多样。
- 元数据:数据存储模式校验,如属性是否可空,数据存储模式可动态修改。
- 索引:可建立二级索引,支持全文索引与联合索引等。
- 事务:图数据操作事务管理功能。
- 查询语言:类似 SQL 访问 RDB 简单易用的图数据查询语言。
- 节点、关系、属性等 ID 生成策略:常用方法有自动生成 ID、用户自定义 ID 等。
- 大规模数据批量操作:包括批量插入顶点、边等。
- 基于路径的图遍历操作:提供封装的有关最短路径(Shortest Path)、K 步连通子图、K 步到达邻接点、节点重要性等相关操作的 API。
- 监控管理:进行系统状态监控、API 访问监控、性能数据监控等。
- 备份与恢复:数据在线备份方法,及备份数据恢复的方法。

目前排名第一的 Neo4j 数据库是用 Java 实现的开源图数据库。自 2003 年开始开发,直到 2007 年正式发布第 1 版,并托管于 GitHub 上。Neo4j 分为社区版和企业版,社区版只支持单机部署,功能受限。企业版支持因果集群主从复制和读写分离,包含可视化管理工具等。本书主要以 Neo4j 为例介绍图数据库的相关知识。

2.2　图关键数据存储逻辑架构

从数据存储角度来讲,不同类型的图数据库底层的图数据存储模型会有所差异。本节主要以 Neo4j 为例来介绍图数据库的逻辑存储模型总体设计思路,如图 2-3 所示。图数据库中存储的图(Graph)数据主要涉及节点(Node)、关系(Relationship)、属性(Property)三类基础数据,另外为了提高数据的访问性能及满足数据库管理需求,还包括索引(Index)、图遍历

（Traversal）操作算法（Algorithm）函数、路径（Path）、配置参数等数据。

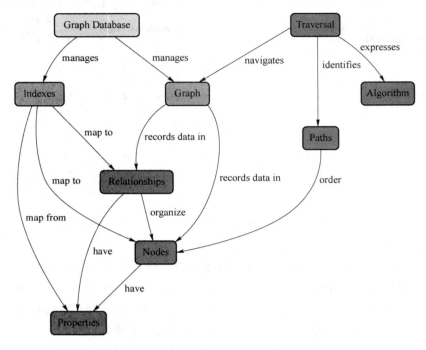

图 2-3　Neo4j 图数据存储架构

Neo4j 图数据库主要负责图本身的数据管理以及图索引数据的管理。构成一张图的基本元素是节点和关系，节点与关系可以包含属性，节点、关系、属性都可以建立索引以提高图数据访问性能。与图数据遍历紧密相关的概念是路径，路径包含有序的节点序列。Neo4j 提供了很多基于路径遍历图数据的算法。

节点之间的关系是图数据库很重要的一部分。如图 2-4 所示，定义一个关系通常包含一个起始节点、一个终止节点、唯一的关系类型及 0 个或多个属性，关系类型用名称作为唯一标识。通过关系可以找到很多关联的数据，比如节点集合、相同类型的关系集合以及它们的属性集合。

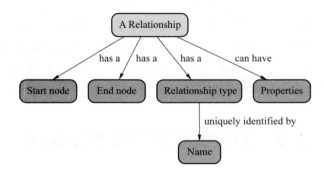

图 2-4　Neo4j 关系数据存储

Neo4j 属性由 Key-Value 键值对组成，键名称为字符串类型数据。如图 2-5 所示，属性值可以是字符型、字符串型、整数类型、实数类型等基础数据类型的值，也可以是元素为基础数据类型的数组。

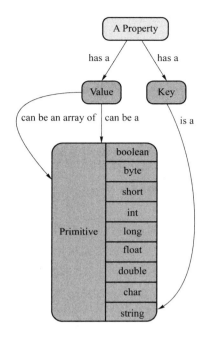

图 2-5　Neo4j 属性数据存储

Neo4j 数据模型中标签是类别的概念,不同的节点与关系可以具有相同的节点标签与关系类型标签,标签概念可以理解为关系数据库中表的概念,通过标签可以找到同类型的节点或关系,但每个节点和关系的属性模式又是自由的、不固定的,每个节点或关系都可以定义自己特有的描述属性;一个节点可以具有零个或多个类别标签;一个关系必须有且只有一个类型标签。标签示例如图 2-6 所示,图中 Node1、Node2 都赋予了 Person 标签,表示节点类型为Person,两节点还可进一步细化增加 Teacher、Student 等其他标签。图中两个节点之间存在LIKES 类型的关系,也可以存在其他类型的关系。Neo4j 为了保障高性能访问,存储节点、关系等数据的文件中,每个节点、关系记录采取定长方式存储。节点中包含与它相邻第一个关系的标识、第一个属性标识、标签等信息;关系记录着起始节点标识、终止节点标识、与它相连起始节点的前一个关系及后一个关系标识、与它相连的终止节点的前一个关系标识,后一个关系标识及关系类型等信息。相当于关系数据中包含两个双链表来支持数据的高效访问。

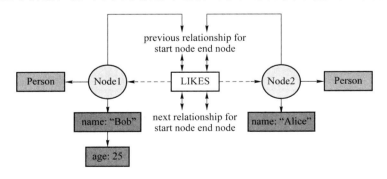

图 2-6　节点与关系标签示例

Neo4j 路径如图 2-7 所示,每条路径由一个起始节点、一个终止节点、从起始节点到终止节点经过的 1 条或多条边及关联的节点集合构成。图中任意两个节点间如果是可达的,则两节点间存在一条或多条路径。

路径的长度指路径中包含边的数量,如图 2-8 所示,节点 1 到节点 2 的路径长度为 1,节点 1 到节点 7 的路径长度为 2。

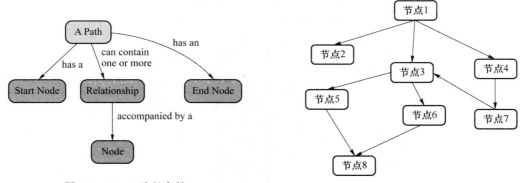

图 2-7　Neo4j 路径存储

图 2-8　图路径示例

遍历一张图就是按照一定的查询规则,跟随关系,访问关联的节点集合。大多数情况下只是部分和图数据操作相关的子图内容被访问到。Neo4j 提供了遍历的 API,可以指定遍历规则,如按照广度优先还是深度优先遍历图数据。

遍历图数据时,可以指定两类重要的参数,分别是关系的类型和关系的方向。默认情况下,要遍历的关系类型参数列表为空,意味着默认会忽略类型,返回所有类型的关系。如果增加一个关系类型到遍历的参数列表中,则意味着只有列表中指定类型的关系才会被遍历。图数据遍历关系的方向可以指定为具体的方向或者忽略方向。如果是后者,则不论关系的方向如何,只要存在关系就会被遍历。

对于能够抽象成节点及其关系的典型图结构数据而言,利用图数据模型采用图数据库进行存储的性能优势突出。关系是最重要的元素,通过关系将节点相互关联起来,Neo4j 有一个重要的特点是将关系预先保存到关系列表中的免索引邻接机制,来保证关系查询的性能,数据库中的每个节点都会维护与它相邻节点的引用。因此每个节点都相当于与它相邻节点的微索引,查询时间与图的整体规模无关,只与它附近节点的数量成正比,这比使用全局索引的代价小很多。在关系数据库中使用全局索引会导致非常大的计算成本,而免索引邻接为图数据库提供了快速、高效的图遍历能力。这种能力使 Neo4j 能够提供比关系数据库高几个量级的性能,特别是对于复杂连接的查询,Neo4j 能够实现毫秒级的响应。免索引邻接的实现机制是 Neo4j 等原生图数据库底层存储结构设计的核心技术。

2.3　属性图模型

图数据库作为 NoSQL 中重要的一类,灵活的图数据存储模型是其突出的特点,不强调必须先设计完备的图数据存储模型再存储数据。但从基于图数据库进行应用系统架构设计的角度,仍需要借助一定的建模方法,对业务需求进行分析,从业务管理功能、业务流程中梳理出图结构业务数据并采用一定的形式化方法进行建模表述,用简单、清晰的描述方法使得业务人员与技术人员对图数据存储模型达成共识,从而降低项目实施风险。模型可以根据业务需求随时改变。

图数据模型与关系数据模型差别较大,二者对比如表 2-1 所示。

表 2-1　图数据模型与关系数据模型的对比

对比角度	关系数据模型	图数据模型
数据结构	关系模型:表、字段、主键、外键、关联等	属性图模型:节点、边、属性、标签等
数据操作	关系代数:并、交、差、笛卡儿积、选择、投影、连接等	图代数:可达性查询;最短路径查询;图节点、边、关系的增、删、改、查、排序等
数据的完整性约束条件	实体完整性、参照完整性、用户自定义完整性	条件约束:唯一性约束,如标签为 Person 节点的电话号码属性不能重复等

Neo4j 数据库中自带一个图模型例子,可以很好地帮助读者理解关系数据库与图数据库中的模式对应关系。在各个产品销售应用领域,客户(Customers)、产品(Products)、供应商(Suppliers)、销售人员(Employees)、订单(Orders)等实体及其间关系的管理是核心业务。RDBMS 中这些实体 ER 模式如图 2-9 所示。

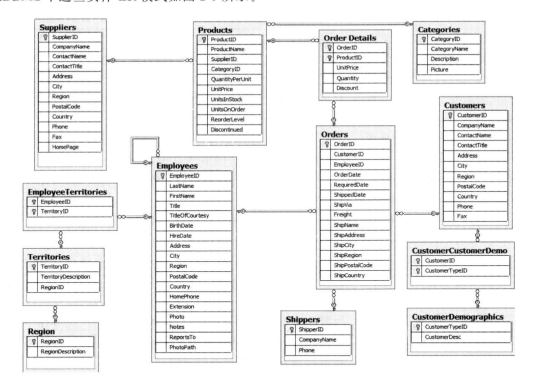

图 2-9　Neo4j 中的 Northwind 数据集实体关系模型

在关系型数据库中,一般一行数据对应图数据库中的一个节点(Node),表名称对应节点的一个标签(Label)名称,即代表节点的一种类别。如图 2-10 所示,Product 表示产品类型节点,Order 表示订单类型节点,Supplier 表示供应商类型节点,Order 指向 Product 的边表示订单包含的产品关系,Supplier 指向 Product 的边表示供应商与产品之间的供应关系。

属性图是图数据库建模常用的方法,Neo4j 即采用属性图的方式对数据进行建模,属性图

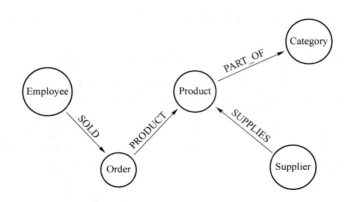

图 2-10　Neo4j 中的 Northwind 数据集图模型

对图数据要素的一般表示方法说明如下。

（1）节点：一般用圆形表示，对应实体，可以是人、事、物或者任何一种业务概念定义；节点标签名称一般是名词词汇，如客户、公司、产品、电影、演员等。

（2）关系：用节点与节点间的有向边表示，实体间关联表现为节点关系，如朋友关系、师生之间的指导关系、员工与组织机构之间的工作关系等；关系类型名称一般是表示动作的词汇，如包含、位于、表演、指导等。

（3）属性：按其描述对象可以分为节点属性与关系属性。节点、关系的属性是一个 Key、Value 值对序列，类似将关系数据库中有关节点描述的一行记录数据按照字段及其取值进行了转制。节点属性键值对一般写在节点中间，关系属性键值对一般写在边旁边，如果属性很多，可以以列表方式写在节点或边旁边。

（4）标签：按其标注对象可以分为节点标签与关系标签。节点标签一般以矩形框标注在节点上，如果节点只有一个标签，有时也可以直接写在圆形节点中；关系标签一般直接以文字方式标注在表示关系的边旁。Neo4j 中节点和关系的标签名称一般以冒号开头，本书中属性图以冒号加名称的方式标注标签。

采用 Neo4j 数据库进行模型设计时，类似 RDB 中的数据模型设计，需要结合具体业务领域，针对要解决的业务问题先进行业务模型抽象，画出属性图。属性图中需要体现出图数据库管理的关键节点及其标签、关系类型、不同类型节点及关系的具体示例，并在属性图中注明节点与关系的关键属性列表及不同属性的取值示例。通过属性图方法可以使得业务人员、技术人员对图业务数据的存储管理模式快速达成共识。

一个用于存储人员、文章关系的属性图如图 2-11 所示。图中有 5 个节点，三个用 Person 标签标注，并且用另外的 Professor 标签细化定义该节点为教授类型的节点，用 Master 标签细化为研究生类型的节点；另外两个节点为文档，一个节点有 Message 标签和 Text 标签，另一个节点有 Message 标签和 Image 标签。节点间关系主要有教授与研究生之间的师生关系、人与人之间的朋友关系、人与文档之间的发表关系、人与文档之间的点赞关系。对于节点和关系包含的属性分别有姓名、年龄、标题、创建时间等。

Neo4j 数据库另一个属性图模型示例如图 2-12 所示，Employee、Company、City 是节点类型的名称。图中左边表示一个员工类型的节点，该节点具有 3 个属性，取值分别定义该节点的员工号、员工姓名、出生日期。中间节点代表公司类型的节点，右边是城市类型的节点，三个节点之间存在两个有向关系，即 HAS_CEO 和 LOCATED_IN，分别表示该公司节点的 CEO 是

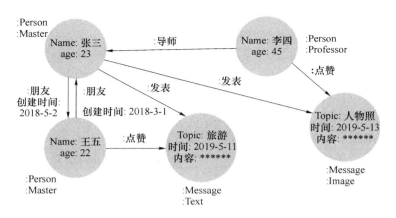

图 2-11　Neo4j 属性图示例

姓名为 Amy Peters 的员工类型节点，该公司位于右边一个城市类型节点。

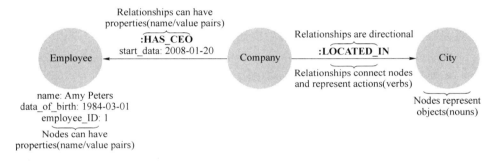

图 2-12　节点与边示例

2.4　图数据库查询语言

类似关系型数据库 SQL 的作用，不同的图数据库也提供了简洁易用的面向图数据操作查询语言。本节以 Neo4j 图数据库 Cypher 语言以及 Apache 开源图计算框架 ThinkerPop 下的图遍历语言 Gremlin 为例介绍图数据库查询语言。

2.4.1　Cypher 基础

SPARQL 简介

Cypher 是 Neo4j 图数据库类似于 SQL 的查询语言，简称 CQL（Cypher Query Language）。CQL 简单易学，使得开发人员在掌握图论、图数据库基础知识后，就能很容易地掌握 Neo4j 数据库数据管理的关键技术。Cypher 是一个声明式模式匹配语言，它的语法在于定义要从图中查询什么目标数据（What to retrieve），而不是怎么去查。许多关键字是受 SQL 的启发，如 like、order by 等。模式匹配的表达式来自 SPARQL（SPARQL Protocol and RDF Query Language）。正则表达式匹配实现参考了 Scala Programming Language 语言。CQL 的主要特点描述如下。

- 有丰富的数据类型、库函数。

- 命令灵活多样,简单的语法就能实现复杂的路径查询操作。
- CQL 关键词大小写不敏感,习惯将关键字大写。
- 属性名称、标签与关系类型名称区分大小写。
- 支持变量定义,变量名称也是大小写敏感的,名称由字母、数字、下划线构成,必须由字母开头,变量可以在整条语句中使用。
- 节点信息在()中描述:
    - 如果括号内容为空,则表示一个匿名节点;
    - 如果想在语句中引用该节点,则需要定义节点变量,在括号内用一个字符串表示变量名称,如(a);
    - 可以指定节点的一个或多个标签,如(:person),(:person:master);
    - 可以指定节点属性,如(:person{name:"王五",age:26});
    - 可以同时指定变量、标签及属性,如(a:person{name:"王五",age:26});
    - 每个节点都有一个整数 ID,在创建新的节点时,Neo4j 自动为节点设置 ID 值,在整个数据库中,节点的 ID 值是递增且唯一的,可以通过 id 函数返回节点的标识;
- 关系是带有方向的,关系信息在[]中描述;
    - 用-->或者<--表示有向关系;
    - 如果忽略符号< 、>,则--表示忽略方向的关系;
    - 定义节点之间的关系:(a)-->(b),a 是表示开始节点的变量,b 是表示终止节点的变量;
    - 定义关系变量:(a)-[r]->(b),r 为关系变量名称;
    - 可以在[ ]内详细限定关系满足的条件内容,括号内语法类似节点括号内容语法,可以有变量、关系类型名称、关系属性 KV 列表,如(a)-[r:friend_of{year:2019,type:"football"}]->(b),表示节点间在 2019 年建立足球球友的关系。
- 路径常用匹配模式描述如下:
    - 长度为 1 的忽略方向的路径,如(a)--(b);
    - 忽略中间关系类型,长度为 2 的路径,如(a)-->()-->(b);
    - 带有关系类型的长度为 1 的有向路径,如(a)-[:fof]->(b);
    - 指定长度为 k 的路径,如(a)-[* 3]->(b)表示长度为 3 的路径;
    - 指定长度为一个区间的路径,如(a)-[* 3..5]->(b)表示长度为[3,5]的路径;
    - 指定长度大于等于某个常量的路径,如(a)-[* 3..]->(b)表示长度大于等于 3 的路径;
    - 指定长度小于等于某个常量的路径,如(a)-[* ..6]->(b)表示长度小于等于 6 的路径;
    - 指定任意长度的路径,如(a)-[*]->(b)。
- 属性信息在{}中描述,花括号内为逗号间隔的键值对序列,如{name:"王五",age:26}表示 name 属性值为王五,并且 age 属性值为 26 的节点。
- 开始节点、关系、结束节点的详细内容限定组合在一起称为一个匹配模式,匹配模式也可以定义为一个变量,便于程序中重用查询匹配模式。
- 语句中支持参数引用,参数名称前需加上 $ 。
- 语句以分号结束。

- 类似其他编程语言,单行注释前需加//。
- 支持存储过程调用。
- 支持索引进行性能优化。
- 支持图模式约束,如取值唯一性等。
- 所使用 Cypher 语言的版本可以显示定义,子句中语法为 Cypher 后跟具体版本号,如 Cypher 3.0。

CQL 类似于 SQL,每个语句由几个子句组合而成,有的子句定义查询结果,有的子句定义查询条件,有的子句进行聚合,有的子句定义排序等。围绕图数据库中节点、关系、属性、标签等增、删、改、查操作的常用关键词如表 2-2 所示,具体使用方法详见第 3 章具体示例。

表 2-2　CQL 常用语句关键词

序号	语句	含义	说明
1	create	创建	创建节点、创建关系
2	match	匹配	用于匹配节点、关系等
3	optional match	可选匹配	可选匹配节点、关系等
4	return	返回	返回结果
5	where	条件	条件语句
6	delete	删除	删除节点和关联关系
7	remove	移除	删除标签和属性
7	set	修改	添加或更新属性
8	order by	排序	RETURN 子句,按升序或降序对行进行排序数据
9	skip	跳过	RETURN 子句,跳过 n 条结果
10	limit	限制	RETURN 子句,限制返回 n 个结果
11	unique	唯一	唯一性约束
12	foreach	循环	循环处理每一个结果
13	merge	合并	合并的方式创建节点、关系
14	with	具有	使用聚合函数过滤结果时可用于连接不同的子句
15	case	选择	可作为 RETURN 子句,用于多路选择
16	unwind	展开	将一个列表展开为一个序列
17	union	组合	将多个查询结果合并为一个结果
18	call	调用	调用存储过程

CQL 运算符主要分为以下七类。

- 数学运算符:$+$,$-$,$*$,$/$,$\%$,$\hat{\ }$。
- 比较运算符:$=$,$<>$,$<$,$>$,$<=$,$>=$,IS NULL,IS NOT NULL; CQL 支持链式比较运算,如 $x<y<z$ 表示 $x<y$ and $y<z$。
- 布尔值运算符:AND,OR,XOR,NOT。
- 字符串连接运算符:$+$。
- 列表运算符:$+$,IN,[x],[x..y];x,y 表示位置索引。
- 正则表达式匹配运算符:$=\sim$。

- 字符串匹配运算符：STARTS WITH，ENDS WITH，CONTAINS。

CQL类似其他程序设计语言，提供了丰富的操作函数，常用函数功能简介如表2-3～表2-9所示。

表 2-3　字符串类函数

序号	函数名称	功能描述
1	toUpper	用于将字符串转换成大写
2	toLower	用于将字符串转换成小写
3	substring	用于从原字符串中指定位置开始，截取指定长度的子串。如果不指定长度，则返回起始位置到结束的整个子串
4	replace	用于将某个字符串中的子串替换成目标子串
5	left	返回原字符串左边指定长度的子串
6	right	返回原字符串右边指定长度的子串
7	lTrim	返回去掉左侧空格后的字符串
8	rTrim	返回去掉右侧空格后的字符串
9	trim	返回去掉两侧空格后的字符串
10	split	返回以指定模式分隔后的字符串序列
11	reverse	返回原字符串的倒序字符串
12	toString	将参数转换成字符串返回

表 2-4　聚合函数

序号	函数名称	功能描述
1	count	用于返回计数值
2	max	用于返回最大值
3	min	用于返回最小值
4	sum	用于返回和
5	avg	用于返回平均值

表 2-5　关系函数

序号	函数名称	功能描述
1	startNode	用于返回关系的开始节点
2	endNode	用于返回关系的结束节点
3	type	用于返回关系的类型标签

断言(Predicate)类函数如表2-6所示，返回布尔值，即 true 或者 false。

表 2-6　断言类函数

序号	函数名称	功能描述
1	all	是否都满足断言条件
2	any	是否至少一个满足断言条件
3	none	是否都不满足断言条件
4	single	是否有且只有一个满足断言条件
5	exists	参数内容是否存在

表 2-7　标量（Scalar）函数

序号	函数名称	功能描述
1	size	返回列表元素个数，或者结果集元素个数
2	length	返回路径长度，或者字符串长度
3	id	返回关系或节点的 id
4	timestamp	返回当前时间
5	properties	返回关系或节点的 Map 类型属性的 KV 列表
6	toInteger	将浮点数或字符串转换成整数，如果失败返回 null
7	toFloat	将整数或字符串转换成浮点数，如果失败返回 null

表 2-8　列表函数

序号	函数名称	功能描述
1	nodes	返回路径的所有节点
2	labels	返回节点的所有标签
3	head	返回列表的第一个元素
4	tail	返回列表中除了首元素之外的所有元素
5	range	返回某个范围内的数值列表
6	keys	以字符串列表形式返回节点、关系的所有 key 值，即属性名称列表
7	reduce	对列表中元素执行一个表达式，并将表达式结果存入一个累加器变量，参数中可以设置累加器变量的初始值
8	relationships	返回路径参数中的所有关系

- 常用数学函数如表 2-9 所示，对数函数、三角函数等其他内容，这里不再赘述。

表 2-9　常用数学函数

序号	函数名称	功能描述
1	abs	返回参数的绝对值
2	ceil	返回大于等于参数的最小整数
3	floor	返回小于等于参数的最大整数
4	round	返回四舍五入整数
5	sign	返回参数的符号，正数返回 1,0 返回 0,负数返回 −1
6	rand	返回[0,1)之间的一个随机数
7	sqrt	返回参数平方根

CQL 通过灵活组织各个子句中常量、变量及其参与的各种运算表达式及函数调用构成数据操作命令,一系列的数据操作命令再附加上模块化编程结构又构成 Neo4j 数据处理的存储过程。CQL 可以完成一系列由简单到复杂的图数据处理任务。

2.4.2　Gremlin

Gremlin 是 Apache ThinkerPop 框架下的图遍历语言。TinkerPop 是一个面向实时事务处理(OLTP)以及批量、分析型(OLAP)的开源图计算框架,如图 2-13 所示。TinkerPop 是一个可以应用于不同图形数据库的抽象层,避免应用程序与特定数据库高度依赖。它的目标是提供通用的 API 和工具,为图数据库建立行业标准,包括 Gremlin 标准语言,使开发人员可以基于不同图数据库轻松创建图形应用程序,使图形数据库与图计算解耦,方便切换不同图形数据库。目前有很多图数据库支持 TinkerPop 框架,如 HugeGraph、JanusGraph 等,Neo4j 图数据库也有相应的 API 模块与 TinkerPop 框架适配。近年来百度凭着雄厚的技术实力自主研发了全面支持 Apache TinkerPop 3 框架和 Gremlin 图查询语言的大型分布式图数据库 HugeGraph,2018 年 3 月百度宣布 HugeGraph 开源。

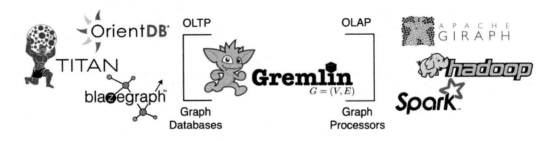

图 2-13　Gremlin 语言与图数据库的关系

Gremlin 是一种函数式数据流语言,可以使用简洁的方式表述复杂的属性图的遍历或其他操作。Gremlin 语言详细介绍请参见官方网址:http://tinkerpop.apache.org/gremlin.html。每个 Gremlin 遍历由一系列步骤组成,每一步都是数据流上执行的一个原子操作。Gremlin 语言包括以下三个基本的操作。

- map-step:对数据流中的对象进行转换。
- filter-step:对数据流中的对象进行过滤。
- sideEffect-step:对数据流进行计算统计。

TinkerPop 框架 Gremlin 语言的设计围绕以下图数据库中的核心概念展开。

- Schema:Schema 指所有属性和类型的集合,包括边和节点的属性、边和节点的 Label 等。
- 顶点(Vertex):就是图中的顶点,代表图中的一个节点。
- 边(Edge):就是图中的边,连接两个节点,分为有向边和无向边。
- 属性类型(PropertyKey):顶点和边可以使用的属性类型。
- 顶点类型(VertexLabel):顶点的类型,比如 User、Car 等。
- 边类型(EdgeLabel):边的类型,比如 know、use 等。

基于 Gremlin 语言进行图数据操作,需要先定义图数据模式,通过调用 graph.schema()

的一系列 API 实现。图数据库操作中创建属性类型示例如下,例子中分别创建了姓名、年龄、城市三个类型的属性。

```
graph. schema ().propertyKey("name").asText().ifNotExist().create()
graph. schema ().propertyKey("age").asInt().ifNotExist().create()
graph. schema ().propertyKey("city").asText().ifNotExist().create()
```

创建顶点类型示例如下,可以将不同类型的属性附加到节点类型上,例子中创建了 person 类型的节点,并具有三个属性,name 属性作为主键唯一标识。

```
person = graph. schema ( ). vertexLabel ( " person"). properties ( " name"," age",
"city"). primaryKeys("name").ifNotExist().create();
```

创建边类型示例如下,需要定义边的类型、起始节点类型与终止节点类型,例子中创建了 knows 边类型,起始与终止节点类型均为 person,knows 边类型具有属性 date。

```
knows = graph. schema ().edgeLabel("knows").sourceLabel("person")
    .targetLabel("person").properties("date").ifNotExist().create();
```

创建具体的顶点和边示例如下,例子中创建了两个代表具体人物的节点 wang 和 zhang,并在节点 wang 上引出一条边,指向 zhang,边的类型是 knows,并且代表认识日期的 date 属性值为"20190610"。

```
wang = graph. addVertex(T. label, "person", "name", "wang", "age", 22);
zhang = graph. addVertex(T. label, "person", "name", " zhang ", "age", 21);
wang.addEdge("knows", zhang, "date", "20190610");
```

Gremlin 语言创建图数据时使用 graph,展示图数据所有节点使用如下命令,g 相当于 graph. traversal()。

```
g.V()
```

使用如下命令可查询返回 10 个节点。

```
g.V().limit(10)
```

使用如下命令可查询 Label 值为' person '的节点。

```
g.V().hasLabel('person')
```

使用如下命令可查询 id 为' 11 '的节点。

```
g.V('11')
```

使用如下命令可查询 name 属性值为 wang 的节点,经过第一个 out("knows")调用可查询到与类型为 knows 的边相连的节点集,经过第二个 out("knows")调用则可返回类似朋友的朋友结果,最终将返回节点的 name 属性值列表。

```
g.V().has("name","wang").out("knows").out("knows").values("name")
```

Gremlin 语言中对边的操作主要通过 g.E()实现,提供了丰富的 API 实现灵活的图数据查询、遍历、过滤、路径、迭代、转换、排序、逻辑判定、统计、分支等语法,满足图数据库应用程序开发的需求。Gremlin 语言的其他用法请进一步参见官方文档。

2.5　图数据库的应用

近年来随着大数据的深入发展,图数据库以其处理复杂网络分析特有的优势迎来了快速发展,在众多领域得到了广泛应用,它特别适用于社交网络、实时推荐、金融征信系统等领域。图数据库可以更加高效地支撑图数据的深度关系挖掘与探索、节点之间的关联分析、路径搜索、社区检测、基于用户与产品图数据的推荐应用、基于知识图谱的智慧应用等。全球很多知名企业已在使用图数据库来更加高效地管理和利用自身数据资产,最大化地发挥数据资产的价值,为企业降本增效。

凡是应用领域中能够抽象出节点及其间关系的业务问题都适合使用图数据库进行数据建模和管理,如以下典型应用领域。

(1) 社交网络:社交网络中有关组织、公司、人员、爱好、技能、发表的文章等信息可以作为节点,它们之间的朋友关系、共同兴趣爱好关系、合作关系等作为边,利用社交网络图数据库可以做一些非常复杂的节点之间关系的查询,节点重要性的分析,通过传播关系发现意见领袖与社交群体,具体应用及更进一步理论与方法可参见网络科学相关书籍及论文。

(2) 推荐系统:被推荐商品、客户都可以作为节点,商品与商品之间的品类相似程度等可以作为关系,客户与商品之间的购买与浏览操作可以作为关系建立图模型数据,借助关系路径的图推荐算法进行产品推荐。

(3) 交通运输网络:地点可以抽象为点,地点与地点之间的海运、陆运、空运等通道作为边,如果是城市内路网分析,地铁、公交、道路等可作为边分析整个交通网络的畅通情况等。

(4) 物流管理:货仓、转运中心或者物流终端网点都可以抽象为点,货仓、转运中心、网点之间的通路可作为边,建立图模型数据以支持物流大数据存储与分析管理。

(5) 主数据管理:主数据(Master Data,MD)是指系统间共享的关键业务数据,如客户、产品、供应商、账户和组织部门等相关数据。MD与记录业务活动的交易数据相比,主数据相对稳定,变化缓慢。主数据管理场景中客户、产品、供应商等数据可以作为节点,数据之间的关联关系作为边,以更加高效地分析数据之间的相互关联。

(6) 企业关联关系:企业在日常经营中,涉及消费者、合作伙伴、渠道方、投资者、员工、媒体、产品与服务等,企业在社会各个领域中都广有接触,呈现面错综复杂,因此通过以企业为核心节点,企业与企业之间的交易往来等作为关系建立图数据库,可以更全面客观地了解企业的方方面面,而不仅仅是传统单一的工商信息。图数据库是企业征信应用系统构建的利器。围绕企业的经营范围,通过采集、融合并关联企业各个方面的信息,如最基本的工商注册信息、投资者及高管信息、企业产品和服务信息、自主知识产权和相关资质等,可以得到企业的全视角画像,支撑更加丰富的企业深层次的关联交易、股权、债权关系等经营状况分析应用。

(7) 欺诈检测:反欺诈是金融行业的一个核心应用,通过图数据库可以对不同的个体、企业做关联分析,从节点在指定时间内的关联交易关系行为,挖掘潜在的金融欺诈风险。金融、保险领域客户账户、金融或保险产品、地域等作为节点,客户与客户之间的转账交易记录作为边,客户账户与地域之间的取款或消费记录作为边,客户与保险产品之间出险交易即保险理赔交易作为关系等,建立欺诈检测及风险防范图数据库,更加高效地支撑行业风险分析应用。

　　前文提到 HugeGraph 是百度开源的图数据库,其在百度企业内部安全管理方面的应用非常广泛,主要包括网址安全检测、设备关系图谱和数据安全治理等,典型应用分别简介如下。

　　(1) 网址安全检测:搜索是百度的核心业务之一,为保证用户访问的网站是安全的,需要对搜索引擎的每一个网页进行安全检测,以防止用户通过搜索引擎入口访问恶意网站。在网址安全检测项目中,使用图数据库存储网站节点的基本信息,包括域名、IP 等及网站之间的外部链接信息等,安全分析人员可以方便地分析站点之间的关系。结合 PageRank 等图挖掘算法可以发现网站链接异常行为,识别存在安全隐患的网址,维护网民权益。

　　(2) 设备关系图谱:构建设备关系图谱,提供设备关联分析能力是黑产对抗所需要的核心能力。使用 HugeGraph 存储手机号码、账号 ID、设备指纹等设备信息,通过 ID-Mapping 和关联分析,精确识别黑产作弊设备,可为业务风控提供细粒度的反作弊策略。

　　(3) 威胁情报分析:利用 HugeGraph 将恶意攻击记录、恶意 IP、恶意域名、Whois 信息、漏洞库、文件、邮件地址、开源情报等信息结合构建威胁情报关系网,为风控业务和安全应急响应中心提供服务。另外,在伪造设备识别、群控挖掘、自然人识别等方面,HugeGraph 也发挥了很大的作用。

　　(4) 安全数据治理:将数据资产作为图数据库的顶点,将对数据资产的 ETL 处理作为图数据库的边,通过顶点和边的关联关系分析数据间的关联关系,并在此基础上实施安全数据治理策略。

　　图数据库也并非完美,它虽然弥补了很多关系型数据库的缺陷,但是也有一些不适用的地方,例如以下领域。

　　(1) 记录大量基于事件的数据,如日志条目或传感器感知时间序列数据等;

　　(2) 对大规模 PB 级数据进行分布式并行处理,如 Hadoop HBase、Cassandra 等列族数据库、文档数据库、键值类等其他类型 NoSQL 数据库擅长的领域。

　　(3) 音频、视频等二进制数据的存储。

　　(4) 适合于保存在关系型数据库中的结构化数据。

　　图数据库应用的普及程度与自身技术的性能优势及简单易用性息息相关。图数据库目前还处在高速发展阶段,虽然如图 2-1 所示,Neo4j 目前排名第一,但一些新型图数据库的发展势头也不容小觑,如采用原生并行图(Native Parallel Graph,NPG)技术设计的 TigerGraph,能够在互联网规模数据上进行实时图更新,并实现内置并行计算。TigerGraph 的类 SQL 图查询语言(GSQL)为大数据的即时浏览和交互式分析提供了很好的支持。

　　在实际的生产环境下,往往是关系型数据库和图数据库优势互补,根据不同的应用场景相互结合,有效支撑业务系统的运营。随着大数据相关应用领域的高速发展,图数据的关联存储与深度挖掘计算需求将更加迫切,图数据库应用将越来越广。

2.6　本 章 小 结

　　本章主要介绍了图数据库产生的背景及其特点、图数据库关键数据要素、图数据库属性图建模方法、图查询语言及其图数据库的典型应用场景。节点、关系、属性、标签是构成图数据的关键存储元素。节点通过关系连接到其他节点,节点可以具有一个或多个属性。属性存储为键值对。关系连接两个节点,关系是有方向性的,关系可以有一个或多个属性。属性可以被索引和约束。标签用于将节点和关系分类,一个节点可以具有多个标签,一个关系有且只能有一个标签。原生图存储数据库一般采用免索引邻接机制存储图数据,不需要建立全局索引就能够提供图数据的高效访问。类似关系数据库实体关系图的作用,图数据库建模时可采用属性图的方式设计关键业务数据的图模型。Neo4j 图数据库的 Cypher 语言及 Apache 开源图计算框架 ThinkerPop 下的 Gremlin 语言为用户操作图数据提供了简单易用的技术方法。大数据时代,图数据库技术必将更加广泛地应用于高效的图数据存储与管理中,以支持数据深度链接分析,揭示以往因性能问题或表示能力限制而无法获得的数据价值。

2.7　思考与练习题

1. 图数据库与关系型数据库的差异是什么?

2. 图数据库中都包含哪些关键数据存储要素?

3. 什么是免索引邻接机制?

4. 请画图说明 Neo4j 图数据库数据存储架构,并简要说明。

5. 什么是属性图模型? 请设计画出能够存储以下数据的属性图模型。

(1) 计算机学院包含专业 A、专业 B;

(2) 专业 A 面向大一学生开设课程 A、课程 B、课程 C,其中 A 和 B 是必修课,C 是选修课;

(3) 教师 A 负责在 2019—2020 学年秋季学期课程 A 的讲授;

(4) 311201901 班、311201902 班学生 2019—2020 学年的秋季学期都上课程 A 和 B;

(5) 教师 A 于 2000 年 9 月份参加工作;

(6) 311201901 班的学生 A、学生 B 在 2019—2020 学年的秋季学期选修了课程 C;

(7) 节点至少包含名称和简介属性;

(8) 请在此基础上思考增加 2 类节点和 2 类关系,说明新增节点至少包含的 3 个属性,并完善到以上属性图中。

6. 属性图模型中的标签有什么作用? 一个节点是否允许有多个标签? 关系是否允许有多个类型名称? 如果可以,请分别举例说明;如果不可以,请思考简述为什么。

7. Cypher 语言有什么特点? 节点、关系、属性、路径如何表示?

8. 请调研比较说明 Gremlin 与 Cypher 的差异及各自的优势。

9. 请选择 2.5 节中图数据库某一方面的应用,设计画出关键业务数据的属性图模型,并写出至少三个该模型存储的数据能够支撑的数据分析问题。

10. 请调研除了 Neo4j 之外的另一种图数据库存储架构,并分析两者的异同。

11. 思考并写出图数据库除 2.5 节内容外的两方面应用场景。

本章参考文献

［1］ https://db-engines.com/en/ranking/graph＋dbms.

［2］ 伊恩·罗宾逊,等.图数据库［M］.北京:人民邮电出版社,2016.

［3］ 张帜.Neo4j 权威指南［M］.北京:清华大学出版社,2017.

［4］ https://neo4j.com/.

［5］ https://neo4j.com/docs/operations-manual.

［6］ http://neo4j.com.cn/.

［7］ http://www.we-yun.com.

［8］ https://www.w3cschool.cn/neo4j/.

第 3 章
Neo4j 图数据库

Neo4j 图数据库采用 Java 语言开发。万物皆互联,现实世界中的一切人、事、物都处在各种不同的联系之中。Neo4j 图数据库是以原生图结构形式来存储数据的,数据模型对于实体及其间的复杂关联关系具有天生的适配性,存储的节点、边、属性、标签社区版最大处理容量达百万级别,企业版支持能力更强。Neo4j 是当前图数据库中的佼佼者,简单、易用、易部署。本章主要介绍 Neo4j 的基础知识、数据操作基础、集群技术、管理与监控技术。

本章内容思维导图如图 3-1 所示。

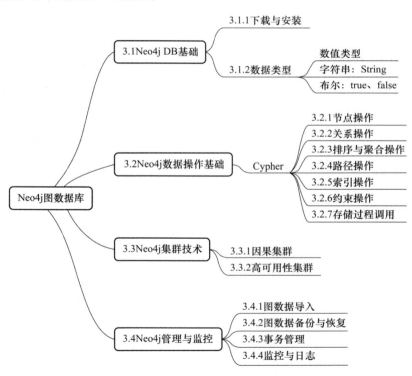

图 3-1　Neo4j 图数据库章节内容思维导图

3.1　Neo4j DB 基础

Neo4j 图数据库提供了丰富的高性能存储与管理图数据的功能。Neo4j 图数据库的特点主要表现在以下几个方面。

- 优越的性能:高效的图数据读写能力。
- 设计的灵活性:无模式,易扩展。
- 迭代的敏捷性:适用频繁迭代的敏捷开发方法。
- 安全可靠:支持事务管理,提供实时在线备份、日志恢复功能。
- 丰富的学习资源:可参考在线文档及 https://neo4j.com/graphgists/。
- 大企业实践应用的考验:拥有广大实力派用户群体,验证了其稳定性、稳健性。
- 类 SQL 的图数据查询语言:Neo4j CQL。
- 遵循属性图数据模型。
- 支持 Apache Lucence 索引及 UNIQUE 约束。
- 提供一个用于执行 CQL 命令的 UI:Neo4j 数据 Web 操作端。
- 支持 ACID(原子性、一致性、隔离性和持久性)。
- 采用原生图数据库与本地图数据处理引擎。
- 支持查询的数据导出为 JSON 和 XLS 格式文件。
- 提供了 REST API,可以被任何编程语言访问,如 Java、Python、Scala 等。
- 支持两种 Java API:Cypher API 和 Native Java API,用来开发 Java 应用程序。

3.1.1　下载与安装

Neo4j-community-3.5.3
安装程序

Neo4j 官网为 https://neo4j.com/,安装版本分社区(Community)版与企业(Enterprise)版,前者免费,以学习 Neo4j 基础知识为目标,建议先下载学习社区版。本书以 Windows 平台安装与应用为例讲解相关技术基础。Linux 平台安装过程类似。

首先从官网下载 neo4j-community-3.5.3-windows.zip,官网版本主要是英文版,国内 Neo4j 代理公司及致力于自主可控图数据库研发公司的微云数聚开源了汉化版本,也可下载学习。安装文件解压后各文件夹主要作用说明如下。

- bin:用于存储 Neo4j 的可执行程序。
- conf:用于控制 Neo4j 启动的配置文件,核心配置文件为 neo4j.conf。
- data:用于存储核心数据库文件。
- lib:用于存储依赖的 jar 包文件。
- plugins:用于存储 Neo4j 的插件。
- logs:用于存储日志文件。

然后配置环境变量 NEO4J_HOME 为 Neo4j 安装路径,修改环境变量 PATH 加上 Neo4j 的 bin 目录,接着就可以启动数据库服务了。以管理员身份在命令行窗口中输入以下命令,将看到服务启动后如图 3-2 所示的信息。

```
> neo4j console
```

```
C:\Users\Administrator>neo4j.bat console
2019-03-27 02:24:50.517+0000 INFO  ======== Neo4j 3.5.3 ========
2019-03-27 02:24:50.532+0000 INFO  Starting...
2019-03-27 02:24:55.894+0000 INFO  Bolt enabled on 127.0.0.1:7687.
2019-03-27 02:24:57.199+0000 INFO  Started.
2019-03-27 02:24:57.993+0000 INFO  Remote interface available at http://localhost:7474/
```

图 3-2　Neo4j 服务启动后的提示信息

以上服务启动方式需要保持启动窗口始终开启状态,如果关闭该窗口,Neo4j 数据库服务将无法被访问到。可以通过在命令行下执行以下命令解决该问题,即安装后台数据库服务。

```
> neo4j install-service
```

然后可以执行以下服务启动命令,待看到服务已启动提示信息后,即可访问数据库服务。

```
> neo4j start
```

neo4j 命令的参数还可换为 stop、restart、status、uninstall-service 等,分别用于服务停止、重启、状态查看、卸载服务。

在浏览器中输入如图 3-3 所示 Neo4j 的 Web 控制台网址进入登录页面。

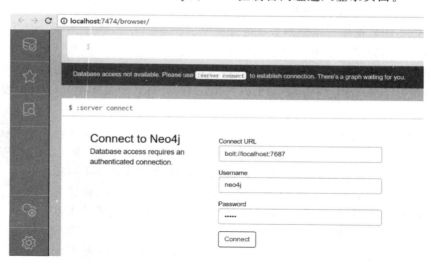

图 3-3　Neo4j 的 Web 控制台登录页面

初始用户名与密码均为 neo4j,输入后单击连接,将看到如图 3-4 所示首页面。

页面中左边为菜单栏,右上方为命令输入窗口,右下方为在线教程导航区、代码编辑区及监控平台的入口。左边菜单栏主要包括以下内容。

(1) Database Information:数据库信息,包含当前 DB 中创建的节点、边、属性信息,属性包括节点的属性和边的属性。

(2) Favorites:收藏夹,五角星图标。其中,Basic Queries 包含写好的一些基本数据库语句,如创建节点、查询节点个数或边个数的语句等;Example Graphs 包含创建默认自带的 Movie Graph 与 Northwind Graph 示例图数据语句序列;Data Profiling 中包含常用的查看数据库状态的语句;Common Procedures 包含常用的一些存储过程。

图 3-4　Neo4j 的 Web 控制台首页

（3）Documentation：包含各种官方文档。

（4）Neo4j Browser Sync：清空本地数据库，与云端数据库同步。

（5）Browser Settings：图形操作界面的设置。

（6）About Neo4j：包含版本、授权等信息。

Web 控制台使用方法简单易学，查看收藏夹自带的示例是快速入门的好途径。双击菜单 Favorites 中 Example Graphs 里的 Movie Graph，可以看到控制台自动产生了：play movie-graph 命令，单击旁边表示运行的箭头，即可看到一个创建电影图数据库数据的 step by step 详细说明页面，相关创建语句已经编写好，一步步执行即可看到相应结果。例如第一步创建图数据命令序列执行后可看到如图 3-5 所示的可视化图数据结果。

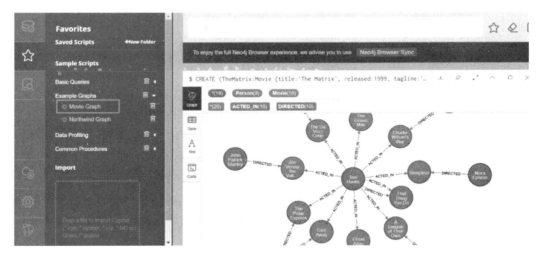

图 3-5　Neo4j 执行 movie-graph 示例

Movie Graph 例子中包含电影、演员、导演三类节点，包含参演和执导两类边。在图中结果框左边也可选择以 table 表格式或 text 文本格式显示，单击 Code 还可以查看具体的代码，Cypher 语句的具体用法示例详见 3.2 节。

Neo4j 除了提供 Web 控制台方式操作数据库外,也提供了 cypher-shell 的命令行方式操作数据库。Windows 平台下执行命令后输入用户名、密码可看到如图 3-6 所示内容,表示已连接上默认数据库。

```
C:\Users\Administrator>cypher-shell
username: neo4j
password: ****
Connected to Neo4j 3.5.3 at bolt://localhost:7687 as user neo4j.
Type :help for a list of available commands or :exit to exit the shell.
Note that Cypher queries must end with a semicolon.
neo4j> _
```

图 3-6　cypher-shell 交互式界面

在 Web 控制台可以执行以下命令查看有关 CQL 的详细在线语法帮助。

```
$ :help cypher
```

命令行交互环境下可输入:help 查看 cypher 命令提示信息,如图 3-7 所示。输入:quit 则退出交互环境。cypher 命令执行时需要以冒号开头。

```
neo4j> :help

Available commands:
  :begin    Open a transaction
  :commit   Commit the currently open transaction
  :exit     Exit the logger
  :help     Show this help message
  :history  Print a list of the last commands executed
  :param    Set the value of a query parameter
  :params   Prints all currently set query parameters and their values
  :rollback Rollback the currently open transaction

For help on a specific command type:
    :help command


For help on cypher please visit:
    https://neo4j.com/docs/developer-manual/current/cypher/

neo4j> :quit

Bye!
```

图 3-7　cypher-shell 中 help 命令执行结果

Neo4j 除了 CQL 默认提供的函数和存储过程外,还提供了功能强大的扩展 APOC 库,可以直接调用进行更复杂的图数据处理与分析功能,如数据集成处理、空间数据处理、社团检测、PageRank 算法调用、文本相似度计算功能函数、语音比较功能函数、灵活的格式转换等数据处理函数。对应安装包为 apoc-3.5.0.2-all.jar,官方下载链接如下:https://github.com/neo4j-contrib/neo4j-apoc-procedures/releases/3.5.0.2。下载后复制到安装目录下的 plugins 文件夹下,并修改配置文件/conf/neoj4.conf 中的如下配置项。

Neo4j 数据库-apoc-
3.5.0.2安装包

```
dbms.security.procedures.unrestricted = apoc.*

dbms.security.procedures.whitelist = apoc.*
```

也可以为了安全起见,只允许部分包下的内容可用,如 apoc.coll.*,apoc.load.*。

然后需要停止服务,重启服务,再次进入 Web 控制台,输入如图 3-8 所示命令,如果看到返回的 apoc 版本号,说明加载成功。

图 3-8　apoc 版本显示结果

读者可以试着调用 apoc 的功能函数，例如在 Web 控制台中执行如下命令，将把 timestamp 函数返回的毫秒结果转换成指定的日期格式，并为返回结果取了个别称 createTime，其中 CTT 是时区代码，表示中国上海，如图 3-9 所示。

```
$ return apoc.date.format(timestamp(),'ms','yyyy-MM-dd HH:mm:ss','CTT') as createTime
```

执行结果如图所示。

```
$ return apoc.date.format(timestamp(),'ms','yyyy-MM-dd HH:mm:ss','CTT') as createTime
```

createTime

"2019-04-02 11:52:08"

图 3-9　日期格式转换执行结果

3.1.2　数据类型

在 Neo4j 数据库中，节点、边的属性是一系列的 Key、Value 值对，Key 取值要求为字符串类型，表示属性的名称，属性 Value 的类型如表 3-1 所示，可以是 9 种基本类型之一，也可以是由基本类型组成的数组类型。

表 3-1　Neo4j 基础数据类型

序号	数据类型	说明	取值范围
1	boolean	布尔	true/false
2	byte	8 位整数	$[-128, 127]$
3	short	16 位整数	$[-32\,768, 32\,767]$
4	int	32 位整数	$[-2\,147\,483\,648, 2\,147\,483\,647]$
5	long	64 位整数	$[-9\,223\,372\,036\,854\,775\,808, 9\,223\,372\,036\,854\,775\,807]$
6	float	32 位浮点	IEEE 754 标准单精度浮点数
7	double	64 位浮点	IEEE 754 标准双精度浮点数
8	char	16 位字符	16 位 Unicode 字符
9	string	字符串	Unicode 字符序列

在以上基础类型之上，Neo4j 支持映射（Map）及列表（List）类型。Map 以 Key、Value 形式存储数据；List 类似数组的形式存储多个值的序列，可以通过位置引用某个元素值，位置索引从 0 开始，位置为负时表示从尾部开始。

有关日期、时间类型,Neo4j底层默认是不支持类似于time、datetime等时间格式存储的,因此如果图中节点或者关系属性想保存有类似createTime日期格式的形式时,需要通过系统的date()等函数调用实现,例如返回当前日期的命令如图3-10所示。

图3-10　date()函数调用示例

另外,timestamp()函数可以用来获取当前的时间,如图3-11所示。

图3-11　timestamp()函数调用示例

但timestamp()函数内部是使用System.currentTimeMillis()返回当前毫秒级时间戳值的。如果希望以"yyyy-MM-dd HH:mm:ss",如"2019-03-06 15:22:10"形式显示日期值,并以字符串的形式存储于属性中,则可以使用如图3-9所示的APOC库函数apoc.date.format来完成这个转换操作。

3.2　Neo4j数据操作基础

Neo4j 3.5.x版本每次启动只能读取一个数据库,默认链接的数据库为graph.db。数据库文件位于安装路径下的\data\databases\graph.db文件夹下,如果要切换到其他数据库,需要修改配置文件neo4j.conf中的dbms.active_database＝graph.db内容。假设新建一个graphtest.db,则修改为dbms.active_database＝graphtest.db,然后重启Neo4j数据库即可。Neo4j将在\data\databases\路径下自动创建graphtest.db文件夹用来存储该数据库的数据。

本节主要以Neo4j自带的Movie Graph为基础,掌握使用Cypher语言实现对Neo4j节点、关系、属性、标签、索引、约束等图数据的基本操作方法,以及实现图数据排序与聚合、路径遍历与存储过程调用等。

3.2.1　节点操作

围绕图中节点的增、删、改、查操作分别介绍如下。

1. 节点创建操作

(1)创建没有属性的节点

一般语法如下:

```
CREATE (<node-name>:<label-name>);
```

- <node-name>:要创建的节点变量名称。变量名称也可省略。
- <label-name>:节点标签名称。

示例如下:

```
$ CREATE (emp:Employee);
```

```
$ CREATE (dept:Dept);
```

(2) 创建包含属性的节点

一般语法如下:

```
CREATE (
    <node-name>:<label-name>
    {
        <Property1-name>:<Property1-Value>,
        ......
        <Propertyn-name>:<Propertyn-Value>
    }
)
```

示例如下:

① 创建包含三个属性的节点,标签为 Dept。

```
$ CREATE (dept:Dept { deptno:10,dname:"Accounting",location:"Beijing" });
```

② 创建包含两个属性的节点,标签为 Person,并返回节点信息。

```
$ CREATE (n:Person { name:'Wu Jing', born:1974}) return n;
```

③ 创建包含多个标签的节点。

```
$ CREATE (andy:Person:Student:Writer { name:'andy', age:23 });
```

④ 使用 UNWIND 子句展开一个集合为一个列表,一次创建多个节点。

```
$ UNWIND [{name:"Alice",age:32},{name:"Bob",age:42}] as row
CREATE (n:Person)
SET n.name = row.name, n.age = row.age
return n;
```

执行结果如图 3-12 所示。

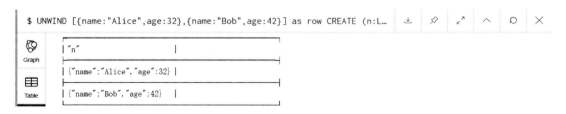

图 3-12　使用 UNWIND 展开一个列表后创建多个节点

⑤ Neo4j 的一个查询语句有很多子句,每个子句按特定的顺序执行,CQL 中的 WITH 子

句可以起到承前启后的作用,把上一子句输出传递到其他子句中去。以下示例使用 WITH 子句及 FOREACH,一次创建多个节点。

```
$ WITH ["a","b","c"] as coll FOREACH (value in coll | CREATE(:person{name:value}))
```

⑥ 调用时间函数,创建带有时间属性的节点。

```
$ WITH apoc. date. format (timestamp ( ),' ms ',' yyyy-MM-dd HH: mm: ss ',' CTT ')
as createTime
CREATE (testNode:TestNode {pro:"test",createTime:createTime})
return testNode
```

⑦ 参考属性图 3-13,分别创建图中的节点。

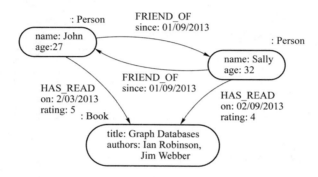

图 3-13　朋友圈属性图示例

```
$ CREATE (sally:Person { name: 'Sally', age: 32 });
$ CREATE (john:Person { name: 'John', age: 27 });
$ CREATE (gdb:Book { title: 'Graph Databases', authors: [' Ian Robinson ', 'Jim
Webber'] });
```

2. 节点查找

虽然 Cypher 和 SQL 操作的是不同的数据结构,但它们的语法结构非常相似。查询语句一般语法如下:

```
MATCH ( <node-name >:< label-name > )
WHERE < condition > < boolean-operator > < condition >
RETURN
< node-name >.< property1-name >,
......
< node-name >.< propertyn-name >
```

其中< condition > 语法如下:

```
< property-name > < comparison-operator > < value >
```

示例如下。

① 查询 id 是 1 的节点,其中 n 为节点变量,利用 id 函数返回节点的标识,判断是否为 1。

```
$  MATCH（n）WHERE id（n）= 1 RETURN n;
```

② 查询所有节点,结果显示如图 3-14 所示。

```
$  MATCH（n）RETURN n;
```

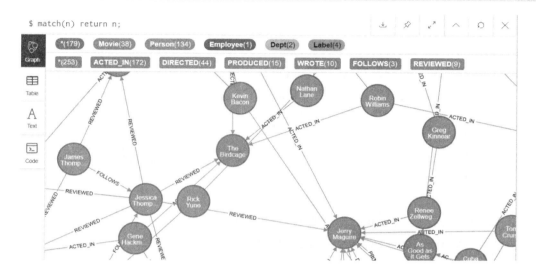

图 3-14　查询所有节点语句执行结果

单击图中具体某一节点,可在提示框中看到该节点的 id 值及其他属性取值。

③ 查询 born 属性值小于 1 955 的节点。

```
$  match(n)
   where n.born < 1955
   return n;
```

④ 调用 apoc 库函数,查询节点的标签。

```
$  MATCH（n{name:"Tom Hanks"}）
   RETURN apoc.node.labels（n）;
```

⑤ 查询具有指定 Lable 的节点。

```
$  match(n:Movie)
    return n;
```

⑥ 使用 WHERE 子句查询属性值满足一定关系运算及逻辑运算条件的节点。

```
$  MATCH（nineties:Movie）WHERE nineties.released >= 1990 AND nineties.released
< 2000 RETURN nineties.title
```

⑦ 查询具有指定属性的节点。

```
$  match(n{name:'Tom Hanks'})
    return n;
```

在 Web 控制台中单击查询结果中某个节点,可看到外延出一个环,如图 3-15 左边所示,单击标五角星区域可展开该节点的相关关系,如图 3-15 右边所示。

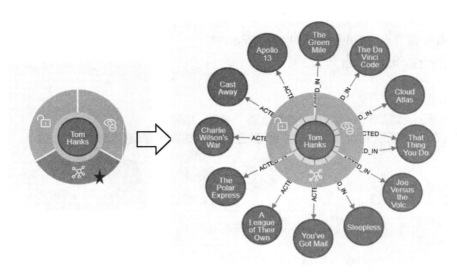

图 3-15　扩展节点交互式查看其关联关系

⑧ 使用 WHERE 子句限定节点查询的条件。

```
$ MATCH (emp:Employee)
  WHERE emp.name = 'Jane' OR emp.name = 'Tom'
  RETURN emp;
```

⑨ 使用正则表达式模糊匹配,例如不区分大小写匹配且名字中以"Wang"开头的节点。

```
$  MATCH (n)
  WHERE n.name = ~ '(?i)Wang.*'
  RETURN n
```

⑩ 使用 LIMIT 限定返回结果数量的查询。

```
$ MATCH (a:Person)
  RETURN a   LIMIT 5;
```

⑪ 使用 SKIP 返回跳过一定数量后的查询结果。

```
$ MATCH (n)
  RETURN n
  ORDER BY n.name
  SKIP 3
  LIMIT5;
```

⑫ 使用 UNION 合并多个查询的结果。

```
$ MATCH (pp:Person)
  RETURN pp.age,pp.name
  UNION
  MATCH (pp:Customer)
  RETURN pp.age,pp.name
```

⑬ 通过 keys 函数,查看节点或关系的属性键,结果如图 3-16 所示。

```
$ MATCH (a)
  WHERE a.name = 'Keanu Reeves'
  RETURN keys(a);
```

"keys(a)"
["lastAccessed","born","name","found"]

图 3-16　keys 函数查询节点属性键

3. 节点修改

CQL 中使用 SET 子句更新节点的标签和属性,示例如下。

① 通过节点的 ID 函数获取节点标识,对指定标识的节点修改属性值。

```
$ MATCH (n)
  WHERE id(n) = 7
  SET n.name = 'Neo'
  RETURN n;
```

② 为节点增加标签。

```
$ MATCH (n)
  WHERE id(n) = 7
  SET n:Company
  RETURN n;
```

③ 逗号相间隔,设置多个属性。

```
$ MATCH (n { name:'Andres' })
  SET n.title = 'Developer', n.surname = 'Taylor';
```

④ 结合变量和 SET 可复制除了 ID 外的属性值,如下示例代码执行完后,节点 andy 的 name、age 都将变更为 tiger 节点的对应属性值,注意标签、属性名称是区分大小写的。

```
$ CREATE (andy:Person { name:'andy', age:23 })
$ CREATE (tiger:Person { name:'tiger', age:20 })
$ MATCH (a { name:'andy' }),(p { name:'tiger' })
  SET a = p
  RETURN a, p;
```

4. 节点删除

CQL 中使用 DELETE 删除节点与关系,使用 REMOVE 删除标签与属性,二者都不能独立使用,需要和 MATCH 配合使用。当节点有相关关系时,无法执行删除,必须先删除节点所有相关关系后,才能删除该节点。具体使用方法示例如下。

① 删除节点。

```
$ MATCH (e:Employee) DELETE e;
```

② 删除节点的属性。

```
$ MATCH (andy { name: 'andy' })
  REMOVE andy.age
  RETURN andy;
```

③ 删除节点的标签。

```
$ MATCH (n { name: 'andy' })
  REMOVE n:Person
  RETURN n;
```

④ 删除节点多个标签。

```
$ MATCH (n { name: 'andy' })
  REMOVE n:Person:Student
  RETURN n;
```

5. MERGE 子句简介

MERGE 子句的作用有两个:当模式(Pattern)存在时,匹配该模式;当模式不存在时,创建新的模式。在 MERGE 子句之后,可以显式指定 ON CREAE 和 ON MATCH 子句,用于修改匹配的节点或关系的属性。使用 MERGE 子句,可以指定图形中必须存在一个节点,该节点必须具有特定的标签、属性等;如果不存在,那么 MERGE 子句将创建相应的节点。具体使用方法示例如下。

① 通过 MERGE 子句匹配搜索模式。

匹配模式是:一个节点有 Person 标签,并且具有 name 属性。如果数据库不存在该模式,那么创建新的节点;如果存在该模式,那么匹配该节点。

```
$ MERGE (michael:Person { name: 'Michael Douglas' })
  RETURN michael;
```

② 在 MERGE 子句中指定 ON CREATE 子句。

如果找到匹配的节点,那么不会执行 ON CREATE 子句,也不会修改节点的属性。如果找不到匹配的节点,则将创建该节点。

```
$ MERGE (keanu:Person { name: 'Keanu Reeves' })
  ON CREATE SET keanu.created = timestamp()
  RETURN keanu.name, keanu.created;
```

③ 通过执行 ON MATCH 子句更改已经存在于数据库中节点的属性值。

以下命令执行完后,对于已经存在的标签为 Person 的所有节点,将增加 found 与 lastAccessed 两个属性,并且赋值为 TRUE 及当前系统日期。

```
$ MERGE (person:Person)
  ON MATCH SET person.found = TRUE , person.lastAccessed = date()
  RETURN person.name, person.found, person.lastAccessed;
```

④ 在 MERGE 子句中同时指定 ON CREATE 和 ON MATCH 子句。

以下命令初次执行时,将执行 ON CREATE 子句,创建节点及其 created 属性,执行了时间函数调用并赋予了值,并没有执行 MATCH 子句;第二次再执行时,因节点已存在,将执行 ON MATCH 子句,执行时间函数调用并给 lastSeen 属性赋值。

```
$ MERGE (c:Person { name: 'ChenBaoguo'})
 ON CREATE SET c.created = timestamp()
 ON MATCH SET c.lastSeen = timestamp()
 RETURN c.name,c.created,c.lastSeen;
```

3.2.2　关系操作

Neo4j 关系由开始节点、终止节点、一个或多个关系属性、关系标签构成,表示形式如下:

StartNode - [Variable:RelationshipType{Key1:Value1,Key2:Value2,…}] -> EndNode

关系操作时可以定义关系变量,有关关系的增、查、改、删操作示例如下。

1. 关系创建

在创建关系时,必须指定关系类型,即关系标签。

(1) 创建没有关系属性的节点间关系

一般语法如下:

```
CREATE
(<node1 Variable name>:<node1-label-name>)
- [<relationship variable name>:<relationship-label-name>]
-> (<node2 Variable name>:<node2-label-name>)
RETURN < relationship variable name >
```

关系的开始节点、终止节点可以和 MATCH 子句配合先找到指定节点,再通过变量引用相应节点创建关系,也可以在创建关系时直接创建节点。

① 创建节点的同时创建关系。

```
$ create(a:Book{name:"程序设计基础"})-[r:base]->(b:Book{name:"数据结构"});
```

② 匹配已有节点,创建没有任何属性的关系。

```
$ MATCH (a:Person),(b:Movie)
 WHERE a.name = 'Robert Zemeckis' AND b.title = 'Forrest Gump'
 CREATE (a)-[r:DIRECTED]->(b)
 RETURN r;
```

③ 如果没有 Where 子句,创建关系时,将会在任意开始节点及终止节点之间都建立关系,创建完全图,Neo4j 会为每条边创建不同的 ID,如下示例执行结果如图 3-17 所示。

```
$ CREATE (s:Student{name:"wang"});
$ CREATE (s:Student{name:"zhang"});
$ CREATE (s:Student{name:"chen"});
$ MATCH (s: Student),(b:Book)
   CREATE (s)-[r:Read ]->(b)
   RETURN s,b,r;
```

```
$ MATCH (s: Student),(b:Book)  CREATE (s)-[r:Read ]->(b) RETURN s,b,r;
```

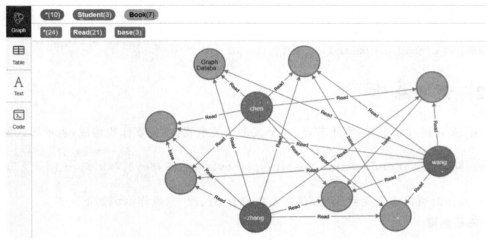

图 3-17　节点间创建完全图

（2）创建有关系属性的节点间关系

一般语法如下：

CREATE（< node1-Vname >:< node1-label-name >{< define-properties-list >}）
- [< relationship-Vname >:< relationship-label-name >{< define-properties-list >}]
->(< node2-Vname >:< node2-label-name >{< define-properties-list >})
RETURN < relationship-Vname >

其中，Vname 表示变量名称。

① 直接创建带属性节点及带属性的关系。

```
$ CREATE (a:Book{name:"面向对象程序设计"})
  -[r:base{weight:3}]
  ->(b: Book { name:"Web 开发技术"})
  RETURN a,b,r;
```

② 匹配已有节点，创建带属性的关系。

```
$ MATCH (a:Person),(b:Movie)
  WHERE a.name = 'Tom Hanks' AND b.title = 'Forrest Gump'
  CREATE (a)-[r:ACTED_IN { roles:['Forrest'] }]->(b)
  RETURN r;
```

2. 关系查询

在 Cypher 中，关系分为三种：符号"--"，表示有关系，但忽略关系的类型和方向；符号"-->"
和"<--"，表示有方向的关系。

以下关系表示形式都是合法的。

· 泛指一切关系：( ) -- ( )；

- 泛指单向关系:( )-->( ) 或者 ( )<--( );
- 泛指可设定关系约束的一切关系:( )-[ ]-( );
- 泛指可设定关系约束的一切单向关系:( )-[ ]->( ) 或者 ( )<-[ ]-( )。

需注意,用在查询语句中时一般需要在()内加上节点变量名称、标签名称或属性列表等限定条件,在[]内加上关系变量名称、关系类型名称或关系属性列表等限定条件。如查询特定的关系类型,通过[Variable:RelationshipType{Key:Value,…}]指定关系的类型和属性。根据不同的查询需求,具体用法示例如下。

① 查询所有关系,type()函数返回关系类型。

```
$ MATCH ()-[r]-()
  RETURN type(r),r
```

② 找到 Tom Hanks 出演的所有电影。

```
$ MATCH (a:Person)-[r:ACTED_IN]-(b:Movie)
  WHERE a.name='Tom Hanks'
  RETURN a,b,r
```

或者

```
$ MATCH (a:Person {name:'Tom Hanks'})-[r:ACTED_IN]->(b:Movie)
  RETURN a,b,r
```

③ 查询和电影"Cloud Atlas"有关的所有人员节点及其关系,输出人员、关系类型及关系各个属性值。

```
$ MATCH (people:Person)-[relatedTo]-(:Movie {title: "Cloud Atlas"}) RETURN
people.name, Type(relatedTo), relatedTo
```

④ 查询和 Tom Hanks 共同参演过电影的演员,返回电影名称、演员名称及其各自角色。

```
$ MATCH (tom:Person {name:"Tom Hanks"})-[tr:ACTED_IN]->(m:Movie)<-[cr:ACTED_
IN]-(coActors) RETURN m.title,tr.roles,coActors.name,cr.roles
```

⑤ 找到与 Tom Hanks 有直接关系的节点。

```
$ MATCH (a:Person{name:'Tom Hanks'})-->(b)
  RETURN a,b
```

或者采用如下方式,可查到并返回具体的关系类型。

```
$ MATCH (a:Person{name:'Tom Hanks'})-[r]->(b)
  RETURN a,type(r),b
```

结果将除了包含出演关系外,还包含执导关系,如果数据中还有其他关系也将全部显示出来,如图 3-18 所示。

上面语句中终止节点并没有限定节点标签类型,显示结果将包含所有标签类型的节点。如果只想查询有直接关系的电影类节点,执行语句应该如下加以限定。

```
$ MATCH (a:Person{name:'Tom Hanks'})-->( m:Movie)
  RETURN m;
```

⑥ 查询一个节点的所有 Follower,即与节点存在 Follow 关系的节点,注意关系的方向指向。

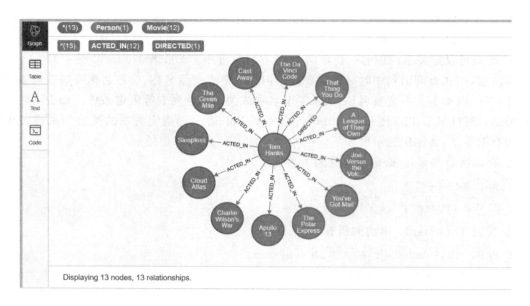

图 3-18　查询与某个节点有直接关系的节点

```
$ MATCH (:Person { name:'Taylor' })-[r:Follow]->(Person)
  RETURN Person.name;
```

⑦ 查询没有任何关系的节点,这些节点属于图中的孤立节点。

```
$ MATCH (n) WHERE not (n)--() RETURN n
```

⑧ 查询两个节点之间的关系类型,type 函数返回关系标签。

```
$ MATCH (a:Person { name:'Keanu Reeves' })-[r]->(b:Movie { title:'The Matrix' })
RETURN type(r);
```

执行结果如图 3-19 所示。

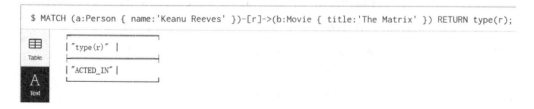

图 3-19　查找节点与节点之间的关系类型

⑨ 示例脚本返回与有 Movie 标签节点有关系的所有节点,这里忽略关系方向。

```
$ MATCH (n)--(m:Movie)
  RETURN n;
```

⑩ 通过 id 函数,返回关系的 ID。

```
$ MATCH (:Person { name:'Keanu Reeves' })-[r]->(movie)
  RETURN id(r);
```

⑪ 通过 lables 函数,查询关系终止节点的标签。

```
$ MATCH (:Person { name: 'Keanu Reeves' })-[r]->(m)
  RETURN apoc.node.labels(m);
```

⑫ 通过 properties()函数,查看关系的属性,返回属性的 KV 列表,执行结果如图 3-20 所示。

```
$ MATCH (:Person { name: 'Keanu Reeves' })-[r]->(movie)
  RETURN properties(r);
```

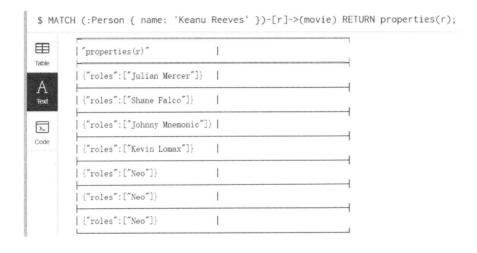

图 3-20　查询关系属性示例结果

⑬ 查询关系某个属性值,执行结果如图 3-21 所示。

```
$ MATCH (Keanu:Person {name:'Keanu Reeves'})-[r]-(TheMatrix:Movie {title:'The
Matrix'})
    RETURN r.roles
```

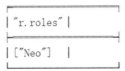

图 3-21　查询关系具体某个属性的值

⑭ 查找我的朋友的朋友中还不是我朋友的人,以下示例中假设"wang"与"li"不存在直接好友关系,查询将返回"li"。

```
$ CREATE (a:person{name:"wang"})-[:fof]->(b:person{name:"zhang"})-[:fof]->(c:
person{name:"li"})
  $ MATCH (a:person{name:"wang"})-[:fof]-()-[:fof]-(b)
    WHERE NOT (a)-[:fof]-(b) RETURN b.name
```

⑮ 演员推荐查询:向 Tom Hanks 推荐还没和他合作过的演员。类似朋友的朋友很大概

率会成为我的朋友,这里也是依据这种逻辑假设,和 Tom Hanks 合作过的演员们合作过的演员中,如果还没有和 Tom Hanks 合作过的,可以向 Tom Hanks 推荐,他们很有可能达成合作,推荐强度按照被查到的次数降序排序统计输出。

```
$  MATCH (tom:Person {name:" Tom Hanks"})-[:ACTED_IN]->(m)<-[:ACTED_IN]-
(coActors),
        (coActors)-[:ACTED_IN]->(m2)<-[:ACTED_IN]-(cocoActors)
WHERE NOT (tom)-[:ACTED_IN]->()<-[:ACTED_IN]-(cocoActors) AND tom < > cocoActors
RETURN cocoActors.name AS Recommended, count( * ) AS Strength
ORDER BY Strength DESC
```

⑯ 查询能帮助 Tom Hanks 引荐 Tom Cruise 的以前和他们都合作过的演员,执行结果如图 3-22 所示。返回结果中 coActors 即为引荐人。

```
$   MATCH (tom:Person {name:" Tom Hanks"})-[:ACTED_IN]->(m)<-[:ACTED_IN]-
(coActors),
        (coActors)-[:ACTED_IN]->(m2)<-[:ACTED_IN]-(cruise:Person {name:" Tom
Cruise"})
    RETURN tom, m, coActors, m2, cruise
```

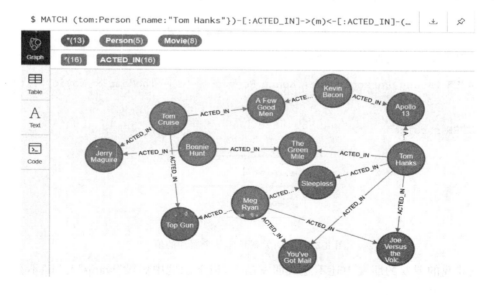

图 3-22　与两节点都存在参演合作关系的节点查询示例

3. 关系修改

关系修改主要指关系属性的修改,如下示例,为关系增加属性,先创建一个关系,请注意关系创建必须有且只有一个标签。该示例语句同样也适用于已有属性的修改,结果如图 3-23 所示。

```
$ CREATE (n:Student{name:"wang"})-[s:Study]->(c:Course{name:"NoSQL"})
$ MATCH (n:Student{name:"wang"})-[s:Study]->(c:Course{name:"NoSQL"})
  SET s.year = '2019'
  RETURN s.year;
```

```
| "s.year" |

| "2019"   |
```

图 3-23　新增或修改关系的属性值执行结果

4. 关系删除

关系删除语法类似节点删除,节点及关系也可以一起删除。一般语法形式如下:

DELETE < node1-name >,< node2-name >,< relationship-name >

① 删除子句一般配合 MATCH 子句,即先查找要删除的目标,再执行删除操作。

```
$ MATCH (n:Student{name:"wang"})-[s:Study]->(c:Course{name:"NoSQL"})
DELETE s;
```

② 使用 REMOVE 可以删除关系的属性。

```
//先查询下当前参演关系属性值,删除后,可再次执行,对比前后效果
$ MATCH (p:Person{name:"Tom Hanks"})-[r:ACTED_IN]->(m:Movie) return r
$ MATCH (p:Person{name:"Tom Hanks"})-[r:ACTED_IN]->(m:Movie)
  REMOVE r.roles
  RETURN r
```

③ 可以同时删除单个节点和连接它的所有关系,请注意示例中第三条语句是先查找已有
节点,再创建节点间关系。删除节点及其关系执行结果如图 3-24 所示。

```
$ CREATE (n:Student{name:"zhang"})-[s:Study]->(c:Course{name:"NoSQL"})
$ CREATE (c:Course{name:"DataBase"})
$ MATCH (n:Student{name:"zhang"}),(c:Course{name:"DataBase"})
  CREATE (n)-[s:Study]->(c)
$ MATCH (n:Student{name:"zhang"})-[r]-(c)
  DELETE n, r,c
```

```
$ MATCH (n:Student{name:"zhang"})-[r]-(c)  DELETE n, r,c

Deleted 3 nodes, deleted 2 relationships, completed in less than 1 ms.
```

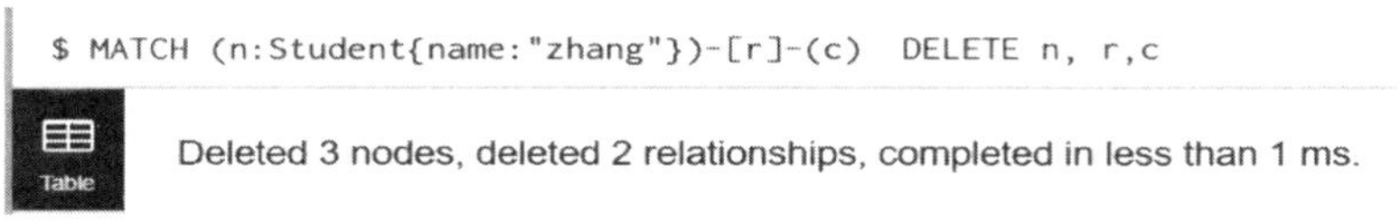

图 3-24　同时删除节点及其关系

④ 删除所有节点和关系,其中 OPTIONAL MATCH 表示节点可以有关系,即如果有关
系该命令将连带其关系一起删除。

```
$ MATCH (n) OPTIONAL MATCH (n)-[r]-() DELETE n,r
```

或者

```
$ MATCH（n）DETACH DELETE n
```

⑤ 删除某一类关系，即指定关系的标签名称，将删除所有该类关系。

```
//先查询下当前数据库中的关系类型
$ MATCH ()-[r]-() RETURN type(r)
//删除指定类型的关系
$ MATCH ()-[r:ACTED_IN]-()
  DELETE r
```

3.2.3 排序与聚合操作

排序与聚合操作是数据库中的常用操作，Neo4j 中常用的排序与聚合运算使用方法说明如下。

1. 排序

ORDER BY 排序子句语法如下：

```
ORDER BY  < property-name-list >  ［DESC］
```

其中，property-name-list 可以是用逗号间隔的多个属性列表，DESC 为可选项，如果省略则表示按默认升序排序，如果加上表示按降序排序。示例如下。

① 按照某节点属性值升序排序。

```
$ CREATE(emp:Employee{id:121,name:"王五",sal:35600,deptno:11})
$ CREATE(emp:Employee{id:123,name:"张三",sal:5600,deptno:131})
$ MATCH (emp:Employee) RETURN emp.id,emp.name,emp.sal,emp.deptno
ORDER BY emp.id
```

② 按照某节点属性值降序排序。

```
$ MATCH (emp:Employee)
  RETURN emp.id,emp.name,emp.sal,emp.deptno
  ORDER BY emp.sal DESC
```

③ 按照某关系属性值升序排序。

先创建四个代表房屋的节点及三条边，关系类型 near 表示房屋之间的邻近关系，关系属性 dist 表示房屋之间的距离。默认升序排序执行结果如图 3-25 所示。

```
$ CREATE (a:house{id:1})-[:near{dist:200}]->(b:house{id:2})
$ CREATE (a:house{id:3})-[:near{dist:300}]->(b:house{id:4})
$ MATCH (a:house{id:1}),(b:house{id:3})
  CREATE (a)-[:near{dist:600}]->(b)
$ MATCH (a)-[r:near]->(b) return a.id,b.id,r.dist ORDER BY r.dist
```

④ 按照某关系属性值降序排序。

```
$ MATCH (a)-[r:near]->(b) return a.id,b.id,r.dist ORDER BY r.dist DESC
```

降序排序结果如图 3-26 所示。

a.id	b.id	r.dist
1	2	200
3	4	300
1	3	600

图 3-25　按照关系属性值升序排序结果

a.id	b.id	r.dist
1	3	600
3	4	300
1	2	200

图 3-26　按照关系属性值降序排序结果

2. 计数(COUNT)操作

计数函数使用语法:COUNT(< value >),其中 value 表示可以是 * 、节点或关系变量名称等。如下示例表示统计当前数据库中标签类型是 Employee 的节点数量。

```
$ MATCH (e:Employee) RETURN COUNT( * )
```

3. 求和(SUM)操作

以系统自带的 Northwind 图数据客户购买产品为例,计算客户累计订单购买 Produce 类型产品数量示例如下,执行结果如图 3-27 所示。

```
$ MATCH (cust:Customer)-[:PURCHASED]->(:Order)-[o:ORDERS]->(p:Product),
    (p)-[:PART_OF]->(c:Category {categoryName:"Produce"})
RETURN DISTINCT cust.contactName as CustomerName,
    SUM(o.quantity) AS TotalProductsPurchased
```

CustomerName	TotalProductsPurchased
"Hanna Moos"	22
"Rita Müller"	8
"Miguel Angel Paolino"	28

图 3-27　SUM 操作执行结果

4. 求平均值(AVG)操作

语法为 AVG (< property-name >),示例如下。

```
$ MATCH (e:Employee) RETURN SUM(e.sal),AVG(e.sal)
```

5. 求最大值(MAX)操作

语法为 MAX(< property-name >) ,示例如下。

```
$ CREATE (a:student{id:1,score:97,classsNo:3});
$ CREATE (a:student{id:2,score:65,classsNo:7});
$ CREATE (a:student{id:3,score:92,classsNo:7});
$ CREATE (a:student{id:4,score:78,classsNo:8});
$ CREATE (a:student{id:5,score:83,classsNo:8});
$ MATCH (a:student) RETURN MAX(a.score);
```

6. 求最小值(MIN)操作

语法为 MIN(<property-name>),示例如下。

```
$ MATCH (a:student) RETURN MIN(a.score);
```

如果想类似 RDB 实现按属性的分组统计值,可以直接在 RETURN 子句中加上属性名称。示例如下,将返回每个班里学生的最高成绩、最低成绩和平均成绩。执行结果如图 3-28 所示。

```
$ MATCH (a:student) RETURN a.classsNo,MAX(a.score),MIN(a.score),AVG(a.score)
```

a.classsNo	MAX(a.score)	MIN(a.score)	AVG(a.score)
3	97	97	97.0
7	92	65	78.5
8	83	78	80.5

图 3-28 按某个属性聚合运算执行结果

7. 去重(DISTINCT)操作

```
$ MATCH (c:Category {categoryName:"Produce"})<--(:Product)<--(s:Supplier)
    RETURN DISTINCT s.companyName as ProduceSuppliers
```

以上命令选用数据库自带的 northwind-graph 图,可以查找某类产品都有哪些供应商,结果如图 3-29 所示。

图 3-29 DISTINCT 操作示例

8. 求关联节点某个属性取值的集合(collect)操作

```
$ MATCH (s:Supplier)-->(:Product)-->(c:Category)
RETURN s.companyName as Company, collect(distinct c.categoryName) as Categories
```

以上命令选用数据库自带的 Northwind-graph 图,可以查找供应商供应的所有产品类型构成的集合,结果如图 3-30 所示。

"Pasta Buttini s.r.l."	["Grains/Cereals"]
"G'day"	["Grains/Cereals", "Meat/Poultry", "Produce"]
"Ma Maison"	["Meat/Poultry"]
"Tokyo Traders"	["Meat/Poultry", "Produce", "Seafood"]

图 3-30 collect 操作示例

3.2.4　路径操作

图中路径(Path)操作最常见的需求就是寻找两个节点间的最短路径。Neo4j 图数据库 CQL 为查询不同节点之间的可达路径提供的简单易用操作,通过示例介绍如下。示例数据是如图 3-31 所示的 6 个人之间的好友关系。

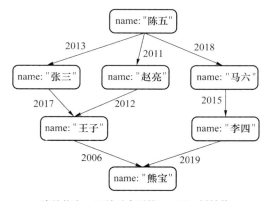

边的值为: fof关系类型的knowYear属性值

图 3-31　好友关系图路径查询示例

(1) 通过 nodes(path) 函数返回路径中的所有节点

例如查询图中陈五与王子之间路径上的所有节点,查询结果如图 3-32 所示。

```
$ match p = (a)-->(b)-->(c) where a.name = '陈五' and c.name = '王子' return nodes(p)
```

"nodes(p)"
[{"name":"陈五"},{"name":"赵亮"},{"name":"王子"}]
[{"name":"陈五"},{"name":"张三"},{"name":"王子"}]

图 3-32　查询路径上所有节点列表的结果

也可以切换以图的方式显示相关节点及边构成的子图,结果如图 3-33 所示。

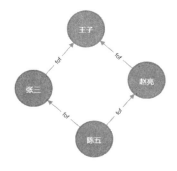

图 3-33　查询路径上所有节点图形展示结果

（2）通过 relationships(path)函数返回路径中的所有关系

```
$  MATCH p = (a)-->(b)-->(c) WHERE a.name = '陈五' and c.name = '王子'
   RETURN relationships(p)
```

（3）通过 * 运算符，以某个节点为中心查询与该节点存在指定长度路径的节点

例如查找跟陈五有关系的人，路径长度为 1 或 2，查询命令如下所示。distinct 起到滤重的作用，如果直接使用 b.name，则不同路径涉及的相同节点将显示多次。

```
$  MATCH (a:person{name:"陈五"})-[:fof * 1..2]-(b)
   RETURN distinct(b.name)
```

* 路径长度运算符在使用时也可以不限定关系类型，如下示例，执行结果如图 3-34 所示。该示例数据为 Neo4j 自带的 movie-graph，命令将返回与凯文·贝肯（Kevin Bacon）存在长度小于 5 的路径的所有节点，从执行结果图 3-34 可以看到返回结果中存在参演、执导等多种关系。

```
$  MATCH (bacon:Person {name:"Kevin Bacon"})-[ * 1..4]-(hollywood)
   RETURN DISTINCT hollywood
```

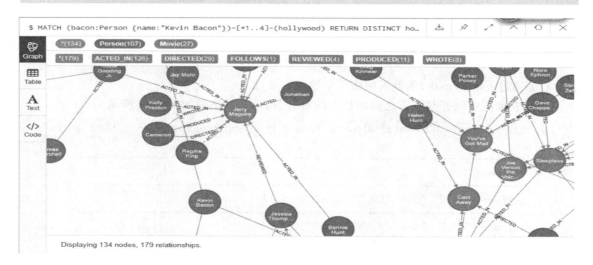

图 3-34　指定路径长度的遍历查询结果

（4）使用 shortestPath 函数查询有向最短路径

如果两个节点是联通的，shortestPath 函数将只返回其中一条最短路径。例如找出两个节点间的最短路径并且限定最大关系长度为 15，示例如下，其中 START 定义了两个节点变量，node 函数参数为节点的 id 值。路径的开始节点和终止节点需存在，否则会报错。

```
$  START d = node(1303), e = node(1319)
MATCH p = shortestPath((d)-[ * ..15]->(e))
RETURN p
```

最短路径查询函数 shortestPath 的圆括号内参数是一个简单的路径连接，包含路径的开始节点、连接关系和结束节点。关系的限定条件可以包含关系类型、路径长度范围和方向，在寻找最短路径中都将被用到。

（5）忽略边的方向但限定路径长度范围的最短路径查询

以 movie-graph 数据示例如下，这里[＊..10]表示在路径长度 10 以内查找所有存在的关系中的最短路径，执行结果如图 3-35 所示。

```
$ MATCH (p1:Person {name:"Jonathan Lipnicki"}),(p2:Person{name:"Joel Silver"}),
p = shortestpath((p1)-[＊..10]-(p2))
RETURN p
```

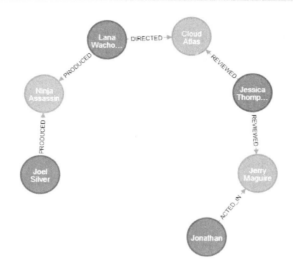

图 3-35　节点之间最短路径查询示例

（6）不限路径最大长度的最短路径查询

以 movie-graph 数据为例说明如下，这里[＊]表示任意路径长度，查找实现两节点之间联通的最短路径，执行结果如图 3-36 所示。该查询操作也称为贝肯数查询，Kevin Bacon 是美国的一个著名的制片人、导演以及演员，一个演员的贝肯数是指他与贝肯相连的最短路径的长度。

```
$ MATCH p = shortestPath(
(bacon:Person {name:"Kevin Bacon"})-[＊]-(meg:Person {name:"Meg Ryan"}))
RETURN p
```

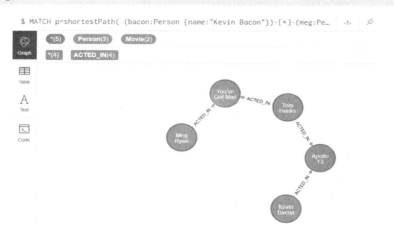

图 3-36　最短路径查询示例

（7）使用 allshortestpaths 找出两个节点间的所有最短路径

如果两个节点间存在长度相同的多条最短路径,则 allshortestpaths 函数将返回所有最短路径。如下示例,命令中忽略了边的方向。

```
$ MATCH (p1:Person {name:"Jonathan Lipnicki"}),(p2:Person{name:"Joel Silver"}),
p = allshortestpaths((p1)-[ * ..10]-(p2))
RETURN p
```

（8）使用 FOREACH 子句,可以用于更新路径列表中节点或边的属性数据

如下示例,将把所有从指定开始节点到终止节点路径上经过节点的 marked 属性值赋值为 TRUE。

```
$ MATCH p = (begin)-[ * ]->(end )
WHERE begin.name = '陈五' AND end .name = '李四'
FOREACH (n IN nodes(p)| SET n.marked = TRUE )
```

执行完后,可以通过以下命令看各个节点的属性值,执行结果部分截图如图 3-37 所示。

```
$ MATCH p = (begin)-[ * ]->(end )
  WHERE begin.name = '陈五' AND end .name = '李四'
  RETURN nodes(p)
```

nodes(p)

```
[

    {
      "marked": true,
      "name": "陈五"
    }

    ,

    {
      "marked": true,
      "name": "马六"
    }

    ......
```

图 3-37　路径遍历并修改经过节点属性值示例

3.2.5　索引操作

Neo4j 支持节点或关系属性上的索引,Neo4j 的索引与其他 RDBMS 的定义类似,主要用于提升查询的性能。对于任何已有数据结构的更改操作,索引自动更新。开发人员可为具有相同标签名称的所有节点的属性创建索引,Neo4j 支持单一索引及联合索引,CQL 可以在

MATCH、WHERE 或 IN 运算符上使用这些索引来提高命令的执行性能。Cypher 查询会自动使用索引,Cypher 有一个查询计划器和查询优化器,可以对查询进行评估并尝试选择最短执行时间的索引。给某类标签节点或关系的一个或多个属性创建及删除索引的方法分别介绍如下。

1. 创建索引

语法如下:

CREATE INDEX ON :< label_name > (< property_name >,…)

使用方法示例如下。

① 给标签为 Person 的节点,按照 name 属性创建索引。

$ CREATE INDEX ON :Person(name)

② 给标签为 Person 的节点,按照 name、born 属性创建索引

$ CREATE INDEX ON :Person(name, born)

③ 给标签为 ACTED_IN 的关系,按照 roles 属性创建索引。

$ CREATE INDEX ON :ACTED_IN (roles)

2. 删除索引

语法如下:

DROP INDEX ON :< label_name > (< property_name >,…)

使用方法示例如下。

① 删除节点标签为 Person 并按照 name 属性创建的索引。

$ DROP INDEX ON :Person(name)

② 删除节点标签为 Person 并按照 name、born 属性创建的索引。

$ DROP INDEX ON :Person(name, born)

③ 删除关系标签为 ACTED_IN 并按照 roles 属性创建的索引。

$ DROP INDEX ON :ACTED_IN (roles)

3. 查询索引

CQL 查询当前所有索引命令如下,该命令将列出当前库中所有索引及约束。

$:schema

Neo4j 执行命令时会将任务分解为一系列的子任务,这些子任务操作连接起来构成一个执行计划(Execution Plan)。创建索引后,在执行 CQL 查询时,可以通过 EXPLAN 或者 PROFILE 查看查询执行计划,前者只显示执行计划但不执行,后者既可以看到执行计划也可以看到执行结果,如图 3-38 所示,读者可以比较下创建索引前后执行计划的区别。图中 NodeIndexSeek 等都属于执行计划中的子任务操作。

```
$ EXPLAIN MATCH (n:Person)
  WHERE n.name = 'Tom Hanks'
  RETURN n
$ PROFILE MATCH (n:Person)
  WHERE n.name = 'Tom Hanks'
  RETURN n
```

图 3-38　查询执行过程示例

如果开发人员非常了解当前系统中的索引创建情况,可以在查询命令中直接指定使用的索引,语法如下。注意 variable 名称与 MATCH 子句中的对应变量名称相同。

USING INDEX variable:Label(property,...)

示例如下。

```
$ MATCH (n:Person)
USING INDEX n:Person(name)
WHERE n.name = 'Tom Hanks'
RETURN n;
```

3.2.6　约束操作

Neo4j 数据库支持对节点或关系的属性创建唯一性(UNIQUE)约束。企业版还支持节点或关系属性存在性约束定义,也支持节点 NODE KEY 约束,即为某类节点指定一个或多个属性取值唯一且必须存在。唯一性约束并不意味着所有节点的属性都必须有一个唯一的值,这个规则不适用于那些没有该属性的节点。可以对某个给定节点或关系的标签添加多个约束。注意,如果数据库中已有数据节点属性不满足唯一性约束,则创建唯一性索引时将会失败。

1. 创建约束

• 创建唯一性约束语法如下:

```
CREATE CONSTRAINT ON (< label_name >)
ASSERT < property_name > IS UNIQUE
```

• 创建存在性约束语法如下:

```
CREATE CONSTRAINT ON (< label_name >)
ASSERT exists(< property_name >)
```

使用方法示例如下。

① 为图书节点的 isbn 属性创建唯一性约束。

```
$ CREATE CONSTRAINT ON (book:Book) ASSERT book.isbn IS UNIQUE;
```

可以执行以下命令两次测试一下唯一性约束是否生效。

```
$ CREATE (book:Book{name:'Neo4j 权威指南',isbn:"9787302477761"})
```

② 企业版中为图书节点的 isbn 属性创建存在性约束。

```
$ CREATE CONSTRAINT ON (book:Book) ASSERT exists(book.isbn);
```

③ 企业版中为关系类型的属性创建存在性约束。

```
$ CREATE CONSTRAINT ON ()-[like:LIKED]-() ASSERT exists(like.day);
```

④ 企业版中为节点属性创建的键约束,类似关系型数据库中的主键,注意这只能在数据库中还未插入数据时设置。

```
$ CREATE CONSTRAINT ON (n:Person) ASSERT (n.firstname, n.surname) IS NODE KEY;
```

2. 删除约束

· 删除唯一性约束语法如下:

```
DROP CONSTRAINT ON (< label_name >)
ASSERT < property_name > IS UNIQUE
```

· 删除存在性约束语法如下:

```
DROP CONSTRAINT ON (< label_name >)
ASSERT exists(< property_name >)
```

使用方法示例如下。

① 删除为图书节点的 isbn 属性创建的唯一性约束。

```
$ DROP CONSTRAINT ON (book:Book) ASSERT book.isbn IS UNIQUE;
```

② 企业版中删除为图书节点的 isbn 属性创建的存在性约束。

```
$ DROP CONSTRAINT ON (book:Book) ASSERT exists(book.isbn);
```

③ 企业版中删除为关系节点的属性创建的存在性约束。

```
$ DROP CONSTRAINT ON ()-[like:LIKED]-() ASSERT exists(like.day);
```

④ 使用如下命令可查询当前数据库中的所有约束。

```
$ :schema
```

3.2.7 存储过程调用

CQL 提供了存储过程调用功能,存储过程的概念类似于 RDB 中的定义,支持数据操作功能模块化编程,便于功能复用。在交互式环境下执行以下命令即可看到所有存储过程列表。

```
$ CALL dbms.procedures()
```

社区版中提供的常用存储过程如表 3-2 所示。企业版提供了更丰富的数据库管理存储过程,读者可参考官方文档下载实践。

表 3-2 常用存储过程说明

序号	存储过程名称	功能说明
1	db.labels	返回数据库中的所有标签
2	db.indexes	返回数据库中的索引
3	db.propertyKeys	返回数据库中的属性键列表
4	db.relationshipTypes	返回数据库中的所有关系类型

序号	存储过程名称	功能说明
5	db.constraints	返回数据库中的所有约束
6	db.schema	返回数据库模式
7	db.schema.nodeTypeProperties	返回模式中的节点类型属性
8	db.schema.relTypeProperties	返回模式中的关系类型属性
9	db.schema.visualization	可视化的方式显示数据库模式
10	dbms.changePassword	修改数据库密码
11	dbms.functions	返回数据库函数列表
12	dbms.listConfig	返回数据库配置项
13	dbms.security.createUser	创建用户
14	dbms.security.deleteUser	删除用户
15	dbms.security.listUsers	列出所有用户
16	dbms.security.showCurrentUser	显示当前用户
17	dbms.showCurrentUser	显示当前登录用户

针对 Neo4j 自带的 movie-graph,调用查询当前库中所有标签的存储过程 db.labels(),执行效果如图 3-39 所示。

图 3-39　db.labels 调用执行结果

调用查询当前数据库模式的存储过程 db.schema,执行结果如图 3-40 所示。可以看到数据库中包含 2 类节点、6 种关系。

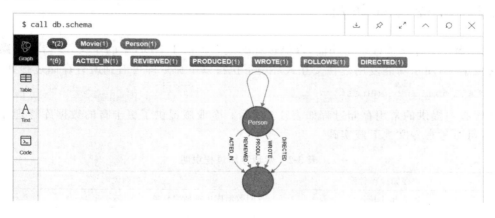

图 3-40　db.schema 调用执行结果

如果想进一步查询不同节点标签类型的各个属性名称、类型、是否允许为空等详细信息,可调用 db. schema. nodeTypeProperties,执行结果如图 3-41 所示。其他存储过程读者可自行实践。

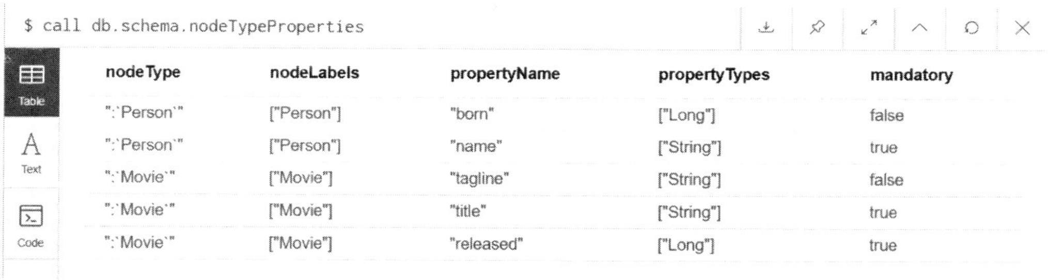
$ call db.schema.nodeTypeProperties

nodeType	nodeLabels	propertyName	propertyTypes	mandatory
":\`Person\`"	["Person"]	"born"	["Long"]	false
":\`Person\`"	["Person"]	"name"	["String"]	true
":\`Movie\`"	["Movie"]	"tagline"	["String"]	false
":\`Movie\`"	["Movie"]	"title"	["String"]	true
":\`Movie\`"	["Movie"]	"released"	["Long"]	true

图 3-41 调用 db. schema. nodeTypeProperties 执行结果

3.3 Neo4j 集群技术

集群技术是较低成本提供高性能存储与访问图数据的关键技术。Neo4j 图数据库主要有两种集群方式:因果集群(Causal Clustering)和高可用性(High Availability,HA)集群。HA 集群功能最先在 1.2 版本上提供,因果集群是在 3.1 企业版中增加的。因果集群采用先进的集群架构和安全架构满足企业更大规模生产与安全性需求,更好地提供高吞吐量、高可用性、灾难恢复等方面的技术保障。

搭建 Neo4j 集群,在 Neo4j 配置文件中相关的主要配置项描述如下。

- dbms. mode:集群类别,高可用性集群可以设置为 HA;因果集群中可以设置为 CORE 或者 READ_REPLICA。
- 网络链接配置(Network Connector Configuration)。
  - dbms. connectors. default_advertised_address:告知其他服务器要链接的地址,一般设置为该服务器的公共 IP 地址。
  - dbms. connectors. default_listen_address:本服务器用于监听远程传入消息的地址或网络端口。如果设置为 0.0.0.0,表明允许 Neo4j 绑定到任何可用的网络端口。

3.3.1 因果集群

因果集群按节点在集群中的操作任务分工,主要分为两类服务器,如图 3-42 所示。

(1) 核心服务器(Core Server):处理读写的操作,大多数的核心服务器主要处理写操作。

(2) 读复制服务器(Read Replica):集群中可以包含一个或多个只负责分担读数据任务的服务器,数据从核心服务器异步更新,保持一致。

因果集群支持地理区域之间的数据复制,并在发生一定范围的多个硬件和网络故障时仍然能够支持持续的读写操作,安全性更高。因果集群安全性管理支持多用户、基于角色的访问控制,提供了四种预定义的全局图数据访问角色,分别是读取者、发布者、架构者和管理者,可以针对不同角色用户进行更细粒度的访问控制。因果集群主要保障了三方面的特性。

(1) 安全性:为事务处理提供了更好的容错平台,当大多数核心服务器正常运行时,该平台将保持可用。

（2）扩展性：读复制服务器提供了可大规模横向扩展的平台，可以高效地分担大图数据查询类访问负载。

（3）因果一致性：保证客户端应用程序至少能够读取自己的写入。

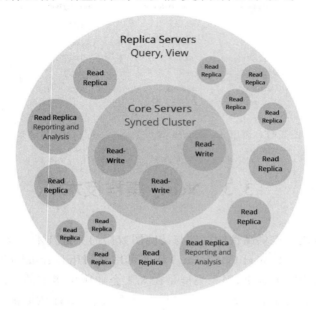

图 3-42　因果集群节点功能角度架构

架构中核心服务器基于 Raft 协议开发，并内置了由 Neo4j Bolt 驱动处理的负载均衡。Raft 协议对于分布式写一致性管理的核心思想是，如果集群中大多数核心服务器已经接受该事务，就可以反馈给最终用户应用程序一个事务提交成功的确认结果，大多数的阈值设定一般为 50% 以上，如 $N/2+1$，这里 N 表示核心服务器的数量。这种安全性保障机制因为需要等待大多数服务器的状态反馈，将会带来写延迟问题，核心服务器数量越多，延迟越明显。

从容错性角度来看，因为并不需要所有核心服务器都确认写成功，所以即使一定数量的核心服务器存在写入失败，应用系统仍可以正常执行。为了保障一定数量核心服务器的容错能力，一般通过公式 $M=2F+1$ 来计算集群中核心服务器的数量规模，其中 F 为容错服务器数量，M 为核心服务器总数量。也就是说，如果想容忍 2 台故障服务器，则需要配置 5 台服务器；为了容忍 1 台故障服务器，则需要配置 3 台服务器。集群中若只有 2 台核心服务器，其中 1 台服务器出故障，将导致无法正常处理写入操作，则该核心服务器将转为只读状态，以确保整个集群数据安全。

架构中只读副本服务器的作用主要是分担图数据查询、分析报表等只读工作负载。只读副本就像是核心服务器中受保护数据的高速缓存，并且会定期轮询核心服务器，以异步的方式复制核心服务器新事务数据，保持与核心服务器数据一致。只读副本发生故障除了会对集群查询吞吐量性能有一定损失外，不会影响集群的可用性和容错性。

从应用角度看因果集群架构，如图 3-43 所示。应用程序对图数据进行读写操作，后面的读操作通常希望能正常读取到先前写入的数据，保证因果一致性。因果一致性是分布式系统中常用的一种一致性模型，它确保与因果相关的操作以相同的顺序被系统的每个节点看到。

其结果是集群中客户端应用程序能做到读自己写（read-your-own-writes）的语义。读自己写语义确保客户端永远看到最新的数据。在执行事务时，客户端应用可以请求书签（Bookmark），然后以书签作为下一个事务的参数。使用该功能，集群可以确保其中的服务器只有处理了客户端的书签后才能运行下一个事务，这也就构成了一个因果链，确保能够读自己写语义。

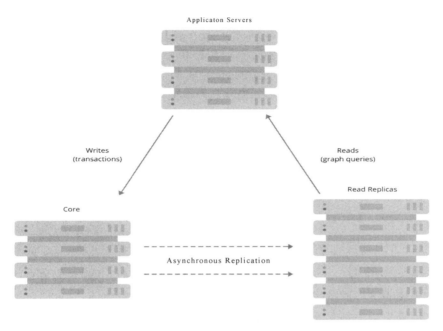

图 3-43　因果集群应用视角架构

　　因果集群的生命周期包括发现协议、加入集群、核心服务器和只读副本成员资格获取以及用于轮询、捕获和备份的协议到最终一致性。构建因果集群一般需要首先部署一个核心集群，并获取关键的架构基础作为集群的初步形式；然后添加只读副本，它们加入集群后，将发现并保持与核心服务器的联系；Neo4j 因果集群运行过程中可以进行在线备份。

　　因果集群运行过程中的几个关键协议和管理操作介绍如下。

　　（1）发现协议：支持从核心服务器到核心服务器和从只读服务器到核心服务器的发现过程。也即发现协议只针对核心服务器的发现，而不管执行发现的是只读副本还是核心服务器。核心服务器数量相对较少并相对稳定。

　　（2）核心成员资格：一个新的核心服务器如果执行发现协议时与现有核心服务器集群建立连接，它就会加入 Raft 协议中。Raft 认可其核心成员资格身份是通过使其成为分布日志同步的一部分，加入集群需要将集群成员资格条目插入 Raft 日志中，然后复制到现有集群的其他成员日志中。一旦该条目成功地应用于 Raft 共识组中的大部分成员，则表示集群接纳了该新成员，新的核心服务器也将初始化其内部的 Raft 实例并从其他核心服务器上同步自己的日志。Raft 共识组即运行 Raft 算法的核心服务器。

　　（3）只读副本成员资格：一个新的只读副本服务器执行发现协议时，一旦与任何可用的核心集群建立连接，它会将自己添加到共享白板（Shared Whiteboard）中。共享白板用于实时提供所有只读副本的视图，并用于应用程序中数据库驱动程序发出的请求路由以及集群服务器状态监控。需要说明的是,只读副本服务器不涉及 Raft 协议,也不影响集群的核心拓扑。

(4) 因果集群领导者选举及 Raft 事务日志一致性保障:参考前述 Raft 协议介绍,核心成员服务器将按期选举出领导者,负责核心服务器上事务、状态的管理。集群领导者将一个事务日志条目附加到本地日志中后,会要求其他核心服务器实例执行相同的操作,当收到大多数响应已经做到后,就可以将这个事务提交到 Raft 日志中,并通知应用程序事务已安全提交,系统中已有足够的冗余可容忍故障。

(5) 跟踪协议:保证只读副本中数据与核心服务器上数据的一致性,只读副本一方面分担图数据查询请求,另一方面就是通过轮询方式,跟踪核心服务器的数据变化,发现新事务日志数据并同步到只读副本服务器上,需要比较只读副本当前最新事务编号以及核心服务器上最新事务编号来识别数据差异。Neo4j 事务编号是严格递增的整数值。

Neo4j 安装配置一个因果集群,需要每台服务器都下载安装企业版 Neo4j 并配置相应参数。读者可参考官方文档,模拟搭建一个包含 3 个核心服务器实例的因果集群,并配三个只读副本,进一步学习相关知识。

企业版 Neo4j 配置文件 Neo4j. conf 中有关因果集群关键的配置项如下。

- dbms_mode:数据库服务器实例运行模式,如果该服务器在因果集群中充当核心服务器,则配置为 CORE;如果为副本服务器,则配置为 READ_REPLICA。
- causal_clustering. minimum_core_cluster_size_at_formation:启动时初始集群大小,这个值是指核心服务器的数量,形成一个安全集群的最小核心服务器数量是 3。
- causal_clustering. initial_discovery_members:用于引导核心服务器或只读副本去初始化发现核心集群成员,该值是一个以逗号相间隔的多个地址、端口号(默认 5000)列表。因果集群中每个服务器实例上都需要这个配置参数,并且最好都相同。

其他配置项不再赘述,完成配置后,分别在服务器上启动数据库实例,即可在每个实例上通过 Web 控制台执行监控命令查询当前集群状态。在核心服务器实例上运行 CALL dbms. cluster. overview()函数能够返回集群中所有实例的详细信息。

3.3.2　高可用性集群

Neo4j 高可用性(HA)集群采用主从式架构来提供一个具有高可用性、高吞吐量的解决方案。通常情况下,每个 Neo4j 集群都包含一个 Master 和多个 Slave,一般 HA 集群至少由三台服务器组成 1 主 2 从,如图 3-44 所示。主服务器完成写入之后,同步数据到从服务器,主服务器既能写也能读,从服务器只能读。HA 集群可用于全天候正常运行并提高读取性能。适用于需要全天候运行并需要提高查询效率的场景。

Neo4j 的 Master-Slave 高可用性集群中每个 Neo4j 实例都包含了图中所有数据。这样任何一个 Neo4j 实例失效都不会导致数据的丢失。集群中的 Master 主要负责数据的写入,接下来 Slave 则会将 Master 中的数据更改同步到自身。如果一个写入请求到达了 Slave,那么该 Slave 将会就该请求与 Master 通信。此时该写入请求将首先被 Master 执行,再异步地将数据更新到各个 Slave 中。所以可以看到表示数据写入方式的数据流有从 Master 到 Slave,也有从 Slave 到 Master,但是并没有从 Slave 到 Slave。而所有这一切都是通过事务传播(Transaction Propagation)功能模块来协调完成的。

Neo4j 数据服务器中的另一个组成 Cluster Management 用来负责同步集群中各个实例

的状态,并监控其他 Neo4j 节点的加入和离开。同时其还负责维护领导者选举结果的一致性。
如果 Neo4j 集群中失效的节点个数超过了集群中节点个数的一半,那么该集群将只接受读取
操作,直到有效节点重新超过集群节点数量的一半。

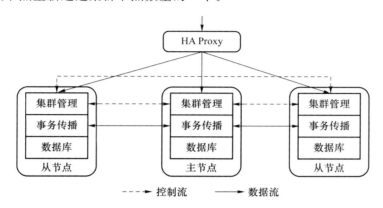

图 3-44　Neo4j 高可用性集群架构

在启动时,一个 Neo4j 数据库实例将首先尝试着加入由配置文件所标明的集群。如果该
集群存在,那么它将作为一个 Slave 加入;否则该集群将被创建,并且其将被作为该集群的
Master。如果集群中的一个实例失效了,那么其他实例会在短时间内探测到该情况并将其标
示为失效,直到其重新恢复到正常状态,并将数据同步到最新。这其中有一个特殊情况,那就
是 Master 失效的情况,在该情况下,集群将会通过内置的 Leader 选举功能选举出新的
Master。

搭建 Neo4j 高可用性集群,相关的配置项主要如下。

- dbms.mode:集群类别,设置为 HA。
- ha.server_id:HA 集群中的服务器实例标识,必须为正整数。
- ha.host.coordination:指 Neo4j 实例监听集群通信的端口,默认端口是 5001。
- ha.initial_hosts:HA 集群初始可访问的服务器地址及其端口列表,以逗号分隔。
- dbms.connectors.default_listen_address:数据库服务实例监听地址,如果配置为 0.0.
  0.0 表示将随机绑定一个可用的端口。
- ha.host.data:指定 Neo4j 从机监听来自主机的事务,默认端口是 6001,该端口必须与
  ha.host.coordination 不同。

例如,要配置包含一个 Master 节点和两个 Slave 节点的 HA 集群,需要分别在三台服务
器上安装 Neo4j,并修改配置文件,Master 节点的 neo4j.conf 关键配置如下:

```
dbms.mode = HA
ha.server_id = 1
ha.initial_hosts = 172.16.247.135:5001,172.16.247.132:5001,172.16.247.
136:5001
dbms.connectors.default_listen_address = 0.0.0.0
```

Slave 1 节点的 neo4j.conf 关键配置如下:

```
dbms.mode = HA

ha.server_id = 2

ha.initial _ hosts = 172.16.247.135：5001，172.16.247.132：5001，172.16.247.
136：5001

dbms.connectors.default_listen_address = 0.0.0.0
```

Slave 2 节点的 neo4j.conf 关键配置如下：

```
dbms.mode = HA

ha.server_id = 3

ha.initial _ hosts = 172.16.247.135：5001，172.16.247.132：5001，172.16.247.
136：5001

dbms.connectors.default_listen_address = 0.0.0.0
```

其他配置项不再赘述，完成配置后，分别在服务器上启动数据库实例，即可在每个实例通过 Web 控制台执行监控命令查询当前集群状态。

3.4　Neo4j 管理与监控

3.4.1　图数据导入

图数据库在初始建立或者数据库迁移时，往往需要将大量历史数据导入数据库。为了提高工作效率，Neo4j 为用户提供了方便的数据导入操作，导入方法主要有两种，一种是用 LOAD 命令导入 CSV 格式数据，另一种是用 neo4j-import 工具。这两种工具都要求事先把数据处理成 CSV 格式。

首先来看 LOAD 命令，下面基于系统自带的一个有关产品品类关系图 Northwind 说明数据导入的具体操作方法。产品（Product）、供货商（Supplier）、产品类型（Category）实体关键属性及其关系如图 3-45 所示。

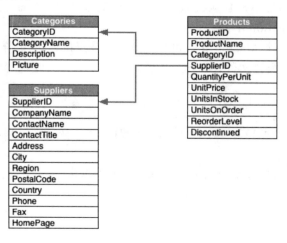

图 3-45　产品品类关系图

Product 与 Category 之间通过 CategoryID 进行关联，创建有向关系 PART_OF；Supplier 与 Product 之间通过 SupplierID 进行关联，创建有向关系 SUPPLIES，关系如图 3-46 所示。

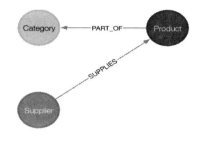

图 3-46　产品供应商关系图

（1）采用 LOAD 命令导入远程 CSV 格式文件，并且 CSV 文件第一行内容为各个属性的名称。

以远程导入 product.csv 文件中的数据并创建 Product 类型的节点为例，命令示例如下。

```
$ LOAD CSV WITH HEADERS FROM "http://data.neo4j.com/northwind/products.csv"
AS row
    CREATE (n:Product)
    SET n = row, n.unitPrice = toFloat(row.unitPrice),
       n.unitsInStock = toInteger(row.unitsInStock),
       n.unitsOnOrder = toInteger(row.unitsOnOrder),
       n.reorderLevel = toInteger(row.reorderLevel),
       n.discontinued = (row.discontinued <> "0")
```

以上命令中 FROM 后面的 URL 为真实的远程 CSV 文件地址。文件的头部信息如图 3-47 所示。第一行为属性名称，可以通过 row 变量引用该行数据的每个属性值，默认类型为 string 类型。该文件可以下载到本地。

productID	productName	supplierID	categoryID	quantityPerUr	unitPrice	unitsInStock	unitsOnOrder	reorderLevel	discontinued
1	Chai	1	1	10 boxes x 20	18	39	0	10	0
2	Chang	1	1	24 - 12 oz bo	19	17	40	25	0
3	Aniseed Syrup	1	2	12 - 550 ml b	10	13	70	25	0

图 3-47　远程 CSV 文件数据示例

另外，系统自带的例子中，还包含产品、客户、订单等的实体关系，在导入 order-details.csv 明细数据时，可以同时创建产品与订单之间的明细构成关系，命令示例如下。

```
$ LOAD CSV WITH HEADERS FROM "http://data.neo4j.com/northwind/order-details.
csv" AS row
    MATCH (p:Product), (o:Order)
    WHERE p.productID = row.productID AND o.orderID = row.orderID
    CREATE (o)-[details:ORDERS]->(p)
    SET details = row,
      details.quantity = toInteger(row.quantity)
```

以上代码中 MATCH 子句用于查找已经创建的产品节点与订单节点；WHERE 子句根据文件每行对应的 row 变量的产品标识与订单标识分别关联产品节点以及订单节点；CREATE 子句创建一条产品与订单相关的标签为 ORDERS 的边；SET 子句用于将对应 row 的 quantity 值即订单的销量设置为关系的 quantity 属性值。更多代码可通过 Web 控制台查看如图 3-48 所示的 northwind-graph 在线示例。

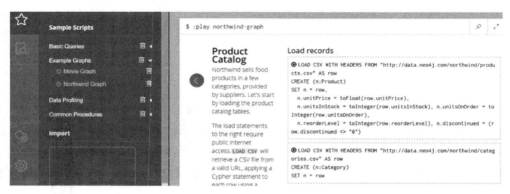

图 3-48　northwind-graph 数据导入示例

（2）采用 LOAD 命令导入本地 CSV 格式文件，并且 CSV 文件第一行内容为属性的名称。

先将需要导入的文件复制到安装路径下的 import 目录下，该路径可以在 neo4j. conf 配置文件中修改，对应参数为 dbms. directories. import。例如，将位于本地安装路径 import 目录中的 products. csv 文件读取出来，但不存入数据库的命令，示例如下。

```
$ LOAD CSV WITH HEADERS FROM 'file:///products.csv' AS line
RETURN line
LIMIT 5;
```

执行后将看到如图 3-49 所示文件内容列表，LIMIT 子句表示只返回 5 行数据。

line

```
{
    "reorderLevel": "10",
    "unitsInStock": "39",
    "unitPrice": "18",
    "supplierID": "1",
    "productID": "1",
    "discontinued": "0",
    "quantityPerUnit": "10 boxes x 20 bags",
    "categoryID": "1",
    "unitsOnOrder": "0",
    "productName": "Chai"
}
```

图 3-49　读取 CSV 文件内容结果示例

（3）采用 LOAD 命令导入本地 CSV 格式文件，并且 CSV 文件第一行不是属性的名称。

例如，本地 import 目录下 movies_2019.csv 文件的内容如图 3-50 所示，每列内容依次为电影标识、中文名称、英文名称、出品国家、类别。

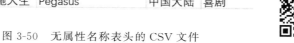

	A	B	C	D	E
1	流浪地球	The Wandering Earth	中国大陆	灾难
2	绿皮书	Green Book	美国	传记
3	飞驰人生	Pegasus	中国大陆	喜剧

图 3-50　无属性名称表头的 CSV 文件

图数据导入 CSV 示例文件

导入文件内容的命令示例如下。

```
$ LOAD CSV FROM 'file:///movies_2019.csv' AS line
CREATE (n:Movie)
SET n.Movieid = toInteger(line[0]),
    n.chineseName = line[1],
    n.englishName = line[2],
    n.country = line[3],
    n.type = line[4]
```

需要说明的是，如果导入 CSV 文件的数据量很大，可以使用 PERODIC COMMIT 子句，表示执行完一定行数后再提交事务，从而进一步提高执行性能。该子句默认是 1 000 行，也即每 1 000 行提交一次事务，也可以自行定义行数，示例如下。

```
$ USING PERIODIC COMMIT 500
LOAD CSV WITH HEADERS FROM "file:///customer.csv" AS row
CREATE (n:Customer)
SET n = row
```

Neo4j 数据库另一种大批量数据导入方法是采用 bin 目录下的 neo4j-import.bat 工具或者 neo4j-admin import 命令完成，其可支持并行、可扩展到上亿级别的节点、关系 CSV 格式数据的导入。这种导入方法一般用于首次批量导入数据，需要停止数据库运行。导入的节点与关系文件需放在安装路径下的 import 目录下，节点与关系数据的头部说明可以作为数据的首行，也可以单独放在一个文件中，具体用法请进一步参考帮助文档。

3.4.2　图数据备份与恢复

Neo4j 数据库中数据备份支持完全备份和增量备份操作。对于单实例数据库、HA 集群、因果集群，过程是类似的。主要采用 neo4j-admin 命令进行数据库备份与恢复，在备份数据前需要将以下两个参数设置如下。

```
dbms.backup.enable = true  # 默认值就是 true
dbms.backup.address = <主机名/IP>:6362
```

neo4j-admin 不仅仅可以用来实现数据的备份与恢复，还可以加上不同的子命令参数实现不同的管理功能，如用来检查数据库的一致性（check-consistency）、输出存储信息（store-info）

等。有关 neo4j-admin 命令参数的说明可以在命令行下输入以下 help 子命令查看。

```
> neo4j-admin help
```

下面分别来看用来实现数据备份与恢复的 dump 命令、load 命令的用法。

（1）采用 neo4j-admin dump 备份数据，导出整个数据库数据，需要先停止数据库。

```
neo4j-admin dump --database = graph.db
            --to = C:\backups\graph.db\bak-20190510.dump
```

其中，-- database 参数值为要备份的数据库名称，--to 参数为备份目标文件路径及名称。

（2）采用 neo4j-admin load 导入整个数据库数据，需要先停止数据库。

```
neo4j-admin load --from = C:\backups\graph.db\bak-20190510.dump
            --database = graph.db --force
```

如果带--force，那么 load 之后，会强制更新覆盖已存在的内容。

因 Neo4j 数据库数据底层主要以文件形式存储，数据备份与恢复主要是数据文件的备份与恢复，可以更简单的方式实现。这里以单实例数据库自带的 graph.db 为例说明如下关键步骤。

1．数据库备份操作步骤

（1）停止服务。

（2）转到目录 C:\neo4j-community-3.5.3\data\databases。

（3）将 graph.db 压缩为 graph.db.zip。

（4）启动服务。

2．恢复

（1）停止服务。

（2）转到目录 C:\neo4j-community-3.5.3\data\databases。

（3）删除目录 graph.db。

（4）将 graph.db.zip 解压为 graph.db。

（5）启动服务。

3．清空数据库

（1）停止服务。

（2）转到目录 C:\neo4j-community-3.5.3\data\databases。

（3）删除目录 graph.db。

（4）启动服务。

企业版还提供了 neo4j-backup 备份工具，支持全量或增量备份数据。

3.4.3　事务管理

Neo4j 图数据库支持 ACID 特性，保证如下所述图数据操作事务行为。

- 原子性：对图中数据整个事务中的所有操作，要么全部完成，要么全部不完成，不可能停滞在中间某个环节。事务在执行过程中发生错误，会被回滚（Rollback）到事务开始前的状态，就像这个事务从来没有执行过一样。
- 一致性：在事务开始之前和事务结束以后，图数据库的一致性限制没有被破坏。

- 隔离性:两个图数据操作事务的执行是互不干扰的,一个事务不可能看到其他事务运行时中间某一时刻的数据。
- 持久性:在事务完成以后,该事务对图数据库所作的更改便持久保存在数据库中。

有关事务操作需注意以下几点:

(1) 所有对 Neo4j 数据库数据的修改操作都必须封装在事务里;

(2) 默认的隔离级别(Isolation Level)是 READ_COMMITTED;

(3) 遍历返回的数据会受到其他事务修改操作的影响,有时会出现"不可重复读";

(4) 可以只有写锁被获取并保持,直到事务结束;

(5) 可以手动为节点和关系添加写锁,来获取更高级别的隔离;

(6) 在节点和关系操作上都可以获得锁;

(7) 死锁检测已经内置到核心事务管理中。

Neo4j 事务处理的一般步骤如下:

(1) 开始一个事务;

(2) 对图执行写操作;

(3) 标志事务的成功与否;

(4) 根据事务执行结果,正常结束事务,或者进行异常处理及回滚事务。

事务结束操作非常重要,将解锁和释放它占用的内存。默认情况下,Neo4j 读操作读到的是最近一次提交的值或者是当前正在操作事务中的修改值。默认的隔离级别是 READ_COMMITTED,即读操作是非阻塞的。要获得更高的隔离级别,如 REPETABLE_READ、SERIALIZABLE 等,可通过编程的方式执行获取读锁、写锁及其释放操作。

Neo4j 提供的默认事务管理及锁机制描述如下。事务开始时就会添加锁,直到事务结束时才释放锁。

- 当为一个节点或关系添加、修改或者删除属性时,写锁将会自动添加到指定的节点或关系上。
- 当创建或者删除节点时,写锁将会添加到指定的节点上。
- 当创建或者删除关系时,写锁将会添加到指定的关系及关系相关的节点上。

类似于 RDB 只要用了锁,就有可能发生死锁,但 Neo4j 会在死锁发生之前检测死锁并抛出异常。在异常抛出之前,事务会被标志为回滚。当事务结束时,事务会释放它所持有的锁。一旦该事务的锁释放了,则该事务的锁所引起的死锁也就解除,其他事务就可以继续执行。当业务需要时,引起死锁的事务可以重新试着执行。

对于频繁的死锁问题,解决办法是保证并发更新以一种合理的方式进行。例如,有两个给定的节点 A 和 B,在每个事务里给这些节点以任意顺序添加或删除关系会导致死锁。一个解决办法是保证更新时总是以相同的顺序来更新(先 A 后 B);另一个解决办法是确保每个线程或事务和其他并发事务没有对节点或关系的写冲突。

不同的程序设计语言,如 Java、Python 等,都提供了在程序中操作 Neo4j 数据库的事务管理 API,如 Java 语言中进行 Neo4j 事务管理时,在导入程序开发相关依赖包基础上,一般首先通过以下代码调用 GraphDatabase.driver 方法链接目标数据库。

```
driver = GraphDatabase.driver(uri, AuthTokens.basic(user, password));
```

然后在具体方法中开启一个会话(Session),并在会话中开启一个事务,执行相应操作,最后标记事务的成功与失败状态。用于实现在图数据库中添加 Person 节点的代码示例如下。

```
private void addPerson(String name)
    {
        // Sessions are lightweight and disposable connection wrappers.
        try (Session session = driver.session())
        {
            // Wrapping Cypher in an explicit transaction provides atomicity
            // and makes handling errors much easier.
            try (Transaction tx = session.beginTransaction())
            {
                tx.run("MERGE (a:Person {name：{x}})", parameters("x", name));
                tx.success();  // Mark this write as successful.
            }
        }
    }
```

程序中如果出现异常，可以根据操作返回的异常类型，执行事务回滚等操作。

3.4.4　监控与日志

　　Neo4j 图数据库提供了简单直观的 Web 监控界面，单击图 3-4 所示界面中的 Monitor 即可进入便捷的状态监控界面，如图 3-51 所示。

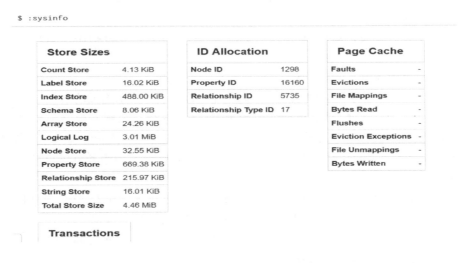

图 3-51　Neo4j 浏览器方式监控界面

社区版只提供了基础的四大类监控指标。

- Store Sizes：存储容量，显示 Neo4j 数据库存储文件的大小。按照 Neo4j 中存储的不同类别数据，提供了更加细化的监控指标，如节点存储容量、关系存储容量、属性存储容量、String 存储容量、索引存储容量、标签存储容量、数组存储容量、逻辑日志存储容量、总存储容量等。

- ID Allocation：已分配的 ID 数，具体细分为节点 ID 分配总数、属性 ID 分配总数、关系 ID 分配总数、关系类型 ID 分配总数。
- Page Cache：页面缓存相关监控指标，具体细化指标如页面缓存中发生的页面错误总数（Faults）、页面缓存执行的刷新次数（Flushes）、由页面缓存执行的页面被替换的次数（Evictions）、页面缓存读取字节数（Bytes Read）、页面缓存写入字节数（Bytes Written）等。
- Transactions：事务相关监控指标，具体有最后提交的事务 ID（Last Tx ID）、当前事务 ID（Current）、并发事务的最高峰值（Peak）、启动的事务总数（Opened）、提交的事务总数（Committed）。

Neo4j 企业版提供了更多类型的监控指标，同时支持将监控指标导出为 CSV 格式的文件，也可以将监控指标发送给 Graphite 开源监控平台。

Neo4j 日志文件默认位于安装目录下的 logs 文件夹下，主要包含以下类型的日志文件。

- neo4j.log：基础日志，其中写有关于 Neo4j 的一般信息。
- debug.log：在调试 debug 的问题时有记录的日志信息。
- query.log：记录超过设定查询时间阈值的查询日志，仅限企业版提供。
- security.log：记录数据库安全事件日志，仅限企业版提供。
- service-error.log：安装或运行 Windows 服务时遇到的错误日志，仅限 Windows 版本提供。
- http.log：HTTP API 的请求日志。
- gc.log：JVM 提供的垃圾收集日志记录。

要记录数据库查询所执行的日志，需要注意表 3-3 所示配置文件中参数的设置。

表 3-3　查询日志参数配置

参数名称	默认值	描述
dbms.log.query.enabled	false	是否记录查询日志
dbms.log.query.parameter_logging_enabled	true	是否设定查询耗时超过配置阈值
dbms.log.query.rotation.keep_number	7	设置保存历史查询日志文件的数量
dbms.log.query.rotation.size	20 MB	设置查询日志自动轮换的文件大小
dbms.log.query.threshold	0	如果查询执行所用时间超出该阈值，则记录该查询。0 表示记录所有查询

Neo4j 企业版中安全事件日志文件中将记录用户的登录情况，包括成功以及不成功的登录；记录用户更改密码行为；记录创建、删除用户及角色行为；修改用户角色等行为。在 neo4j.conf 文件中也可对安全日志文件的大小、保存安全文件的数量等参数进行配置。

3.5　本 章 小 结

Neo4j 是开源的高性能图数据库中的佼佼者。本章主要介绍了 Neo4j 数据库的基础知识，包括安装方法、数据类型以及采用 Cypher 语言操作图数据的基础知识、因果集群与高可用性集群框架的执行原理、Neo4j 数据库管理与监控相关基础知识。本章基于大量实例阐述了图数据常用的管理操作方法,涉及节点及其属性与标签操作、关系及其属性操作、索引管理、约束管理、排序与聚合、图路径遍历、存储过程调用以及事务管理技术与方法。Neo4j 有很多优点,也有一定的局限性。当有一个节点的边非常多时,如微博社交平台中常见的大 V 型节点,这类节点被称作超大节点,Neo4j 针对超大节点数据操作的速度将大大下降,此问题在图数据库领域仍然是研究与优化的热点。

3.6　思考与练习题

1. Neo4j 数据库有什么特点? Cypher 语言充当什么作用?

2. 请结合自身电商网站购物经历,思考电商购物平台涉及的关键实体及它们之间的业务关系。

(1) 画出涵盖客户、商品、商家、订单、支付账户、商品评价相关实体及其关系的属性图。要求每个节点至少包含 5 个属性,每个关系至少包含两个属性。

(2) 写出创建该属性图的图数据 CQL 语句序列。

3. 请结合自身使用快递服务的经历,思考快递行业业务模型。快递企业核心服务即将寄递物品从快递发件人通过物流中转最终送达收件人。

(1) 请用图数据库存储快递行业人与人之间的收发寄递关系图数据,设计画出客户、快递面单、快递员三个核心实体之间的属性图。其中客户可以是收件人,也可以是寄件人;快递员可以是上门揽件的业务员,也可以是上门送件的派件业务员;快递面单可以简化,至少包含寄件人姓名、寄件人电话、寄件省份、寄件地址、收件人姓名、收件人电话、收件省份、收件地址、寄件物品、寄件价格 10 个属性;客户与快递员至少包含 5 个属性;每个关系至少包含两个属性。

(2) 写出创建该属性图的 CQL 语句序列。

4. 请结合自身听音乐的经历,思考乐曲、歌曲、作词者、作曲者、演唱者、出品公司在音乐领域的业务关系。

(1) 如果用图数据库存储相关数据,请画出属性图。其中,每个节点至少包含 5 个属性,每个关系至少包含两个属性。

(2) 写出创建该属性图图数据的 CQL 语句序列。

5. 请思考以下 CQL 命令的作用,写出命令的含义。

(1) MATCH (a:person{name:"陈五"}),(b:person{name:"赵亮"})

CREATE (a)-[:fof{knowYear:2000}]->(b)

(2) UNWIND [{name:"Apple",price:3},{name:"Banana",price:4}] as row

CREATE (n:Fruit)

SET n. name = row. name, n. price = row. price

RETURN n;

(3) MATCH (a:Person),(b:Movie)

WHERE a. name = 'Tom Hanks' AND b. title = 'Forrest Gump'

CREATE (a)-[r:ACTED_IN { roles:['Forrest'] }]->(b)

RETURN r;

(4) MATCH (tom:Person {name:"Tom Hanks"})-[tr:ACTED_IN]->(m:Movie)

```
<-[cr:ACTED_IN]-(coActors)
RETURN m. title,tr. roles,coActors. name,cr. roles
(5) MATCH (a:Person{name:'Tom Hanks'})-[r]->(b)
RETURN a,type(r),b
(6) MATCH (n:Student{name:"zhang"})-[r]-(c)
DELETE n, r,c
(7) MATCH (n:Student{name:"wang"})-[s:Study]->(c:Course{name:"NoSQL"})
SET s. year='2019'
RETURN s. year;
(8) MERGE (c:Person { name: 'ChenBaoguo'})
ON CREATE SET c. created = timestamp()
ON MATCH SET c. lastSeen = timestamp()
RETURN c. name,c. created,c. lastSeen;
(9) MATCH (andy { name: 'andy'})
REMOVE andy. age
RETURN andy;
(10) START d=node(1303),e=node(1319)
MATCH p = shortestPath((d)-[ * ..15]->(e))
RETURN p
```

6. 写出遍历 Neo4j 图数据库中以节点标识为 100 的节点为起点,长度小于等于 5 的关系路径,返回路径上包含的所有节点列表的 CQL 语句。

7. Neo4j 索引有什么作用? 属性与标签都可以建立索引吗? 如果可以,请分别举例,写出具体给节点、关系的属性、标签建立索引的命令。

8. 简述 Neo4j 因果集群架构与高可用性集群架构有什么不同。因果集群中核心服务器与只读副本服务器的作用分别是什么?

9. 请选择一种将 CSV 数据文件导入 Neo4j 数据库的方法,思考某一应用场景,写出完整的命令序列,并实践完成数据导入,在库中创建相应的节点及关系。

10. Neo4j 中如何体现事务管理? 当事务发生死锁时,一般有哪些处理方法?

11. Neo4j 如何备份与恢复一个图数据库? 请实践并总结写出备份、恢复一个图数据库实例的方法及步骤。

12. 请下载 Neo4j 企业版试用版,模拟部署包含 3 个节点的分布式集群,并撰写实践报告。

本章参考文献

[1]　https://neo4j.com/.

[2]　https://neo4j.com/docs/operations-manual.

[3]　http://neo4j.com.cn/.

[4]　伊恩·罗宾逊,等.图数据库[M].北京:人民邮电出版社,2016.

［5］　张帜. Neo4j 权威指南[M]. 北京：清华大学出版社，2017.

［6］　http：//www. we-yun. com.

［7］　https：//www. w3cschool. cn/neo4j/.

［8］　https：//github. com/neo4j-contrib/developer-resources.

第4章

文档数据库技术

文档数据库是 NoSQL 数据库家族中最像关系数据库的 NoSQL 数据库。文档数据库支持灵活的数据模式,文档是处理信息的基本单位。文档数据库中数据采用 BSON、JSON 等格式存储,可方便地存储树形结构数据,支持多种索引类型。文档数据库拥有卓越的读写性能,并具有高可用副本集和可扩展分片集群技术,先天支持大数据的存储与管理,具有高可扩展性和高可伸缩性。文档数据库广泛应用于大数据存储与处理场景,如日志数据存储、订单数据存储等;以及缓存数据存储、运维监控数据存储、基于地理位置的业务推荐应用数据存储等场景。

本章内容思维导图如图 4-1 所示。

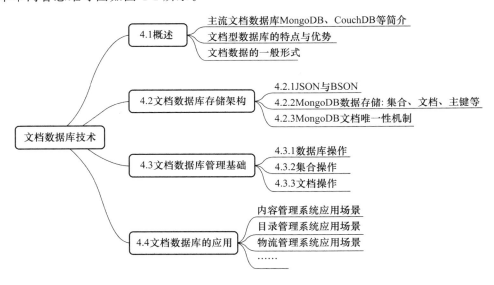

图 4-1　文档数据库技术章节内容思维导图

4.1　概　　述

国际知名的数据库排名网站 DB-Engines Ranking 发布的 2019 年 11 月文档数据库(Document DBMS)排名结果(https://db-engines.com/en/ranking/document + store)如

图 4-2 所示。

	Rank		DBMS	Database Model	Score		
Nov 2019	Oct 2019	Nov 2018			Nov 2019	Oct 2019	Nov 2018
1.	1.	1.	MongoDB ✚	Document, Multi-model ℹ	413.18	+1.09	+43.70
2.	2.	2.	Amazon DynamoDB ✚	Multi-model ℹ	61.37	+1.19	+7.56
3.	3.	3.	Couchbase ✚	Document, Multi-model ℹ	31.99	-0.22	-2.87
4.	4.	4.	Microsoft Azure Cosmos DB ✚	Multi-model ℹ	31.98	+0.65	+9.94
5.	5.	5.	CouchDB	Document	18.38	+0.35	-0.34
6.	6.	6.	MarkLogic ✚	Multi-model ℹ	12.82	-0.24	-0.64
7.	7.	7.	Firebase Realtime Database	Document	11.60	-0.15	+2.16
8.	8.	8.	Realm ✚	Document	7.97	+0.05	+1.87
9.	9.	↑15.	Google Cloud Firestore	Document	5.80	+0.47	+2.59
10.	↑11.	↓9.	OrientDB	Multi-model ℹ	5.38	+0.25	-0.41

☐ include secondary database models　　　　50 systems in ranking, November 2019

图 4-2　DB-Engines Ranking 发布的 2019 年 11 月文档数据库排名

　　MongoDB 和 CouchDB 是开源 NoSQL 文档型数据库家族的佼佼者,以文档形式存储数据是它们最大的共同点,但在数据模型实现、接口、对象存储以及复制方法等方面有很多不同。国内也有文档型数据库 SequoiaDB,并且已经开源。

　　MongoDB 名称中的“Mongo”来自英文单词“Humongous”,其中文含义为“庞大”,MongoDB 是可以应用于各种规模的企业、各个行业以及各类应用程序的开源数据库。作为一个适用于敏捷开发的数据库,MongoDB 的数据模式可以随着应用系统需求的变化而灵活地更新。与此同时,它也为开发人员提供了传统数据库的功能,如二级索引、完整的查询系统以及严格一致性等。MongoDB 能够使企业应用开发和维护更加具有敏捷性和可扩展性。

　　MongoDB 是专为可扩展性、高性能和高可用性而设计的数据库。它可以从单服务器部署扩展到大型、复杂的多数据中心架构。利用内存计算的优势,MongoDB 能够提供高性能的数据读写操作。MongoDB 的本地复制和自动故障转移功能使应用程序具有企业级的可靠性和操作灵活性。

　　CouchDB 数据库名称中的“Couch”是“Cluster Of Unreliable Commodity Hardware”的首字母缩写,它反映了 CouchDB 的目标同样是具有高度可伸缩性,提供高可用性和高可靠性,即使运行在容易出现故障的硬件上也是如此。CouchDB 最初是用 C++ 编写的,2008 年转为用 Erlang 编写,使用 JSON 格式保存数据,支持通过 RESTful API 访问。

　　文档型数据库的特点与优势主要体现在以下方面。

　　(1)灵活的文档模型。JSON 及与其类似的 BSON 格式简单易学易用,存储最接近真实对象模型,与某些编程语言(如 JavaScript)中的对象格式基本一致,对开发者友好,方便快速开发迭代;文档中包含的字段可灵活定义和扩展。

　　(2)支持事务。提供文档级事务管理,保障文档操作的 ACID 特性。

　　(3)高可用复制集。满足数据高可用的需求,运维简单,故障自动切换。

　　(4)可扩展分片集群。支持大数据分布式存储,服务能力水平可横向弹性扩展。

JavaScript 语言简介

　　(5)支持高性能访问数据。存储引擎(Storage Engine)是文档型数据库的核心组件,负责管理数据如何存储在硬盘和内存上。文档数据库 MongoDB 支持多种数据存储引擎,有 WiredTiger、MMAPv1、Mongorocks(rocksdb)和 In-Memory 等,综合多种存储引擎的优势满足各种场景的性能需求。

(6) 强大的索引支持。例如,地理位置索引可用于构建各种基于地理位置服务的应用,文本索引解决搜索的需求,TTL 索引解决历史数据自动过期的需求。

(7) 支持大文档存储需求。例如 MongoDB 提供了 GridFS 存储机制用于存储超出一定空间限制的大文档。

(8) 易用的聚合并行运算。用于解决数据分析场景需求,支持语法简洁的查询操作及存储过程调用,为用户屏蔽底层复杂的分布式存储与计算。

(9) 支持各种编程语言。例如 Python、Java、C++、Scala、PHP、Ruby、C♯等。

(10) 成熟的管理服务和运维管理工具。例如,MongoDB 包含一系列监视工具用于分析数据库操作的性能,可以很好地部署、监控、备份和规划数据库。

(11) 复制及自动故障转移。例如,MongoDB 数据库支持服务器之间的数据复制,支持主-从模式及服务器之间的相互复制。复制的主要目标是提供冗余及自动故障转移。

MongoDB 等文档型数据库非常适用于树形结构数据的存储,不需要复杂费时的跨表链接就可高效访问相关数据。例如,如果采用传统的关系数据库存储电影、影评、影评的回复、回复的打分,需要满足关系模型范式要求,一般设计为多张表,想查询某部电影的前述四方面数据时需要多级关联计算。而如果采用文档型数据库,可以以每部电影为中心,采用树形文档结构把各方面信息存储在各个文档中。如下示例,文档中包含电影的基本信息、相关评论、评论的追评回复、评论的打分信息,它们以数组的形式存储在 comment 中。

```
{
  filmname:"一出好戏";
  duration_minutes:135;
  comment: [
    { content:'影评 1:搞笑,拷问人性',
      commentator:'开心';
      reply:{ '有用':25218;
          '无用':1307;}
    }
    {content:'影评 2:很不错,推荐',
      commentator:'渤粉';
      review:[{ chaser:'小龙女';
          reviewContent:'好,去看看! '}];
      reply:{ '有用':299;
          '无用':86;}
    }
  ]
}
```

文档存储信息域的内容可以根据数据存储需求灵活扩展和完善。文档模型设计没有标准答案,需要结合数据支撑的业务操作综合设计。本章主要基于 MongoDB 来介绍文档型数据库的架构原理、模型设计及应用。

4.2　文档数据库存储架构

4.2.1　JSON 与 BSON

JSON 基于 JavaScript 语言，是一种轻量级的数据交换格式，是 Standard ECMA-262 3rd Edition-December 1999 的一个子集，也即 JavaScript 语法的一个子集。它是一种类似于 C 语言结构体的名称、值对表示方法，支持内嵌的文档对象和数组对象，数据内容以可嵌套的 KV 文本形式存储，数据的结构和内容一目了然。JSON 采用的是完全独立于编程语言的文本格式来存储和表示数据。一个表示存储一本书部分信息的 JSON 格式数据示例如下。

```
{ "Bookname":"数据库系统概论",
"Publisher":"高等教育出版社",
"ISBN":9787040406641,
"Author":"王珊,萨师煊 著",
"Price": 42.0
}
```

JSON 格式数据中值的类型支持字符串、数值、布尔及空值四种基本类型，Object 及数组两种复杂类型。字符串需要用引号括起来，如示例中图书的名称，也支持转义字符内容。布尔类型只有 true 和 false 两个值。空值采用 null 表示。数组使用[ ]包含所有元素，每个元素之间用逗号分隔，可以使用从 0 开始的索引号访问其中的元素；元素可以是任意的值，如["abc"，123，true，null]，这点与 C 语言传统意义上的数组有很大不同。Object 使用{ }包含一系列无序的 Key-Value 键值对表示，其中 Key 和 Value 之间用冒号分隔，每个 Key-Value 之间用逗号分隔。访问其中的数据时，通过 obj. key 的形式来获取对应的 Value。Object 或数组中的值还可以是另一个 Object 或者数组，以表示更复杂的数据。一个用于存储学生信息的对象数组表示如下。

```
Students:[{"Name":"Wangwu","Province":"Beijing"},
          {"Name":"Zhangsan","Province":"QingHai"}]
```

JSON 格式数据突出的优点就是比较简单，易于读写，层次结构清晰，格式都是压缩的，占用带宽小，并且易于程序解析，可以方便地通过 JS 编程解析处理 JSON 数据。

BSON（Binary Serialized Document Format）之名缘于 JSON，含义为二进制 JSON。BSON 由 10gen 开发，主要被用作 MongoDB 数据库中的数据存储和网络传输格式。选择基于 JSON 进行改造的原因主要是 JSON 的通用性及 JSON 的无固定模式的特性。相比 JSON 而言，BSON 在数据访问性能上有很大的提升，JSON 格式数据存储包含很多内容的长文档时，遍历比较慢，需要对一个文档进行扫描读取数据，进行括号等数据结构匹配。而 BSON 将每一个元素的长度存在元素的头部信息中，这样基于读取到的元素长度经过计算就能直接定位到指定的内容上进行读取，数据访问效率更高。另外，相比 JSON 的数据类型 BSON 更丰

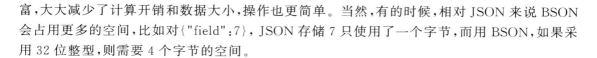

富,大大减少了计算开销和数据大小,操作也更简单。当然,有的时候,相对 JSON 来说 BSON 会占用更多的空间,比如对{"field":7},JSON 存储 7 只使用了一个字节,而用 BSON,如果采用 32 位整型,则需要 4 个字节的空间。

4.2.2　MongoDB 数据存储

MongoDB 数据存储模型逻辑架构中的关键概念有文档、集合、数据库,与关系型数据库 MySQL 中的行、表、数据库的对应关系如图 4-3 所示。在文档数据库中数据库包含集合,集合包含文档,每个文档结构可嵌套,文档可表示为树状层次结构。

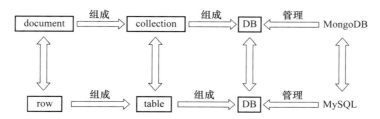

图 4-3　MongoDB 与 MySQL 数据模型核心概念的对应

MongoDB 数据存储设计中的核心概念解释如下。

1. 数据库(Database)

在将文档加入集合之前,MongoDB 需要将集合加到数据库中,一个 MongoDB 主机上通常会有多个数据库,它们之间可能互不相关。一个数据库拥有一个许可,并且在硬盘上用特定的文件存储。数据库是用名称作为唯一标识的,可以用几乎任何 UTF-8 字符来命名,数据库名称要求必须是小写字母,名称字符长度不能多于 64 位,不得包含空格、'.'、'$'、'/'、'\'、'\0'字符。

MongoDB 有以下 4 个保留的默认创建的数据库。

- admin:从权限的角度来看,是系统管理员级操作的数据库。如果将一个用户添加到这个数据库,则这个用户将自动继承所有数据库的权限。一些特定的服务器端命令也只能在这个数据库运行,比如列出所有的数据库或者关闭服务器。
- local:这个数据库不会被复制,它所存储的任何集合只能在各自的服务器实例上,可以用来存储限于本地单台服务器访问的任意集合。
- config:在分布式分片设置时,将用于存储配置相关的信息。
- test:默认连接的数据库。

2. 集合(Collection)

集合相当于一个没有固定模式的表。一个集合就是多个文档的组合。集合是模式自由的,不受类似关系数据库中关系范式思想的束缚,集合结构是可变的,也就是在同一个集合中可以有多种结构的文档。

每个集合是用名称来唯一标识的,名称可以是任何 UTF-8 字符,同时也有些限制:system. 是作为系统预留的集合名称前缀,所以不能以 system. 作为自定义集合名称前缀,比如 system. users 保存数据库的用户信息;用户创建集合时也不能用"$"这个保留字符。

3. 文档(Document)

一个文档相当于 RDB 中的一行。每个文档是一个结构类似于 JSON 对象的 BSON 对象。每一个文档都有一个特殊的 Key，即"_id"，用来作为文档在集合中的唯一标识，文档中各个 Key 关联着 Value。一个文档包含很多域（Field），域对应 RDB 中的列或字段，有些文献也将 Field 翻译为键或字段。文档中值的类型除了可以是数值、字符串等基本类型外，也可以是文档类型，从而形成树形嵌套结构的复杂文档。

一个用于存储个人信息的 MongoDB 简单文档示例如下。

```
{
    "_id": ObjectId("xxxxxxx"),
    "name":"zhangsan",
    "gender":"M",
    "address":"Beijing",
    "score": 93
}
```

一个存储嵌套结构的复杂文档示例如下，其中 address 类型为文档类型，scores 类型为文档数组类型。通过文档数组的方式，可以实现一对多数据关系的存储。

```
{   "_id": ObjectId("xxxxxxx"),
    "name":"Chenwu",
    "age":21,
    "address":{
        "city":"Beijing",
        "country":"china",
        "code":100876
        },
    "scores":[
        {"name":"english", "grade":5.0},
        {"name":"chinese","grade":4.0}
        ]
}
```

MongoDB 文档中默认会增加名称为_id 的一个标识字段，用作主键，其值唯一、不可变，可以是除了数组之外的任何类型，具体介绍参见 4.2.3 节。其他字段命名不可以'＄'字符开头，不可包含点号'.'字符，不可以是 null 字符串。

MongoDB 一般采用嵌套和引用链接两种方式表示文档数据之间的关系。

- 嵌套（Embed）：是指文档利用复合类型，包含一个或多个其他类型的值，这些值也可以称为子文档。文档嵌套的数量和深度没有限制，但 MongoDB 目前版本限制一个文档最大为 16 MB。嵌套的好处是显而易见的，嵌套文档维持了数据逻辑上的完整性，可以将一整项数据作为一个整体操作。
- 引用链接（Link）：比起嵌套，引用链接更接近关系型数据库传统意义上的"引用"，它是两个文档之间的一种关系。引用链接通过 DBRef 对象建立，DBRef 对象储存了如何根据数据库名称、集合名称及文档对象标识找到目标文档的引用信息，类似于关系型数据库中的外键。即如果在一个文档 A 中有一个 DBRef 对象，而这个 DBRef 对象存

储了关于如何找到文档 B 的信息,那么文档 A 就可以通过解释这个 DBRef 对象,也称作解引用,来获取文档 B 的数据。通过 DBRef 可以实现多对多的数据关系存储。

4.2.3　MongoDB 文档唯一性机制

MongoDB 中的集合类似关系型数据库中的表,集合在主键设计上并没有采用自动增长主键,因为在分布式服务器之间做数据同步很麻烦。MongoDB 采用了一种 ObjectId 的方式,生成方便,占用空间比 long 类型数据多了 4 个字节,即采用 12 个字节存储文档的唯一标识。每个文档标识中包含标识产生时间、机器标识、进程和自增序列四方面内容,组合起来保障唯一性。可近似看成是按时间的先后进行排序的,ObjectId 由 12 个字节组成,各个字节数据用 16 进制表示,含义如图 4-4 所示。

图 4-4　ObjectId 类型数据由 12 个字节组成

(1) 4 个字节作为时间戳:区分_id 产生的时间。

(2) 3 个字节作为机器识别码:主机的唯一标识码。通常是机器主机名的散列值,这样可以确保不同主机生成不同的 ObjectId,不产生冲突。

(3) 2 个字节存储 PID:为了确保在同一台机器上并发的多个进程产生的 ObjectId 是唯一的,所以加上进程标识符(PID)。

(4) 3 个字节作为计数器:前 9 个字节保证了同一秒不同机器、不同进程产生的 ObjectId 是唯一的。后 3 个字节就是一个自动增加的计数器,确保相同进程同一秒产生的 ObjectId 也是不一样。同一秒最多允许每个进程拥有 16 777 216 个不同的 ObjectId。

集合主键_id 的类型除了用 ObjectId 外,也可以被指定为其他的类型,如整数类型。使用 ObjectId 的好处是由 MongoDB 数据库服务器负责管理_id 的唯一性,如果自定义_id,则需要应用系统编程自行管理_id 的唯一性。

4.3　文档数据库管理基础

MongoDB 数据库管理系统针对数据库的状态管理,及集合与文档的增、删、改、查等操作提供了丰富的库函数命令。本节从可操作命令角度,先对文档数据库管理的常用操作有个整体认识,在第 5 章完成系统环境安装的基础上,读者可对命令集进一步实践。

4.3.1　数据库操作

在 MongoDB 中文档归属于集合,集合归属于数据库,数据库往往与应用相对应,不同应用的数据存储在不同的数据库中,一个 MongoDB 服务器中可以建立多个数据库。与数据库相关的常用操作如表 4-1 所示。

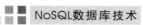
表 4-1　MongoDB 数据库操作常用命令

操作命令	功能说明
show dbs	查询显示所有数据库
show users	显示当前 DB 所有用户
show collections	显示当前 DB 所有集合
db	可以显示当前数据库对象或集合
use < db name >	切换/创建数据库
db. help( )	显示可用数据库操作命令帮助信息
db. dropDatabase( )	删除当前使用的数据库
db. runCommand(cmdObj)	执行数据库中的命令,cmdObj 为命令字符串,数据库操作命令的参数非常丰富
db. cloneDatabase(fromhost)	将指定机器上数据库的数据克隆到当前数据库
db. copyDatabase(fromdb, todb, fromhost)	将 fromhost 服务器上 fromdb 数据库的数据复制到 todb 数据库中,如 db. copyDatabase("mydb", "temp", "127.0.0.1");表示将本机的 mydb 的数据复制到 temp 数据库中
db. repairDatabase( )	修复当前数据库
db. getName( )	查看当前使用的数据库,与 db 效果相同
db. stats( )	显示当前 db 状态,包含集合数、空间占用情况等
db. version( )	显示当前 db 版本
db. getMongo( )	查看当前 db 的链接机器地址
db. getCollectionNames( )	查看当前 db 所有集合名称
db. getCollectionInfos([filter])	查看满足过滤条件集合的详细信息
db. createUser(userDocument)	添加用户
db. auth(username, password)	数据库认证
db. dropUser(username)	删除用户

MongoDB 没有创建数据库的命令,但有类似的命令。如想创建一个名称为 myTest 的数据库,先运行 use myTest 命令,之后再做一些操作,如 db. createCollection('user'),向数据库中添加一个集合,这样就可以创建一个名叫 myTest 的数据库了,通过 show dbs 命令可以查看到它;但如果仅仅执行 use 操作,不执行数据集合创建等操作,虽然执行 db 命令能看到当前数据库已经变更,但通过 show dbs 命令看不到它,说明该数据库还未真正建立。命令操作示例如图 4-5 所示。

4.3.2　集合操作

MongoDB 的一个集合包含多个文档,一个集合中不同的文档可以存在不同的 field。集合创建、删除、查询等常用操作命令如表 4-2 所示。

```
> use myTest
switched to db myTest
> db
myTest
> show dbs
admin    0.000GB
config   0.000GB
local    0.000GB
test     0.000GB
> db.createCollection('user')
{ "ok" : 1 }
> show dbs
admin    0.000GB
config   0.000GB
local    0.000GB
myTest   0.000GB
test     0.000GB
```

图 4-5　MongoDB 数据库新建操作

表 4-2　MongoDB 数据集合操作常用命令

操作命令	功能说明
db.createCollection(name, options)	创建一个集合,第一个参数为集合名称,注意名称是区分大小写的,需要用引号括起来;第二个参数可选
db.getCollection(name)	得到指定名称的 Collection,结果会加上数据库的名称
db.getCollectionNames()	得到当前 db 的所有 Collection 名称的集合,以数组的方式显示
db.printCollectionStats()	显示当前 db 所有 Collection 索引等状态信息
db.foo.help()	显示集合操作的相关命令提示。这里 foo 指的是当前数据库下一个名称为 foo 的集合,foo 是 shell 中默认连接 test 数据库中初始状态下的集合。foo 可以换成其他自定义集合,其他含 foo 的命令类似
db.foo.drop()	删除 foo 集合
db.foo.dataSize()	查看集合 foo 的数据占用空间大小

MongoDB 集合的创建很灵活,不一定必须先创建集合再插入数据,可以直接插入数据。如果集合不存在,则会自动先创建集合,再插入文档数据。另外,MongoDB 集合创建时,也支持限定文档总数的参数设定,可配置参数如下示例。

```
> db.createCollection("ilog",{ capped : true, size : 6142800, max : 10000 })
```

该命令将创建名称为 ilog 的集合,其中第二个参数的类型是文档对象类型,布尔类型的 capped 字段为 true 时表示该集合为定长集合,默认是 false;size 字段值指定文档占用字节数;max 字段值指定包含文档的最大数量。当集合中的文档数量超出限定时,可以循环覆盖存储,如第 10 001 条数据将覆盖原来的第 1 条数据。

MongoDB 定长集合常用于需要重点存储近期数据的业务场景,如实时监控日志类数据,只关心最近的数据。可以用 isCapped() 函数判断某一集合是否定长。

4.3.3　文档操作

MongoDB 最大的 BSON 格式文档为 16 MB,设定文档大小限制是为了保证单文档不会过分占用内存,或者在传输过程中不会占用较大的带宽。文档操作常用命令如表 4-3 所示,其中 collection 可替换成要操作的具体集合名称。不同命令的参数可以根据业务需求灵活设置,也可以结合 JavaScript 脚本程序实现更加复杂的数据操作。

表 4-3 MongoDB 文档操作常用命令

操作命令	功能说明
db. collection. insert()	在集合中新增一个或多个文档
db. collection. insertOne()	插入一个文档
db. collection. insertMany()	插入多个文档
db. collection. remove()	删除集合满足条件的首个文档或所有文档,第一个必需的参数为查询过滤条件,第二个可选的布尔类型参数 justOne 用于指定删除首个还是全部满足条件的文档,默认是 false,删除所有
db. collection. drop()	删除所有文档
db. collection. deleteOne()	删除一个文档
db. collection. deleteMany()	删除多个文档
db. collection. update()	修改集合中满足条件的首个或所有文档
db. collection. updateOne()	修改满足条件的首个文档
db. collection. replaceOne()	替换满足条件的首个文档
db. collection. updateMany()	修改多个文档
db. collection. find()	查询集合中的所有文档
db. collection. find(). pretty()	查询集合中满足条件的文档,并以良好的格式展示
db. collection. find([query],[fields])	查询集合中满足条件的文档,第一个参数为必需的查询条件,第二个参数为返回显示的结果字段
db. collection. findOne()	查询一个文档
db. collection. findOneAndDelete()	查询并删除一个文档
db. collection. findOneAndReplace()	查询并替换一个文档
db. collection. findOneAndUpdate()	查询并修改一个文档
db. collection. count()	统计满足条件的文档数量,参数可指定过滤条件

有关文档 CRUD 命令的具体应用方法详见 5.2.1 节。

4.4　文档数据库的应用

MongoDB 等文档数据库已经渗透到各个应用领域,如内容管理、目录管理、游戏系统、物流管理系统、社交平台、物联网感知数据存储、视频直播及快递或送餐等基于位置的服务系统等。各方面应用简介如下。

(1)内容管理系统应用场景:文档数据库是内容管理应用程序的一个绝佳选择,例如博客和视频平台。通过文档数据库,可以把应用程序需要跟踪的每个实体存储为单个文档。随着需求的发展,对于开发人员来说,可以使用文档数据库更直观地更新应用程序。此外,如果数据模型需要更改,则只需要更新受影响文档的结构,不影响其他文档的结构。

（2）目录管理系统应用场景:文档数据库在存储产品、服务等目录信息方面非常高效。例如,在电子商务应用程序中,不同的产品通常具有不同数量的属性,不同类型产品往往包含的描述属性也存在差异。在关系数据库中管理数千个属性的产品目录,会出现大量空值属性,存取效率较低。使用文档数据库,可以在单个文档中描述每个产品的属性,以方便管理和提高访问性能。同样,目录中各个文档属性的维护修改互不影响。

（3）游戏系统应用场景:可以使用文档数据库存储游戏用户信息,用户的装备、积分等直接以内嵌文档的形式存储,方便查询与更新。

（4）物流管理系统应用场景:可以使用文档数据库存储订单信息,订单状态在运送过程中会不断更新,以 MongoDB 内嵌数组的形式来存储,一次查询就能将订单所有的变更读取出来。

（5）社交平台应用场景:可以使用文档数据库存储用户信息,以及用户发表的朋友圈信息,通过地理位置索引能方便地实现附近的人、地点等查询和推荐功能。

（6）物联网感知数据存储应用场景:可以使用文档数据库存储所有接入的智能设备信息,以及设备上采集的实时传送的日志信息,进一步支持对这些信息的处理和分析。

（7）视频直播场景:可以使用文档数据库存储用户信息、礼物信息以及视频数据元信息等。

（8）快递、送餐等基于位置的服务系统应用场景:可以使用文档数据库存储有关商家、客户、服务人员的基本信息,快递领域根据订单中的揽收或派件目标地址,送餐领域根据客户、商家、送外卖服务人员的位置信息,基于文档数据库提供的地理位置索引可高效选择完成订单的服务人员。

MongoDB 非常适合 TB 级、PB 级具有典型树形层次结构大数据的高效存储与访问,及需要大量的地理位置查询、文本查询的应用系统。MongoDB 等文档数据库能够适应应用需求的变化,灵活定义及完善数据模型,支持应用系统快速迭代开发,同时能够根据数据库应用系统的负载需求快速水平扩展,保障系统的高可用性。

4.5　本章小结

本章主要介绍了文档类数据库存储大数据的特点及优势,MongoDB 和 CouchDB 是开源 NoSQL 文档型数据库家族的典型代表。本章对比了 JSON 与 BSON 的异同,以 MongoDB 为例介绍文档数据库中数据存储的逻辑架构,数据库包含集合,集合包含文档,每个文档结构可嵌套,文档可表示为树状层次结构。MongoDB 采用 ObjectId 类型标识保障文档的唯一性。MongoDB 提供了丰富的数据库操作、集合操作及文档操作的函数,用于创建及维护数据库,对集合、文档进行灵活的定义及修改。本章还对文档数据库在内容管理、目录管理、游戏系统、物流管理系统、社交平台、物联网感知数据存储、视频直播及快递或送餐等基于位置的服务系统等的应用进行了介绍。文档数据库作为最像关系型数据库的 NoSQL 数据库已经渗透到各个应用领域,其前景不可小觑。

4.6　思考与练习题

1．文档数据库相比其他 NoSQL 的突出优势和特点是什么？

2．文档数据模型与传统关系型数据模型有什么区别？

3．BSON 与 JSON 有什么不同？

4．MongoDB 中对应关系型数据库中表和记录的数据模型术语是什么？

5．MongoDB 中如何标识文档的唯一性？

6．MongoDB 支持集合与集合之间链接吗？如何实现类似关系数据库链接查询的跨集合文档查询操作？请举例说明。

7．对于图 4-6 所示豆瓣影评页面中涉及的电影相关数据内容，采用 MongoDB 设计用于存储该电影的文档模型，并写出具体的文档数据。文档模型用树形结构依次画出文档包含的各个字段名称及类型即可。

图 4-6　电影信息页面示例

8．以存储饿了么平台上店铺产品目录为应用背景，图 4-7 展现了一个庆丰包子铺分店的相关信息，请采用 MongoDB 设计用于存储该店商品的文档模型，并举例写出具体的两个文档数据。

9．请参考文档数据库的应用介绍，调研并思考 MongoDB 的其他应用场景，选择其一，设计用于存储该应用场景数据的一个关键文档模型，并对具体文档数据进行示例。

10．请调研 CouchDB 文档数据库中的数据存储模型架构，对比分析与 MongoDB 的异同。

11．请调研 MongoDB 中支持的数据存储引擎类型，选择其中两种，如 WiredTiger、MMAPv1 等，分析并总结其数据存储管理的原理。

图 4-7　饿了么店铺信息页面示例

本章参考文献

[1]　https://db-engines.com/en/ranking/document+store.

[2]　https://www.mongodb.com/cn.

[3]　http://couchdb.apache.org.

[4]　https://docs.mongodb.com/.

[5]　谢乾坤. 左手 MongoDB,右手 Redis——从入门到商业实战[M]. 北京:电子工业出版社,2019.

第 5 章
MongoDB 文档数据库

MongoDB 是一个强大、灵活、可扩展性好的文档数据库，用"Document"替代关系数据库"Row"的概念。模式自由、易扩展、高性能是它的典型特点。MongoDB 是非关系数据库中功能最丰富、最像关系数据库的。本章主要介绍 MongoDB 数据库技术基础知识。

本章内容思维导图如图 5-1 所示。

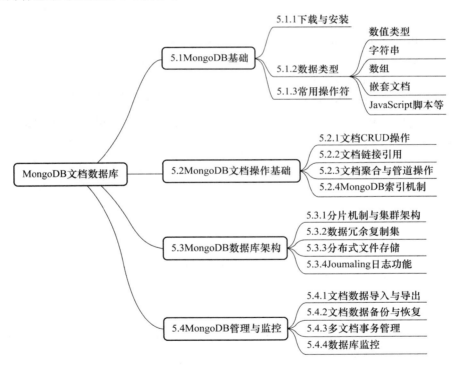

图 5-1　MongoDB 文档数据库章节内容思维导图

5.1　MongoDB 基础

5.1.1　下载与安装

MongoDB 官方提供了 Linux、Windows、macOS、Solaris 等平台的二进制安装包，下载地址是：http://www.mongodb.org/downloads。MongoDB 版本命名规范为 $x.y.z$，其中 y 为奇数时表示当前版本为开发版，y 为偶数时表示当前版本为稳定版。这里选择 Windows 版本 mongodb-win32-x86_64-2008plus-ssl-4.0.6-signed.msi，其他平台安装过程类似。文件下载后直接双击执行，选择接受安装协议，可看到图 5-2 所示页面，确定数据文件存储路径、日志文件存储路径后单击"Next"按钮，按照提示完成安装。

MongoDB 安装程序

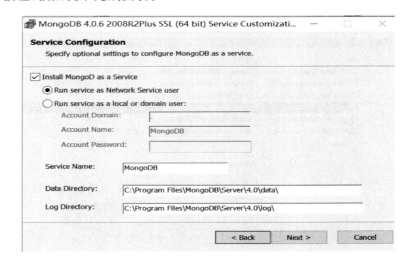

图 5-2　MongoDB 安装页面

安装目录下的 bin 文件夹中包含几个重要的可执行程序，说明如表 5-1 所示。

表 5-1　MongoDB bin 目录下可执行文件的作用

可执行文件名称	说明
mongod	启动数据库实例进程对应的可执行文件，是整个 MongoDB 中最核心的内容，负责数据库的创建、删除等各项管理工作，运行在服务器端为客户端提供监听。详细参数说明请查看 mongod --help
mongo	是一个与 mongod 进程进行交互的 JavaScript Shell 进程，它提供了一些交互函数，用于系统管理员对数据库系统进行管理
mongodump	提供了一种从 MongoDB 实例上创建 BSON dump 文件的方法，如 mongodump --port 27017 --db test --out d:\bak

可执行文件名称	说明
mongorestore	可以将 mongodump 命令导出的文件数据恢复到数据库中
mongoexport	可以将 MongoDB 实例数据导出为 JSON 或 CSV 格式的文件
mongoimport	可以将 JSON 或 CSV 文件内容导入 MongoDB,如 mongoimport --port 27017 --db test --collection foo --file d:\bak\foo.json
mongofiles	提供了操作 MongoDB 分布式文件存储系统的命令行接口,如可以将本地文件上传到数据库中保存
mongos	分片机制中用到的进程,所有应用程序端的查询操作都会先由它分析,然后它会将查询定位到具体的某一个分片上
mongostat	展示当前正在运行的 mongod 或 morgos 实例状态的工具
mongotop	用于跟踪分析 MongoDB 实例花在读写数据上的时间,它提供的统计数据在每一个 collection 级别上
bsondump	将 BSON 格式的文件转存为 JSON 等方便人阅读的数据文件

MongoDB 安装完毕后,可查看系统的服务列表,如图 5-3 所示,MongoDB 数据库服务已启动。只有在服务正常启动情况下,才能访问数据库。

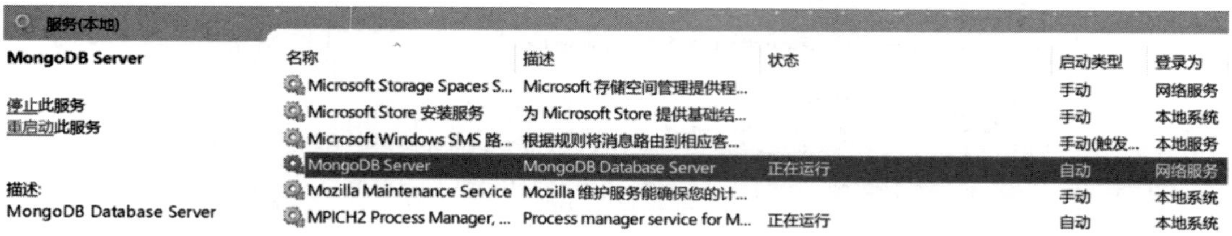

图 5-3　MongoDB Server 服务启动

将安装路径 bin 目录添加到系统环境变量 Path 后,可在命令行窗口中执行以下命令进一步验证是否安装成功,MongoDB 数据库服务默认端口号为 27017。

```
> mongo
```

或者

```
> mongo --host 127.0.0.1:27017
```

如果看到图 5-4 所示信息,则表示安装成功,并进入 MongoDB 自带的 MongoDB Shell 环境,它是一个交互式 JavaScript Shell,是用来对 MongoDB 进行操作和管理的交互式命令执行环境,也可以执行任何 JavaScript 脚本。

```
C:\Users\Administrator>mongo
MongoDB shell version v4.0.6
connecting to: mongodb://127.0.0.1:27017/?gssapiServiceName=mongodb
Implicit session: session { "id" : UUID("7ab63da3-b1c9-4fdd-b950-a14e8ec230f7") }
MongoDB server version: 4.0.6
Welcome to the MongoDB shell.
For interactive help, type "help".
For more comprehensive documentation, see
        http://docs.mongodb.org/
Questions? Try the support group
        http://groups.google.com/group/mongodb-user
```

图 5-4　进入 MongoDB Shell 的提示

在 MongoDB Shell 环境中执行 help 可看到图 5-5 所示的可用命令简介信息。

```
> help
        db.help()                          help on db methods
        db.mycoll.help()                   help on collection methods
        sh.help()                          sharding helpers
        rs.help()                          replica set helpers
        help admin                         administrative help
        help connect                       connecting to a db help
        help keys                          key shortcuts
        help misc                          misc things to know
        help mr                            mapreduce

        show dbs                           show database names
        show collections                   show collections in current database
        show users                         show users in current database
        show profile                       show most recent system.profile entries with time >= 1ms
        show logs                          show the accessible logger names
        show log [name]                    prints out the last segment of log in memory, 'global' is default
        use <db_name>                      set current database
        db.foo.find()                      list objects in collection foo
        db.foo.find( { a : 1 } )           list objects in foo where a == 1
        it                                 result of the last line evaluated; use to further iterate
        DBQuery.shellBatchSize = x         set default number of items to display on shell
        exit                               quit the mongo shell
>
```

图 5-5　help 命令执行结果

在 MongoDB Shell 环境中执行 exit 命令、quit()、Ctrl＋C 均可退出 Shell 环境。

在 bin 目录下的 mongod.cfg 文件为数据库的配置文件,可用 EditPlus 等文本编辑器软件打开,默认配置关键信息如图 5-6 所示,其他配置项还包括数据库多节点部署地址、分片、复制集、安全管理、网络接口等信息。

```
1    # mongod.conf
2
3    # for documentation of all options, see:
4    #    http://docs.mongodb.org/manual/reference/configuration-options/
5
6    # Where and how to store data.
7  ⊟ storage:
8      dbPath: C:\Program Files\MongoDB\Server\4.0\data
9  ⊟   journal:
10       enabled: true
11   #   engine:
12   #   mmapv1:
13   #   wiredTiger:
14
15   # where to write logging data.
16 ⊟ systemLog:
17      destination: file
18      logAppend: true
19      path:  C:\Program Files\MongoDB\Server\4.0\log\mongod.log
20
21   # network interfaces
22 ⊟ net:
23      port: 27017
24      bindIp: 127.0.0.1
25
```

图 5-6　MongoDB 配置文件内容示意

读者如果想要了解 MongoDB 中命令函数的实现机制,可以在 Shell 中执行命令时不加括号运行,屏幕上将会输出该函数的源代码供学习。如 db.help 显示的将不再是可用命令提示列表,而是 help 函数的源码。

MongoDB 数据库管理工具除了自带的 MongoDB Shell 外,还有很多成熟、易用的工具,如 Robo 3T、Mongovue 等。其中 Robo 3T 是一个已经发展了很多年的 MongoDB GUI 可视化管理工具,支持 Windows、Mac、

Robo-3T 安装程序

Linux 三种平台,收费版名为 Studio 3T。Robo 3T 官方网址为 https://robomongo.org/。Linux 平台直接解压即可,Windows 平台需选择安装路径,按提示操作即可完成安装,最后配置完数据库连接即可使用,操作界面如图 5-7 所示。

图 5-7　Robo 3T 工具操作界面

5.1.2　数据类型

MongoDB 的主要数据类型如表 5-2 所示。

表 5-2　MongoDB 的主要数据类型

类型名称	说明
null	空值类型,如{"x" : null}
Boolean	别称 bool,存储布尔值,ture、false,注意不用使用引号引用
Double	浮点数。Shell 默认使用 64 位浮点型数值,如{"x":3.14}。如果使用 128 位浮点数,可以使用 3.4 版本开始支持的 decimal 类型
Integer	整数,如{"x":3}。对于整型值,可以使用 NumberInt(32 位整数格式字符串)或 NumberLong(64 位整数格式字符串),如{"x":NumberInt("3")},{"x":NumberLong("3")}
String	字符串,支持 UTF-8 字符集,如"hello world"
ObjectId	值是一个 12 字节的字符串,用于唯一标识文档,如{"x" : objectId() }
Date	存储标准纪元开始的毫秒数,不含时区,如{"x":new Date()}
Timestamp	时间戳类型。当文档被修改或添加时,可以方便地进行记录
Regex	语法与 JavaScript 的正则表达式相同,如{"x":/[abc]/},查询时可使用正则表达式作为限定条件
BinaryData	二进制数据是一个任意字节的字符串。它不能直接在 Shell 中使用。如果要将非 UTF-8 字符保存到数据库中,二进制数据是唯一的方式
Min key	存储 BSON 中的最小值
Max key	存储 BSON 中的最大值
JavaScript	文档中可存储任何 JavaScript 代码,如,{"x":function(){/ * … * /}}
Array	有序的数据列表或无序数据集合都可以表示为数组,{"x":["a","b","c"]}
Object	嵌套文档,被嵌套的文档作为值来处理,如{"x":{"y":3 }}

MongoDB 中每个数据类型对应一个数字,如 String 类型对应 2,Date 对应 9。每种数据类型也有一个方便在查询操作中引用的别称或简称,如 Binary data 别称为 binData,Boolean 别称为 bool。MongoDB 中可以使用 $type 操作符查看相应文档的 BSON 类型,可以按指定类型查询满足条件的文档。

5.1.3　常用操作符

MongoDB 为文档查询操作提供了丰富的查询操作符。常用操作符说明如表 5-3 所示,分别按关系比较类、元素查询类、模式评估类、逻辑运算类、数组查询类、位查询类说明如下。

表 5-3　MongoDB 常用操作符

序号	操作符	说明	示例
• 关系比较类			
1	$lt, $lte $gt, $gte, $eq, $ne	<,<=,>,>=,=,<>	db. c. find({ "a" : { $gt: 100} }) db. c. find({ x : { $ne : 3 } })
2	$in	属于	db. c. find({j:{ $in:[2,4,6]}})
3	$nin	不属于	db. c. find({j:{ $nin:[2,4,6]}})
• 元素查询类			
4	$exists	可选:true,false	db. c. find({ a : { $exists : true } })
5	$type	按数据类型查询	db. c. find({ a : { $type : 2 } })
• 模式评估类			
6	$mod	取模:a % 10 == 1	db. c. find({ a : { $mod : [10 , 1] } })
7	$regex	正则表达式匹配	db. c. find({ sku : { $regex: /^ABC/i } })
8	$where	主要弥补其他方式无法满足的查询条件,一般效率较低	db. myCollection. find({ "$where" : "this. a > 3" })
9	$text	文本搜索,要先建索引	db. articles. find({ $text:{ $search:"coffee"}})
• 逻辑运算类			
10	$nor	$or 的反操作,即或非	db. c. find({ name : "bob" , $nor : [{ a : 1 } , { b : 2 }] })
11	$or	or 子句,语义或	db. c. find({ name : "bob" , $or : [{ a : 1 } , { b : 2 }] })
12	$and	与运算	db. c. find({ name : "bob" , $and : [{ a : 1 } , { b : 2 }] })
13	$not	非运算	db. c. find({ name : "bob" , $not : [{ a : 1 } , { b : 2 }] })
• 数组查询类			
14	$size	匹配数组长度	db. c. find({ a : { $size:1 } })
15	$all	数组中的元素是否完全匹配	db. c. find({ a : { $all:[2 , 3] } })
16	$elemMatch	数组中的元素级别需要匹配的条件	db. c. find ({ product: { "$elemMatch": {shape: "square", color: "purple"}}})

序号	操作符	说明	示例
• 位查询类			
17	$bitsAllClear	所有位的值为 0	db.c.find({ a: { $bitsAllClear: [1, 5] } })
18	$bitsAllSet	所有位的值为 1	db.c.find({ a: { $bitsAllSet: [1, 5] } })
19	$bitsAnyClear	部分位的值为 0	db.c.find({ a: { $bitsAnyClear: [1, 5] } })
20	$bitsAnySet	部分位的值为 1	db.c.find({ a: { $bitsAnySet: [1, 5] } })

　　MongoDB 支持地理空间类数据的存储,同时也专门为地理空间类数据的查询操作提供了丰富的操作符,如 $minDistance、$maxDistance、$box、$center、$geoWithin、$near 等。MongoDB 4.0 版引入了 double、string、objectId、boolean、date、integer、long 和 decimal 之间的类型转换操作,新增了 $convert 聚合类型转换操作符,可以更加方便地实现不同文档之间字段类型的统一与处理。

5.2　MongoDB 文档操作基础

5.2.1　文档 CRUD 操作

　　本节分别基于存储客户信息的 ct 集合来介绍文档的新增、查询、删除与修改操作,分别示例如下。

1. 新增文档

　　插入时 MongoDB 会检查文档是否包含_id,如果文档没有指定_id,MongoDB 会为其创建。

　　(1)新增单个客户信息,命令执行结果如图 5-8 所示。

```
> db.ct.insert({"Name":"Wang","age" :28 });
WriteResult({ "nInserted" : 1 })
> db.ct.find()
{ "_id" : ObjectId("5c78c38157102bbe64dff5df"), "Name" : "Wang", "age" : 28 }
```

图 5-8　单条文档新增操作

　　(2)批量新增多个客户信息,可以使用 insertMany 函数一次插入多个文档,命令执行结果如图 5-9 所示。

```
> db.ct.insertMany([{"Name":"Tian","age" :29 },{"Name":"Ma","age" :30 }]);
{
        "acknowledged" : true,
        "insertedIds" : [
                ObjectId("5c78f64057102bbe64dff5e9"),
                ObjectId("5c78f64057102bbe64dff5ea")
        ]
}
```

图 5-9　文档批量新增操作

　　也可以使用 insert 插入多个文档,但必须将多个文档放在一个[]里,作为数组参数传递,否则默认只插入第一个文档,示例如图 5-10 所示。

```
> db.ct.insert({"Name":"Zhang","age":22},{"Name":"Zhao","age":32},{"Name":"Li","age":26,"gender":"F"});
WriteResult({"nInserted":1})
> db.ct.find()
{"_id":ObjectId("5c78e61b57102bbe64dff5e5"),"Name":"Zhang","age":22}
> db.ct.insert([{"Name":"Chen","age":22},{"Name":"Zhao","age":32},{"Name":"Li","age":26,"gender":"F"}]);
BulkWriteResult({
        "writeErrors":[],
        "writeConcernErrors":[],
        "nInserted":3,
        "nUpserted":0,
        "nMatched":0,
        "nModified":0,
        "nRemoved":0,
        "upserted":[]
})
> db.ct.find()
{"_id":ObjectId("5c78e61b57102bbe64dff5e5"),"Name":"Zhang","age":22}
{"_id":ObjectId("5c78e99157102bbe64dff5e6"),"Name":"Chen","age":22}
{"_id":ObjectId("5c78e99157102bbe64dff5e7"),"Name":"Zhao","age":32}
{"_id":ObjectId("5c78e99157102bbe64dff5e8"),"Name":"Li","age":26,"gender":"F"}
```

图 5-10　insert 插入多个文档

2. 查询文档

文档查询操作主要通过 find 函数实现，在实践前，可以先用以下命令创建库存集合并插入些文档数据，其中 uom 字段表示计量单位。

```
> db.inventory.insertMany([
    { item: "journal", qty: 25, size: { h: 14, w: 21, uom: "cm" }, status: "A" },
    { item: "notebook", qty: 50, size: { h: 8.5, w: 11, uom: "in" }, status: "A" },
    { item: "paper", qty: 100, size: { h: 8.5, w: 11, uom: "in" }, status: "D" },
    { item: "planner", qty: 75, size: { h: 22.85, w: 30, uom: "cm" }, status: "D" },
    { item: "postcard", qty: 45, size: { h: 10, w: 15.25, uom: "cm" }, status: "A" }
]);
```

按照查询文档的目的分别示例如下。

（1）查询所有文档。

```
> db.inventory.find( {} )
```

或者

```
> db.inventory.find()
```

也可以使用以下方式，文档查询结果以树形结构显示更加清晰些。

```
> db.inventory.find().pretty()
```

（2）查询满足条件的首个文档。

```
> db.inventory.findOne()
> db.inventory.findOne({status:"A"})
```

（3）查询满足条件的所有文档。

① 如果查询结果想显示文档完整内容，第二个参数为空。

```
> db.inventory.find({status:"A"})
```

② 如果查询结果只显示部分文档内容，可以设置第二个参数，将需要显示的字段对应的值设置为 1，如下示例，结果中将只显示 item 和 qty 两个字段。

```
> db.inventory.find({status:"A"}, {"item":1,"qty":1})
```

③ 如果只在结果中显示具体的内容字段,不包含_id 字段,参数设置示例如下。

```
> db.inventory.find({status:"A"}, {"_id":0})
```

（4）使用 limit 查询满足条件的 Top k 文档,也可用 skip 先忽略 Top k 个文档,然后在结果中显示限制个数的文档列表。如下示例表示跳过前 3 个文档,然后显示后续的两个文档。

```
> db.inventory.find().limit(2).skip(3)
```

（5）查询满足条件的文档并且排序。

① 按照 qty 排序,1 表示升序排序,−1 表示降序排序。

```
> db.inventory.find().sort({qty:1})
```

② 组合排序。

```
> db.inventory.find().sort({item:1,qty:1})
```

3. 删除文档

（1）删除所有文档。

```
> db.ct.drop()
```

或者

```
> db.ct.remove({})
```

使用 remove 删除所有文档时,一定注意参数为{},表示文档查询条件为空,否则会报语法错误。

（2）删除指定文档:remove 参数为要删除的文档满足的查询条件。

```
> db.ct.remove({"Name":"Tian"})
> db.ct.remove({"age":{ $ gt:25}})
```

上述示例分别用于删除 Name 是"Tian"的文档,及年龄大于 25 的文档。查询条件也可以用逗号间隔联合多个字段条件进行综合过滤。

remove 函数还可以配置第二个布尔类型的参数,如果为 true,表示只删除满足条件的第一个文档,默认为 false。命令执行结果如图 5-11 所示。

```
> db.ct.find()
{ "_id" : ObjectId("5c7903f457102bbe64dff5ed"), "Name" : "Chen", "age" : 22 }
{ "_id" : ObjectId("5c79066057102bbe64dff5f0"), "Name" : "Chen", "age" : 22 }
{ "_id" : ObjectId("5c79066057102bbe64dff5f1"), "Name" : "Zhao", "age" : 32 }
{ "_id" : ObjectId("5c79066057102bbe64dff5f2"), "Name" : "Li", "age" : 26, "gender" : "F" }
{ "_id" : ObjectId("5c79066357102bbe64dff5f3"), "Name" : "Chen", "age" : 22 }
{ "_id" : ObjectId("5c79066357102bbe64dff5f4"), "Name" : "Zhao", "age" : 32 }
{ "_id" : ObjectId("5c79066357102bbe64dff5f5"), "Name" : "Li", "age" : 26, "gender" : "F" }
> db.ct.remove({"age":{$gt:25}},true)
WriteResult({ "nRemoved" : 1 })
> db.ct.find()
{ "_id" : ObjectId("5c7903f457102bbe64dff5ed"), "Name" : "Chen", "age" : 22 }
{ "_id" : ObjectId("5c79066057102bbe64dff5f0"), "Name" : "Chen", "age" : 22 }
{ "_id" : ObjectId("5c79066057102bbe64dff5f2"), "Name" : "Li", "age" : 26, "gender" : "F" }
{ "_id" : ObjectId("5c79066357102bbe64dff5f3"), "Name" : "Chen", "age" : 22 }
{ "_id" : ObjectId("5c79066357102bbe64dff5f4"), "Name" : "Zhao", "age" : 32 }
{ "_id" : ObjectId("5c79066357102bbe64dff5f5"), "Name" : "Li", "age" : 26, "gender" : "F" }
```

图 5-11　使用 remove 删除满足条件的第一个文档

删除一个或多个文档也可以分别通过以下方式实现。

```
> db.ct.deleteOne({"age":{ $ gt:25}})
> db.ct.deleteMany ({"age":{ $ gt:25}})
```

4. 修改文档

update 函数的语法形式如下,其中 collection 为要更新的集合名称。

```
db.collection.update(
    <query>,
    <update>,
    {
        upsert: <boolean>,
        multi: <boolean>,
        writeConcern: <document>,
        collation: <document>,
        arrayFilters: [ <filterdocument1>, ... ]
    }
)
```

参数说明如表 5-4 所示。

表 5-4　MongoDB 文档更新 update 函数参数说明

参数	功能说明
query	要更新的文档需满足的查询条件,语法格式同 find()函数
update	需要更新文档部分字段及其内容的格式如下: ```{ <operator1>: { <field1>: <value1>, ... }, <operator2>: { <field2>: <value2>, ... }, ... }``` 更新操作符包含对字段进行操作的操作符,如 $ set、$ inc 等;对数组进行操作的操作符,如 $ pop、$ push 等。更多灵活的操作符请参考官方文档:https://docs. mongodb. com/manual/reference/operator/update/ #id1
upsert	true 表示当文档存在时执行更新操作,当不存在时执行创建操作。upsert 模式要慎用! 如果对不完整的文档开启 upsert,那么当记录不存在时,自动创建的也是不完整的记录
multi	默认 false,表示 update 操作只会更新第一个匹配到的文档;如果设置为 true,表示开启 multi 模式,则会更新所有匹配到的文档
writeConcern	具体格式为{ w:<value>, j:<boolean>, wtimeout:<number>},分别表示写操作需确认写入 mongod 实例的数量,也间接确定了抛出异常的级别,是否写日志,以及写操作时长,但该参数一般不在具体更新操作里设置
collation	参数可选,用于定义查询执行时的语言规范、字符串比较是否区分大小写等
arrayFilters	参数可选,针对数组类型的字段可以更细化地配置指定更新数组中满足条件的元素

为了方便观察不同命令的执行结果，可以参考前面文档插入及删除操作，先在数据库 ct 集合中准备些测试数据，如图 5-12 所示。

```
> db.ct.find()
{ "_id" : ObjectId("5c790a4957102bbe64dff5f6"), "Name" : "Chen", "age" : 22 }
{ "_id" : ObjectId("5c790a4957102bbe64dff5f7"), "Name" : "Zhao", "age" : 32 }
{ "_id" : ObjectId("5c790a4957102bbe64dff5f8"), "Name" : "Li", "age" : 26, "gender" : "F" }
{ "_id" : ObjectId("5c790a4a57102bbe64dff5f9"), "Name" : "Chen", "age" : 22 }
{ "_id" : ObjectId("5c790a4a57102bbe64dff5fa"), "Name" : "Zhao", "age" : 32 }
{ "_id" : ObjectId("5c790a4a57102bbe64dff5fb"), "Name" : "Li", "age" : 26, "gender" : "F" }
{ "_id" : ObjectId("5c7a5c7657102bbe64dff5fc"), "Name" : "Zheng", "age" : 28, "score" : [ { "EN" : 89 }, { "MATH" : 90 }
, { "C" : 92 } ] }
```

图 5-12　ct 集合文档内容

对文档进行更新的操作函数使用方法按不同的使用目的示例如下。

（1）精确匹配更新一个文档。

```
> db.ct.update({"_id" : ObjectId("5c790a4957102bbe64dff5f6")},{"Name":"Yan",
"age" : 38})
```

（2）更新满足条件的第一个文档。

```
> db.ct.update({"Name" : "Chen"},{ $set:{"Name":"Chen Gang","age" :32}},false,false)
```

或者也可以使用以下 updateOne 或 replaceOne 函数实现。

```
> db.ct.updateOne(
    {"Name" : "Chen"},
    {
    $set:{"Name":"Chen Gang","age" :32},
    $currentDate: { lastModified: true }
    }
)
> db.ct.replaceOne({"Name" : "Li"},{"Name":"Li Li","age" :23})
```

其中 $currentDate 用于将当前日期值作为文档 lastModified 字段的值，原来文档中如果没有该字段则会新增这个字段，用于记录最近的修改日期。更新单个文档也可以使用 replaceOne 函数实现，具体使用方法详见官方文档。

（3）更新满足条件的所有文档。

```
>db.ct.update({"Name":"Zhao"},{" $inc" :{"age" : 1}},false,true)
```

其中，$inc 用于将冒号后文档参数中的字段值加上某一增量作为更新后的值，执行完后，所有 Name 值为"Zhao"的文档的 age 字段值均会增加 1。或者也可以使用以下 updateMany 函数实现。

```
> db.ct.updateMany(
    {"Name" : "Zhao"},
    {" $inc" :{"age" : 1}}
)
```

（4）使用 updateMany 为集合增加一个新的字段。

```
> db.ct.updateMany(
{ },
{ $ set：{ inroll_date：new Date() } }
)
```

执行完该命令后，ct 集合将为所有文档增加一个新字段 inroll_date，同时当前日期作为字段值。

（5）使用 updateMany 为集合删除一个字段。

```
> db.ct.updateMany(
    { },
    { $ unset：{"inroll_date"："" } }
)
```

这里 $ unset 是 $ set 的逆向操作，执行完后，ct 集合所有文档的 inroll_date 字段将被删除。

5. 游标操作文档

MongoDB 支持通过游标结合循环结构操作返回的结果文档，一般的编程结构示意如下。

```
//取得游标实例
var cursor = db.collection.find();
//迭代
while (cursor.hasNext()) {  var obj = cursor.next();
...
}
```

6. 语句块操作

MongoDB 除了能提供前述类 RDB 的 CRUD 数据操作及丰富的操作符外，还可以非常方便地与 JavaScript 脚本结合完成复杂数据处理操作，一些典型应用场景示例如下。

（1）简单 Hello World。

```
print("Hello World!");
```

这种写法调用了 print 函数，和直接写入"Hello World!"的效果是一样的。

（2）将一个对象转换成 JSON。

```
tojson(new Object());
tojson(new Object('a'));
```

（3）循环添加数据。

```
> for (var i = 0; i < 30; i++) {
... db.ct.save({name："u_" + i, age：22 + i, gender：i % 2});
... };
```

这样就循环添加了 30 条数据，同样也可以采用如下省略括号的用法。

```
> for (var i = 0; i < 30; i++) db.ct.save({name："u_" + i, age：22 + i, gender：i % 2});
```

（4）find 游标查询。

```
> var cursor = db.ct.find();
> while (cursor.hasNext()) {
    printjson(cursor.next());
}
```

这样就查询了所有的 ct 信息，同样可以省略{}号，如下编写。

```
> var cursor = db.ct.find();
> while (cursor.hasNext()) printjson(cursor.next());
```

（5）forEach 迭代循环。

```
> db.ct.find().forEach(printjson);
```

forEach 中必须传递一个函数来处理每条迭代的数据信息。

（6）将 find 游标当数组处理。

可以取得下标索引为 4 的那条数据，并打印输出，示例如下。

```
> var cursor = db.ct.find();
> printjson(cursor[4]);
```

可以通过函数调用获取游标的长度，如：

```
cursor.length();
```

或者

```
cursor.count();
```

可以结合循环结构，通过下标引用循环处理数据，如下示例。

```
for (var i = 0, len = cursor.length(); i < len; i++) printjson(cursor[i]);
```

（7）用 toArray 方法可将查询结果转换为数组，例如将 find 返回结果转换成数组示例如下。

```
> var arr = db.ct.find().toArray();
> printjson(arr[2]);
```

（8）定制自己的查询结果。

只显示 age≤28 的并且只显示 age 这列数据，示例如下。

```
> db.ct.find({age: {$lte: 28}}, {age: 1}).forEach(printjson);
```

或者

```
> db.ct.find({age: {$lte: 28}}, {age: true}).forEach(printjson);
```

如果想排除 age 列，即不显示某列，示例如下。

```
> db.ct.find({age: {$lte: 28}}, {age: false}).forEach(printjson);
```

（9）forEach 传递函数显示信息。

```
> db.ct.find({age: {$lte: 28}}).forEach(function(x) {print(tojson(x));});
```

这里函数内部可以是更复杂的数据处理算法。

5.2.2　文档链接引用

MongoDB 文档中支持采用 DBRef 对象,引用其他文档,如 4.2.2 节描述,可以支持文档数据之间的关联。当文档模型中字段过多时,有可能会超出 16 MB 的限制,这时可以适当分解为几个文档存储。DBRef 对象的形式如下。

```
{ $ ref : < value >, $ id : < value >, $ db : < value > }
```

其中 $ ref 对应值为集合名称, $ id 对应值为引用的 id, $ db 是可选参数,对应数据库名称,也说明可以跨库引用文档。

一个表示人与人之间好友关系的文档间引用示例如下。

(1)创建 people 集合并插入部分示例数据。

```
> db. people. insert({name: "安达", age: "20", "dep": "CS"})
> db. people. insert({name: "王子", age: "21", "dep": "CS"})
> db. people. insert({name: "陈五", age: "22", "dep": "CS"})
> db. people. insert({name: "张全", age: "20", "dep": "NE"})
```

(2)查看插入数据。

```
> db. people. find()
```

(3)通过 DBRef 引用文档,注意数据库名称大小写匹配,不能有空格。

```
> db. dep. insert({name: "CS", num:15,
people:[DBRef("people",ObjectId("5d81dd075abbb6081b3e1efa"), "myTest"),
        DBRef("people", ObjectId("5d81dd315abbb6081b3e1efb"), "myTest"),
        DBRef("people", ObjectId("5d81df1d5abbb6081b3e1efd"), "myTest"),
        ] } )
```

(4)查询 DBRef 对象内容。

```
> db. dep. findOne({"name": "CS"}).people[0]
```

查询结果显示如下。

```
DBRef("people", ObjectId("5d81dd075abbb6081b3e1efa"), "myTest")
```

(5)通过 fetch()函数,解析引用对应的文档。

```
> db. dep. findOne({"name": "CS"}).people[0].fetch()
```

查询结果显示如下。

```
{
    "_id" : ObjectId("5d81dd075abbb6081b3e1efa"),
    "name" : "安达",
    "age" : "20",
    "dep" : "CS"
}
```

5.2.3　文档聚合与管道操作

MongoDB 中聚合主要用于对数据进行汇总运算并返回计算后的结果,如统计平均值、求和等。MongoDB 中聚合使用 aggregate(),基本语法格式如下。

```
> db.collection_name.aggregate(aggregate_operation)
```

聚合运算操作中支持的常用操作符如表 5-5 所示。

表 5-5　MongoDB 文档聚合运算常用操作符

聚合操作	功能说明
＄match	用于过滤数据,只输出符合查询条件的文档,查询条件可以包含关系比较运算、逻辑运算、数组元素运算、日期类数据运算等
＄group	将集合中的文档分组,可用于统计结果;一般需要指定分组计算依据的一个或多个字段,及具体聚合运算的操作是什么,如 ＄sum、＄avg、＄min、＄max、＄first、＄last 等
＄project	修改输入文档的结构,可以用来重命名、增加或删除输入字段
＄limit	用来限制聚合返回的文档数
＄skip	在聚合过程中跳过指定数量的文档,并返回余下的文档
＄unwind	将文档中某一数组类型字段拆分成多条,每条包含数组中的一个值
＄sort	将输入文档排序后输出
＄geoNear	输出接近某一地理位置的有序文档

MongoDB 提供三种方式的聚合运算,即聚合管道(Aggregation Pipeline)、单一目的的聚合方法(Single Purpose Aggregation Method)、MR 函数(the Map-Reduce Function)。

1. 聚合管道

管道是指通过一个处理序列,分阶段、分步骤地将一系列文档处理成所需要的结果,类似面向对象编程思想中方法链的依次调用过程。例如,对 orders 集合中 status 字段值为 A 的文档按照 cust_id 字段分组统计其 amount 字段的总和,即分组统计状态为 A 的每个客户当前的订购总量。编写聚合统计命令及执行过程如图 5-13 所示。其中 ＄match 运算符用来匹配条件,＄group 运算符用来定义聚合依据的字段及聚合结果操作符。

2. 单一目的的聚合方法

对于简单的排序、计数、查看某个字段都有哪些不同取值等操作,MongoDB 提供了专门的实现单一目的聚合操作的函数,如 sort()、count()、distinct()等。示例如下。

(1) 查询 item 字段都有哪些不同值,如下命令将返回一个由 item 中值组成的数组列表。

```
> db.inventory.distinct("item")
```

(2) 查询满足条件的文档数量。

```
> db.inventory.find({status:"A"}).count()
```

3. MR 函数

MongoDB 提供的 MR 函数操作示例如图 5-14 所示。类似 Hadoop 平台中的大数据 Map 操作与 Reduce 操作,这里 MR 函数在执行时,也是分为两个阶段,图中命令执行时,先执行 query 查询得到要进行 MR 操作的文档列表,然后执行 map 函数操作部分得到(key,value)列

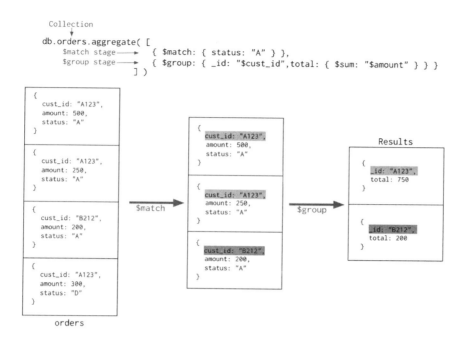

图 5-13　聚合管道执行过程示意

表,再执行 reduce 函数操作部分按 key 进行汇总,得到最终的输出结果。

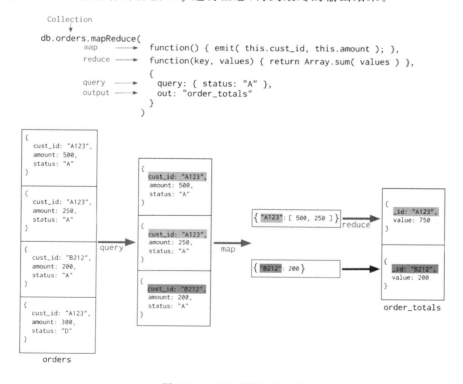

图 5-14　MR 函数执行过程

5.2.4　MongoDB 索引机制

1. 索引技术基础

数据库中通过给集合创建索引能够大大提高文档数据查询的性能和效率,它是一种以空间换时间的方法。如果没有索引,MongoDB 在读取数据时必须扫描集合中的每个文件并选取那些符合查询条件的记录,这种扫描全集合的查询效率是非常低的,特别是在处理大量的数据时,查询可能要花费几十秒甚至几分钟,这将大大降低互联网应用的并发访问性能。

索引是对数据库表中一列或多列的值进行排序的一种结构。MongoDB 索引采用 B 树数据结构存储,各个数据库创建的索引存储在系统自动创建的 system. indexes 集合中,可以切换到 system 数据库查询索引的详细信息。MongoDB 会为每个集合的_id 字段默认创建索引,有关索引的创建与维护操作示例如下。

（1）创建索引

MongoDB 使用 createIndex() 方法来创建索引。注意,在 3.0.0 版本前创建索引的方法为 db. collection. ensureIndex(),之后的版本使用了 db. collection. createIndex() 方法,ensureIndex() 还能用,但只是 createIndex() 的别名。

createIndex()方法的基本语法格式如下。

```
> db.collection.createIndex(keys, options)
```

其中,keys 值为要创建的索引字段,1 为指定按升序创建索引,－1 为按降序创建索引。参数 options 可以设置是否后台创建、是否创建唯一索引、是否创建稀疏索引、指定索引名称等。创建索引基本操作示例如下。

```
> db.ct.createIndex({"name":1})
```

或者

```
> db.ct.ensureIndex({name: 1});
```

createIndex()方法中也可以设置基于多个字段创建复合索引,示例如下。

```
> db.ct.createIndex({"name":1,"gender":－1})
```

另外,当集合中包含很多文档时,创建索引需要花费一定时间,为了防止阻塞其他数据库操作,可以设置 options 中的 background 参数为 true,后台创建索引。

```
> db.ct.createIndex({"name": 1, "age": 1}, {background: true})
```

（2）查询集合所有索引

```
> db.ct.getIndexes();
```

（3）查看总索引记录大小

```
> db.ct.totalIndexSize();
```

（4）读取当前集合的所有索引信息

```
> db.ct.reIndex();
```

（5）删除指定索引

```
> db.ct.dropIndex("name_1");
```

（6）删除所有索引

```
> db.ct.dropIndexes();
```

该命令执行完后,除了默认创建的_id 索引外,ct 集合其他索引将全部删除。

针对 find 查询操作,如果想了解都利用了哪些索引,可以采用 explain()方法。对于执行效率不高的操作,也可以通过分析 explain()执行结果,确定是否需要创建新的索引来提高查询性能。如果开发者很明确地知道查询应该使用哪些索引,也可以使用 hint()方法进行指定。

MongoDB 索引是通过 B-Tree 索引来实现的。创建索引与维护索引都需要消耗一定的时间和空间,为了提高索引的利用率,需要分析日常业务数据查询操作的执行计划。另外,必须注意的是,索引也会在插入和删除数据的时候增加一些系统负担。往集合中插入数据的时候,索引的字段必须加入 B-Tree 中去,因此索引适合建立在读远多于写的数据集上。对于写入频繁的集合,在某些情况下,索引反而有副作用,会降低数据写入数据库的性能。

2. 全文索引技术

MongoDB 针对文本类型的字段支持全文索引的创建与维护,一个集合只允许创建一个全文索引。常用操作示例如下。

（1）创建全文索引

使用 createIndex 函数创建全文索引时,需要对字符串类型或字符串数组类型的字段指定创建"text"类型的索引,如下示例。

```
> db.reviews.createIndex( { comments: "text" } )
```

全文索引也可以基于多个字段建立复合索引。

```
> db.reviews.createIndex(
    {
      subject: "text",
      comments: "text"
    }
  )
```

有时在不确定哪些字段是文本类型时,也可以使用" $ * * "(wildcard specifier)通配说明符对所有文本类型字段创建全文索引,示例如下。其中 collection 可替换为其他集合名称。

```
> db.collection.createIndex( { " $ **": "text" } )
```

（2）利用与维护全文索引

对于创建全文索引后的集合,find 方法就可以利用该索引查询满足条件的文档数据了,示例如下。

① 查询包含"bad"的文档。

```
> db.collection.find( { $ text: { $ search: "bad"} })
```

② 查询包含"bad" 或者 "spoiled"的文档,查询参数中用空格间隔开多个关键词即可。

```
> db.collection.find( { $ text: { $ search: "bad spoiled "} })
```

③ 查询包含"bad" 不包含 "ok"的文档,在不需要包含的关键词前加符号'-'。

```
> db.collection.find( { $ text: { $ search: "bad -ok "} })
```

④ 查询包含"not ok"完整词组的文档,在完整词组前后用引号括起来。

```
> db.collection.find( { $ text: { $ search: "\"not ok\""} })
```

全文索引的删除类似普通字段索引,可以使用 dropIndex()按索引名称删除指定索引,索引名称可以通过 getIndexes()方法得到。

3. 地理位置索引

MongoDB 的地理位置索引可以在包含地理空间形状和点集的集合上高效地执行空间查询。地理位置索引支持是 MongoDB 的一大亮点,这也是目前很多流行的基于位置的服务 (Location Based Service,LBS)平台选择 MongoDB 的原因之一。该功能的应用场景非常广泛,基本上所有的 LBS 都可以使用到,如滴滴打车、找最近的饭店、找最近的酒店、外卖服务、共享单车查询等其他兴趣点(Point of Interest,POI)推荐型应用。MongoDB 针对存储空间经度、纬度信息的数据,创建地理位置索引一般分为以下两种。

① 2d 索引:用于存储和查找平面上的点,称为平面地理位置索引。

② 2dsphere 索引:用于存储和查找球面上的点,称为球面地理位置索引。

MongoDB 只支持每个集合一个地理空间索引。创建方法如下。其中 2d 可替换成 2dsphere。

```
> db.collection.createIndex { < location field > : "2d" } )
```

地理位置查询既可以使用平面几何,也可以使用球面几何,根据使用的查询和索引类型来决定。2dsphere 索引只支持球面几何,而 2d 索引同时支持平面和球面几何。

然而,在 2dsphere 索引上使用球面几何的查询将会更高效和准确,因此建议在地理空间字段上使用 2dsphere 索引。

与地理位置查询相关的常用操作符如表 5-6 所示。

表 5-6　常用地理位置查询操作符

查询类型	几何类型	备注
$ near{GeoJSON 点:...}	球面	某邻域范围内文档
$ near{传统坐标:...}	平面	某邻域范围内文档
$ nearSphere{GeoJSON 点:...}	球面	某邻域范围内文档
$ nearSphere{传统坐标:...}	球面	可使用 GeoJSON 点替换
$ geoWithin:{ $ geometry:...}	球面	某区域范围内文档
$ geoWithin:{ $ box:...}	平面	矩形区域内文档
$ geoWithin:{ $ polygon:...}	平面	多边形区域内文档
$ geoWithin:{ $ center:...}	平面	某圆形区域内文档
$ geoWithin:{ $ centerSphere:...}	球面	某点球面距离区域内文档
$ geoIntersects:{ $ geometry:...}	球面	邻近相交区域范围内文档

表中 GeoJSON 是一种对各种地理数据结构进行编码的格式,是基于 JavaScript 对象表示法的地理空间信息数据交换格式。GeoJSON 对象可以表示几何的特征或者特征集合。

GeoJSON 支持多种几何类型,如点、线、面、多点、多线、多面和几何集合等。GeoJSON 文档中使用 type 字段来指定 GeoJSON 对象类型,使用 coordinates 对象来指定对象的坐标,基本语法格式如下。

```
{ type："<GeoJSON type>" , coordinates：<coordinates> }
```

不同类型的 GeoJSON 数据具体示例如下。

(1) 点

```
{ type: "Point", coordinates：[ 40，5 ] }
```

(2) 线

```
{ type: "LineString", coordinates：[ [ 40，5 ]，[ 41，6 ] ] }
```

(3) 多边形

可以是单环多边形,也可以是多环多边形,前者由一个 GeoJSON 线性环坐标数组组成。多边形中包含的线段至少有 4 个坐标对,并且第一个坐标和最后一个坐标相同。

```
{
    type："Polygon",
    coordinates：[ [ [ 0，0 ]，[ 3，6 ]，[ 6，1 ]，[ 0，0 ] ] ]
}
```

对于多环多边形,第一个描述的环必须是外环,外环不能自交叉,所有内环必须全部包含在外环中,内环之间不能交叉或覆盖,内环不能共边。下面的示例表示了包含一个内环的 GeoJSON 多边形。

```
{
    type ："Polygon",
    coordinates ：[
    [ [ 0，0 ]，[ 3，6 ]，[ 6，1 ]，[ 0，0 ] ],
    [ [ 2，2 ]，[ 3，3 ]，[ 4，2 ]，[ 2，2 ] ]
    ]
}
```

(4) 多点

```
{
    type: "MultiPoint",
    coordinates：[
    [ - 73.9580，40.8003 ],
    [ - 73.9498，40.7968 ],
    [ - 73.9737，40.7648 ],
    [ - 73.9814，40.7681 ]
    ]
}
```

（5）多线

```
{
    type: "MultiLineString",
    coordinates: [
    [ [ -73.96943, 40.78519 ], [ -73.96082, 40.78095 ] ],
    [ [ -73.96415, 40.79229 ], [ -73.95544, 40.78854 ] ],
    [ [ -73.97162, 40.78205 ], [ -73.96374, 40.77715 ] ],
    [ [ -73.97880, 40.77247 ], [ -73.97036, 40.76811 ] ]
    ]
}
```

（6）多个多边形

```
{
    type: "MultiPolygon",
    coordinates: [
    [ [ [ -73.958, 40.8003 ], [ -73.9498, 40.7968 ], [ -73.9737, 40.7648 ],
    [ -73.9814, 40.7681 ], [ -73.958, 40.8003 ] ] ],
    [ [ [ -73.958, 40.8003 ], [ -73.9498, 40.7968 ], [ -73.9737, 40.7648 ],
    [ -73.958, 40.8003 ] ] ]
    ]
}
```

（7）几何集合

```
{
    type: "GeometryCollection",
    geometries: [
    {
        type: "MultiPoint",
        coordinates: [
        [ -73.9580, 40.8003 ],
        [ -73.9498, 40.7968 ],
        [ -73.9737, 40.7648 ]
        ]
    },
    {
        type: "MultiLineString",
        coordinates: [
        [ [ -73.96943, 40.78519 ], [ -73.96082, 40.78095 ] ],
        [ [ -73.96415, 40.79229 ], [ -73.95544, 40.78854 ] ]
        ]
    }
    ]
}
```

　　一般以经度、纬度的顺序来排列坐标,合法的经度坐标取值范围为$[-180,180]$,正为东经,负为西经;纬度坐标取值范围为$[-90,90]$,正为北纬,负为南纬。MongoDB 默认使用 WGS84 基准作为 GeoJSON 默认的坐标参考系统。下面将基于具体文档数据来看一下地理位置索引在查询操作中的应用。

含地理位置信息的 JSON 格式数据文件

　　首先在 myTest 数据库中导入官网提供的两个存储有一些饭店位置信息的集合数据。JSON 数据文件可从右侧二维码下载。导入、导出命令基本语法如下,在 Windows 平台上的执行结果如图 5-15 所示。

```
mongoimport <path to restaurants.json> -d <database name> -c restaurants
mongoimport <path to neighborhoods.json> -d <database name> -c neighborhoods
```

```
C:\Users\Administrator>mongoimport D:\nosql_test\restaurants.json -d myTest -c restaurants
2019-03-20T11:38:20.810+0800      connected to: localhost
2019-03-20T11:38:21.229+0800      imported 25359 documents

C:\Users\Administrator>mongoimport D:\nosql_test\neighborhoods.json -d myTest -c neighborhoods
2019-03-20T11:39:24.243+0800      connected to: localhost
2019-03-20T11:39:24.515+0800      imported 195 documents
```

图 5-15　MongoDB 地理位置索引数据

在 Shell 中分别为两个集合创建索引。

```
> db.restaurants.createIndex({ location: "2dsphere" })
> db.neighborhoods.createIndex({ geometry: "2dsphere" })
```

在 Mongo Shell 中查看新创建的 restaurants 集合中的一条数据:

```
> db.restaurants.findOne()
```

由于使用的是 2dsphere 索引,那么 location 字段中的地理数据必须符合 GeoJSON 格式。查询会返回如下的文档:

```
{
        "_id" : ObjectId("55cba2476c522cafdb053ae3"),
        "location" : {
                "coordinates" : [
                        -73.9068506,
                        40.6199034
                ],
                "type" : "Point"
        },
        "name" : "Wilken'S Fine Food"
}
```

可以再查看下 neighborhoods 集合中的一条文档数据。

```
> db.neighborhoods.findOne()
```

这个查询将会返回如下类型的文档,这里省略了_id 字段值。geometry 存储的是一个多边形区域。

```
{
    geometry：{
    type："Polygon",
    coordinates：[[
    [ -73.99, 40.75 ],
    ...
    [ -73.98, 40.76 ],
    [ -73.99, 40.75 ]
    ]]
    },
    name："Hell's Kitchen"
}
```

假设用户移动设备可以定位所在位置的经、纬度为：-73.93414657,40.82302903。为了找到当前所在的居民区，可以以 GeoJSON 的格式使用特定的 $geometry 字段执行查询。

```
>db.neighborhoods.findOne({ geometry：{ $geoIntersects：{ $geometry：{ type："
Point", coordinates：[ -73.93414657, 40.82302903 ] } } } })
```

其中，geometry 是一个包含地理坐标数据、需要匹配的字段，type 是所需要匹配的对象类型，coordinates 是所需要匹配的坐标。

该查询将会返回下面的结果：

```
{
"_id" : ObjectId("55cb9c666c522cafdb053a68"),
"geometry" : {
"type" : "Polygon",
"coordinates" : [
[
[
 -73.93383000695911,
40.81949109558767
],
...
]
]
},
"name" : "Central Harlem North-Polo Grounds"
}
```

还可以进一步查询所有包含给定居民区的饭店，即先在 Mongo Shell 中运行下面的脚本以找到包含该用户的区域，然后计算在该区域内的饭店数。

```
> var neighborhood = db.neighborhoods.findOne( { geometry: { $geoIntersects:
{ $geometry: { type: "Point", coordinates: [ - 73.93414657, 40.82302903 ] } } } } )
  > db.restaurants.find( { location: { $geoWithin: { $geometry: neighborhood.
geometry } } } ).count()
```

其中,location 是一个包含地理坐标数据、需要匹配的字段。该查询将会返回在请求的区域内有 127 个饭店。

如果想查询离用户 5 英里以内的所有饭店,可用如下命令。

```
> db.restaurants.find({ location:
{ $geoWithin:
{ $centerSphere: [ [ - 73.93414657, 40.82302903 ], 5 / 3963.2 ] } } })
```

其中,location 是一个包含地理坐标数据、需要匹配的字段。$centerSphere 的第二个参数接收弧度制的半径,因此必须使用它来除以地球的半径(单位为英里)。请查阅相关文档了解更多关于距离单位之间的换算。$geoWithin 不会以任何特定的顺序返回文档,因此它有可能会首先展示离用户最远的文档。

如果想得到一个排序结果,可以使用 $nearSphere 和 $maxDistance 参数(单位为米)。下面的代码将会按照从近到远的顺序返回距离该用户 5 英里以内的所有饭店信息。

```
> var METERS_PER_MILE = 1609.34
> db.restaurants.find({ location: { $nearSphere: { $geometry: { type: "Point",
coordinates: [ - 73.93414657, 40.82302903 ] }, $maxDistance: 5 * METERS_PER_MILE }
} })
```

5.3　MongoDB 数据库架构

5.3.1　分片机制与集群架构

当 MongoDB 存储海量数据时,一台机器可能不足以存储数据,也可能不足以提供可接受的读写吞吐量,这时可以通过在多台机器上分割数据,使得数据库系统能存储和处理更多的数据,这就是 MongoDB 分片技术,可以满足 MongoDB 数据量大量增长的自适应需求。分片机制支持灵活的负载均衡,随着负载的增加,可以将数据分布在计算机网络中的其他节点上,获得更多的存储空间和更强的处理能力。

MongoDB 中数据的分片以集合为基本单位,集合中的数据通过片键(Shard Key)被分成多个部分。其实片键就是在集合中选一个键,用该键的值作为数据拆分的依据。所以一个好的片键对分片至关重要。片键必须有索引。对集合进行分片时,选择的片键要求每个文档都必须包含,而且是建立了索引的单个字段或复合字段,MongoDB 按照片键将数据划分到不同的数据块中,并将数据块均衡地分布到所有分片中。分片方式可以基于片键的范围,也可以基于片键的哈希函数取值进行计算。

MongoDB 数据存储的横向扩展机制中,会把数据分为 chunks,每个 chunk 代表这个 shard server 内部的一部分数据。chunk 的产生主要有以下两个用途。

(1) Splitting:当一个 chunk 的大小超过配置中的 chunk size 时,MongoDB 的后台进程会把这个 chunk 切分成更小的 chunk,从而避免 chunk 过大的情况。

(2) Balancing:在 MongoDB 中,balancer 是一个后台进程,负责 chunk 的迁移,从而均衡各个 shard server 的负载,系统初始 1 个 chunk,chunk size 默认值 64 MB,应用系统可根据业务数据管理需求选择合适的 chunk size。MongoDB 会自动拆分和迁移 chunks。

MongoDB 分片机制的技术架构如图 5-16 所示。

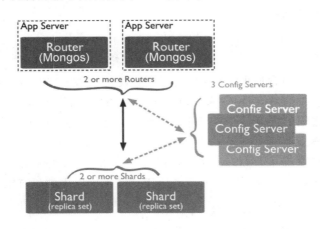

图 5-16　MongoDB 分片机制

MongoDB 分片机制主要包含以下三个组件。

(1) Shard:用于存储实际的数据块,实际生产环境中一个 Shard 角色可由几台机器组成一个 replica set 承担,防止主机单点故障。

(2) Config Server:配置服务器,存储了整个 Cluster 元数据(Metadata),其中包括分块(Chunk)信息等。

(3) Router(Mongos):前端路由,客户端由此访问接入,整个集群看上去像单一数据库,前端应用可以透明访问分布集群中的数据。

分片机制的优势主要体现在以下三方面。

(1) 对集群进行抽象,实现用户对分布式集群中数据库的透明性访问。MongoDB 自带了一个叫作 Mongos 的专有路由进程。Mongos 就是掌握统一入口的路由器,其会将客户端发来的请求准确无误地路由到集群中的一个或者一组服务器上,同时会把接收到的响应拼装起来发回客户端。

(2) 保证集群总是可读写:MongoDB 通过多种途径来确保集群的高可用性。将 MongoDB 的分片和复制机制结合使用,在确保数据分片到多台服务器的同时,也确保了每份数据都有相应的备份,这样就可以确保有服务器坏掉时,其他的备份节点可以立即接替继续工作。

(3) 使集群易于扩展:当系统需要更多的空间和资源时,MongoDB 可以按需方便地扩充系统容量。

5.3.2　数据冗余复制集

MongoDB 复制集支持主从式分布式部署，Primary 宕机时，MongoDB 可以自动将 Secondary 切换为 Primary。可以通过本地或者网络创建数据镜像，使 MongoDB 有更强的容错性。MongoDB 复制就是将数据同步到多个服务器的过程。复制提供了数据的冗余备份，并在多个服务器上存储数据副本，极大地提高了数据的可用性，并保证了数据的安全性。复制还允许从硬件故障和服务中断中恢复数据。

MongoDB 的复制集群至少需要两个节点。其中一个是主节点，负责处理客户端请求，其余的都是从节点，负责复制主节点上的数据。MongoDB 各个节点常见的搭配方式为一主一从或一主多从。所有写入操作都在主节点上，主节点记录在其上的所有操作，存储为 oplog 日志文件，从节点定期轮询主节点获取这些操作，然后对自己的数据副本执行同步这些操作，从而保证从节点的数据与主节点一致。类似其他主从分布式计算架构，每个复制集还有一个仲裁者，仲裁者不存储数据，只是负责通过心跳包来确认集群中集合的数量，并在需要主服务器选举的时候作为仲裁决定结果。当主节点出现故障时，MongoDB 会自动故障转移，自动恢复，将重新选择出的某一从节点作为主节点。复制机制如图 5-17 所示。

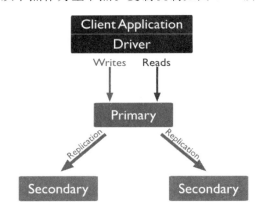

图 5-17　MongoDB 主从复制机制

配置副本集语法如下：

```
mongod --port "PORT" --dbpath "YOUR_DB_DATA_PATH" --replSet "REPLICA_SET_INSTANCE
_NAME"
```

例如：

```
mongod --port 27017 --dbpath "D:\set up\mongodb\data" --replSet rs0
```

实例会启动一个名为 rs0 的 MongoDB 实例，其端口号为 27017。启动后打开命令提示框并连接上 MongoDB 服务。在 Mongo 客户端使用命令 rs.initiate() 来启动一个新的副本集。可以使用 rs.conf() 来查看副本集的配置；查看副本集状态使用 rs.status() 命令。

当有多台服务器启动了 Mongo 服务，需要添加副本集成员时，可以进入 Mongo 客户端，使用 rs.add() 方法来添加副本集的成员，其命令基本语法格式如下：

```
> rs.add(HOST_NAME:PORT)
```

假设已经启动了一个名为 mongod1.net,端口号为 27017 的 Mongo 服务。在 MongoDB 交互式命令窗口使用 rs.add() 命令将其添加到副本集中,命令如下:

```
> rs.add("mongod1.net:27017")
```

MongoDB 中只能通过主节点将 Mongo 服务添加到副本集中。判断当前运行的 Mongo 服务是否为主节点可以使用命令 db.isMaster()。

复制集通过 replSetInitiate 命令,或 Mongo Shell 的 rs.initiate() 进行初始化,初始化后各个成员间开始发送心跳消息,并发起 Primary 选举操作,获得"大多数"成员投票支持的节点,会成为 Primary,其余节点成为 Secondary。"大多数"的含义是获得的票数至少为 $N/2+1$,其中 N 表示复制集内投票成员的数量。例如,当前有 5 个节点,大多数的节点数为 3,最多允许有两个节点失效。当复制集内存活成员数量不足大多数时,整个复制集将无法选举出 Primary,复制集将无法提供写服务,处于只读状态。Arbiter 节点只参与投票,不能被选为 Primary,并且不从 Primary 同步数据。例如,部署了一个两个节点的复制集,其中 1 个 Primary,1 个 Secondary,任意节点宕机,复制集将不能提供服务(无法选出 Primary),这时可以给复制集添加一个 Arbiter 节点,即使有节点宕机,仍能选出 Primary。Arbiter 本身不存储数据,是非常轻量级的服务。通常建议将复制集成员数量设置为奇数,当复制集成员为偶数时,最好加入一个 Arbiter 节点,以提升复制集可用性。有 Arbiter 节点参与的新主节点选择过程如图 5-18 所示。

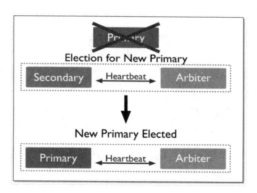

图 5-18　Arbiter 节点参与的新主节点选择过程示意

集群中的节点可以设置其被选举为主节点的优先级,当 Priority 为 0 时,节点的选举优先级为 0,将不会被选举为 Primary。还可以设置其 Vote 值,当该值为 0 时表示不参与投票。集群中 Priority 为 0 节点为也可以配置节点类型为 Hidden 节点,这类节点将不能被选为主节点,并且对客户端应用不可见。因 Hidden 节点不会接受客户端应用的请求,可使用 Hidden 节点做一些数据备份、离线计算的任务,不会影响复制集的服务。

集群中还有一类被称作 Delayed 的节点,它必须是 Hidden 类型的节点,并且其数据落后于 Primary 一段时间,落后时间参数可配置,比如可设置为 1 小时。因 Delayed 节点的数据比 Primary 落后一段时间,当错误或者无效的数据写入 Primary 时,可通过 Delayed 节点的数据来恢复到之前的时间点。

为了确保备份节点上的读与主节点保持相同的因果一致性语义,MongoDB 从节点在批量应用 oplog 时会阻塞读请求,这使得在高写入负载下,从节点上读的平均时延通常比主节点更高。MongoDB 4.0 为了提高从节点的读取性能,提供了非阻塞的从节点读(Non-Blocking Secondary Reads)机制。该机制主要借助事务功能中 storage engine timestamps and snapshots 的实现,引擎层可以很容易地实现指定时间戳快照读取的功能,使得从节点上的读请求无须阻塞等待就能读到一致时间点的数据。这个特性极大地提升了 MongoDB 读取数据的性能。

5.3.3　分布式文件存储

MongoDB 提供了基于文件的分布式存储系统 GridFS。GridFS 用于存储和恢复那些超过 16 MB(BSON 文件限制)的文件,如图片、音频、视频等。GridFS 也是文件存储的一种方式,它存储在 MongoDB 的集合中。GridFS 会将大文件对象分割成多个小的 Chunk,即文件片段,一般每个 Chunk 为 256 KB,作为 MongoDB 的一个文档存储在 Chunks 集合中。

GridFS 用两个集合来存储一个文件:fs. files 与 fs. chunks。每个文件的实际内容被存在 Chunks(二进制数据)中,和文件有关的元数据,如文件名称、内容类型、用户自定义的属性等将会被存在 files 集合中。以下是简要的 fs. files 集合文档省略文档标识后内容示例。

```
{
    "filename": "test.txt",
    "chunkSize": NumberInt(261120),
    "uploadDate": ISODate("2019-04-13T11:32:33.557Z"),
    "md5": "7b762939321e146569b07f72c62cca4f",
    "length": NumberInt(646)
}
```

以下是简要的 fs. chunks 集合文档内容示例,其中 n 表示 Chunk 的编号。

```
{   "_id":ObjectId("……"),
    "files_id": ObjectId("534a75d19f54bfec8a2fe44b"),
    "n": 16,
    "data": {" $ binary":"……"}
}
```

MongoDB 安装目录的 bin 文件夹中 Mongofiles. exe 是一个 GridFS 管理工具,可实现二进制文件的存取。如添加一个 mp3 格式文件操作可用以下 mongofiles 命令实现:

```
> mongofiles.exe -d gridfs put song.mp3
```

其中,gridfs 是存储文件的数据库名称。如果不存在该数据库,MongoDB 会自动创建。song. mp3 是上传的音频文件名。

查看数据库中 GridFS 文件的命令示例如下:

```
> db.fs.files.find()
```

以上命令执行后返回以下文档数据:

```
{
    _id: ObjectId('534a811bf8b4aa4d33fdf94d'),
    filename: "song.mp3",
    chunkSize: 261120,
    uploadDate: new Date(1397391643474),
    md5: "e4f53379c909f7bed2e9d631e15c1c41",
    length: 10401959
}
```

然后可以根据具体的文件_id值,获取区块的数据,命令如下:

```
> db.fs.chunks.find({files_id:ObjectId('534a811bf8b4aa4d33fdf94d')})
```

该命令将会查询返回 n 个文档的数据,意味着 mp3 文件被存储在这 n 个区块中。

5.3.4　Journaling 日志功能

Journaling 日志是 MongoDB 中一个非常重要的功能,保证了数据库服务器在意外断电等故障后能够快速恢复,该功能默认打开。

Journaling 功能有两个重要内存视图:private view 与 shared view,这两个视图都是通过内存映射来实现的,对 private view 映射内存的修改不会影响到磁盘上的文件,而 shared view 中数据的变化则会影响到磁盘上的文件,系统会周期性地刷新 shared view 数据到磁盘上。在 MongoDB 启动的过程中,操作系统会将磁盘上的数据文件映射到内存中的 shared view,注意,操作系统只是映射,并未加载数据到内存,MongoDB 稍后会根据需要加载数据到 shared view;private view 内存视图是为读操作保存数据的位置,也是 MongoDB 保存新的写操作的第一个地方,一旦 Journal 日志提交完成,MongoDB 会复制 private view 中的改变到 shared view,再通过 shared view 将数据刷入磁盘数据文件。磁盘上的 Journaling 日志文件是实现写操作持久化保存的地方,MongoDB 实例启动时会读取该文件。

MongoDB 进程启动后,首先将数据文件映射到 shared view 中,假如数据文件大小为 4 000 字节,MongoDB 会将此大小的数据文件映射到内存中,地址可能为 1000000～1004000。如果直接读取地址为 1000060 的内存,会得到数据文件中第 60 个字节的内容,该步骤只加载需要的数据,并不加载全部文件数据。

当写操作或修改操作发生时,MongoDB 进程首先修改内存中的数据,此时磁盘上的文件数据就与内存中的数据不一致了,如果 Mongod 启动时没有打开 Journaling 功能,系统将每 60 s 自动刷新 shared view 对应的内存变化数据到磁盘;如果打开了 Journaling 日志,Mongod 将额外产生 private view,MongoDB 将 shared view 同步到 private view 中,该步骤在启动时即进行。例如以写操作 db.colection.insert({key,value}) 为例,写操作发生时的关键步骤如下。

(1) 首先将数据写入 private view 中,private view 并不与磁盘文件相连接,数据不会刷新到磁盘上。

(2) 将 private view 中的数据批量复制到 Journal,该操作会周期性完成,启动 MongoDB

时可通过 storage. journal. commitIntervalMS 来控制,默认 100 ms。Journal 会将写操作记录存储到磁盘上的文件中,进行持久化保存,Journal 日志文件上的每一条都描述了写操作更改了数据文件上的哪些字节。此时由于数据被写入 Journal 中,即便 MongoDB 服务器崩溃了,写操作仍然是安全的,当数据库重启时,Mongod 会先读取 Journal 日志,将写操作引起的变化重新同步到数据文件中。

（3）利用 Journal 日志中的写操作记录引起的数据文件变化更新 shared view 中的数据。

（4）重新利用 shared view 来对 private view 进行映射,使其占用的内存空间恢复到初始值,此时 shared view 中的数据与磁盘变得不一致了,MongoDB 周期性地将 shared view 中的数据 flush 到磁盘,进行数据同步。

（5）执行完数据同步后,通知 Journal 日志已经刷入,一旦 Journal 日志文件只包含全部刷入的写操作,不再用于恢复,MongoDB 会将它删除或者作为一个新的日志文件再次使用。

5.4　MongoDB 管理与监控

5.4.1　文档数据导入与导出

MongoDB 中的 mongoexport 工具可以把一个 collection 导出为 JSON 格式或 CSV 格式的文件。一般使用语法如下。

```
> mongoexport -d dbname -c collectionname -o file --type json/csv -f field
```

其中,参数-d 对应数据库名;-c 对应 collection 名;-o 对应输出的文件名;--type 对应输出文件的格式,默认为 json;-f 对应输出的字段,如果--type 为 csv,则需要加上-f "字段名"。

示例如下。

```
> mongoexport -d mytest -c ct -o d:\MongoDB-bak\ct.json --type json -f  "_id,user_
id,user_name,age,status"
```

mongoimport 用来导入数据,语法如下。

```
> mongoimport -d dbname -c collectionname --file filename --headerline --type json/
csv -f field
```

其中,参数 headerline 表示如果导入的格式是 csv,则可以使用第一行的标题作为导入的字段,其他参数的含义类似 mongoexport。示例如下。

```
> mongoimport -d mytest -c ct --file d:\MongoDB-bak\ct.json --type json
```

5.4.2　文档数据备份与恢复

在 MongoDB 中使用 mongodump 命令来备份 MongoDB 数据。该命令可以导出所有数据到指定目录中。mongodump 命令语法如下:

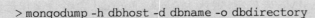

```
> mongodump -h dbhost -d dbname -o dbdirectory
```

其中,-h 参数值为 MongDB 所在服务器地址,例如:127.0.0.1,当然也可以指定端口号:127.0.0.1:27017。-d 参数值为需要备份的数据库实例,例如:test。-o 参数值为备份的数据存放位置,例如:c:\data\dump,该目录需要提前建立。在备份完成后,系统自动在 dump 目录下建立一个 test 目录,这个目录里面存放该数据库实例的备份数据。

例如,在本地使用 27017 启动 mongod 服务。打开命令提示符窗口,进入 MongoDB 安装目录的 bin 目录输入命令:

```
> mongodump
```

执行以上命令后,客户端会连接到 IP 为 127.0.0.1、端口号为 27017 的 MongoDB 服务上,并备份所有数据到 bin/dump/ 目录中。

mongodump 也可只备份数据库中某个集合的数据,语法格式如下:

```
> mongodump --collection COLLECTION --db DB_NAME
```

示例如下:

```
> mongodump --collection mycol --db test
```

MongoDB 使用 mongorestore 命令来恢复备份的数据。命令脚本语法如下。

```
> mongorestore -h < hostname ><:port > -d dbname < path >
```

其中,--host < hostname > <:port >或者-h < hostname > <:port >表示 MongoDB 所在服务器地址和端口,默认为 localhost:27017。--db 或者-d 表示需要恢复的数据库实例,例如 test,当然这个名称也可以和备份时的不一样,例如 test2。也可通过选项参数--drop 表示恢复的时候,先删除当前数据,然后恢复备份的数据。< path >设置备份数据所在位置,例如 c:\data\dump\test。另外可选的参数--dir 作用类似< path >参数,注意不能同时指定 < path > 和 --dir 选项。

5.4.3　多文档事务管理

MongoDB 单文档操作本身就有原子性,为了让 MongoDB 能适应更多的应用场景,让开发变得更简单,MongoDB 4.0 支持复制集内部跨一或多个集合的多文档事务(Multi-Document Transactions)功能,保证针对多个文档更新的原子性。MongoDB 4.2 版本进一步会支持分片集群的分布式事务。对于多文档事务,在事务提交之前,事务中的任何写操作在事务外都不可见,也就是说,多文档交易是原子的。MongoDB 的事务接口简单易用,开发者只需要将需要保证原子性的更新序列放到一个 Session 的开始事务与提交事务之间即可。

例如,使用 Mongo Shell 进行事务操作,示例如下。

```
> s = db.getMongo().startSession()
> s.startTransaction()
> db.p1.insert({x: 1, y: 1})
> db.p2.insert({x: 1, y: 1})
> s.commitTransaction()
```

类似于 RDB,当操作发生异常时可以使用 s. abortTransaction( )回滚事务。支持 MongoDB 4.0 的 Python、Java 等编程语言 Driver 也封装了事务相关接口,编程时需要先创建一个 Session,然后在 Session 上开启事务,执行多文档操作序列,最后提交事务或捕获异常时回滚事务。

5.4.4　数据库监控

系统管理员必须了解 MongoDB 的运行情况,并查看 MongoDB 的性能,这样才可以在大流量情况下很好地应对并保证 MongoDB 正常运作。MongoDB 提供了 mongostat 和 mongotop 两个命令来监控 MongoDB 的运行情况。这两个命令可以直接在 MongoDB 安装目录 bin 子文件夹下找到并运行。

mongostat 状态检测工具在命令行下使用,它会间隔固定时间获取 MongoDB 的当前运行状态,并输出。如果发现数据库突然变慢或者有其他问题的话,应首先考虑采用 mongostat 来查看 MongoDB 的状态。主要监控指标除了包含体现数据库负载方面的每秒查询、更新、删除等操作数量类指标外,还包含内存使用情况、网络流量、数据库连接数等情况的指标。

mongotop 内置工具可以用来跟踪一个 MongoDB 的数据库实例,查看哪些读写操作耗费了大量的时间。mongotop 监控结果会显示每个集合读写操作用时的统计数据。

MongoDB 4.0 还为用户提供了更加方便的监控数据库及其集群层面操作的修改订阅 watch()功能,该功能为每个修改事件都返回一个 clusterTime 值,可以用于追溯数据的变化情况。MongoDB 也提供了监控服务(MongoDB Monitoring Service,MMS),底层通过融合采集到的各个监控指标,为数据库管理员提供可视化的监控界面。监控 MongoDB 数据库状态也可以采用其他第三方监控软件,如 Ganglia、Nagios 等。

5.5　本　章　小　结

本章主要学习了 MongoDB 数据类型、数据操作等基础知识,及数据库架构、数据库管理与监控等关键技术。MongoDB 是一个开源的、面向文档的、分布式、高性能、可扩展、模式灵活的数据库。数据库文档字段数据类型丰富,MongoDB 提供了丰富的操作命令。在索引机制方面,类似于传统关系型数据库,除了可以基于经常查询访问的字段建立单一索引、联合索引外,还提供了文本索引及地理空间索引,可以高效、灵活地支持文本类数据、位置类数据的访问请求。MongoDB 复制集、分片机制能够很好地支持故障迁移,并保障大数据的高效访问。MongoDB 内部自带的分布式文件系统 GridFS 能够实现图片、音频、视频等二进制大文件的存储。MongoDB 为系统管理员提供了方便的数据管理与监控平台,包括数据的导入与导出、备份与恢复、运行状态的监控等。MongoDB 是文档类型数据库中的佼佼者,已广泛应用在很多领域。

5.6　思考与练习题

1. 在 Linux 环境下安装 MongoDB 数据库环境,并实践练习 MongoDB 提供的常用操作。

2. 请针对快递揽件业务领域,思考业务模型。建立一个名称为 DeliveryService 的文档数据库,主要存储客户基本信息、快递面单预约信息、快递服务人员信息。请设计出适当的文档模型,包含的属性信息能够涵盖客户与快递服务人员的姓名、证件信息、联系电话、地址,及快递面单中的物品名称、收件人电话、收件人姓名。文档数据能够体现出快递服务人员与快递面单的一对多关系。每个集合模拟创建 3 个文档,在满足基本要求创建集合后,每个文档再增加 3 个属性,集合与属性名称自拟,实践完成相应的命令序列。

3. MongoDB 如何分析查询操作使用了哪些索引?地理位置索引有什么特点?都支持什么类型的位置查询操作?请结合某个业务领域提出 3 个不同的与位置查询访问有关的问题,并完成集合的设计、文档示例数据的插入、索引的创建及解决不同问题的查询命令。

4. 请简述 MongoDB 的分片机制。

5. 请简述 MongoDB 的复制集机制。

6. MongoDB 如何将图片文件存储到 GridFS 中?如何查询已上传的 GridFS 文件?

7. MongoDB 的 Journaling 日志管理功能有什么作用?

8. MongoDB 数据库批量导入、导出数据有哪些方法?请举例说明。

9. MongoDB 如何备份、恢复数据库数据?

10. MongoDB 如何支持多文档事务管理?请写出相应的代码示例。

11. MongoDB 数据库常用的监控方法有哪些?

本章参考文献

[1]　https://www.mongodb.com/cn.

[2]　https://docs.mongodb.com/.

[3]　https://www.cnblogs.com/clsn/p/8214345.html.

[4]　谢乾坤.左手 MongoDB,右手 Redis——从入门到商业实战[M].北京:电子工业出版社,2019.

第6章

键值类数据库技术

键值类 NoSQL 数据库使用简单的键值方法来存储数据。键值数据库中键值可以是从简单对象到复杂复合对象的任何内容。键值数据库采用驻留内存的数据存储方式保障数据的高性能访问。Redis、DynamoDB、Memcached 是键值数据库中的典型代表。键值数据库高度可分区,相比其他类型的数据库容易实现更大规模的水平扩展。键值类数据库广泛应用在需要高并发简单键值类数据读写的应用中,如用户属性值的高并发读写、数据缓存、任务队列等场景。

本章内容思维导图如图 6-1 所示。

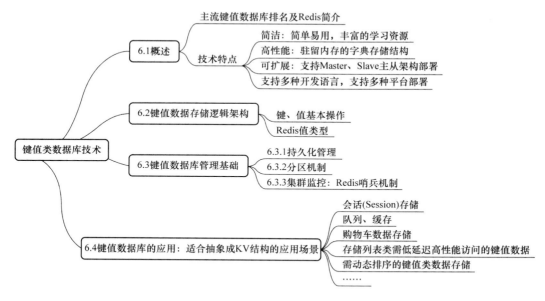

图 6-1　键值类数据库技术章节内容思维导图

6.1　概　　述

国际知名的数据库排名网站 DB-Engines Ranking 发布的 2019 年 11 月键值类数据库

（Key-Value stores）排名结果（https：//db-engines．com/en/ranking/key-value＋store）如图 6-2 所示。

Rank			DBMS	Database Model	Score		
Nov 2019	Oct 2019	Nov 2018			Nov 2019	Oct 2019	Nov 2018
1.	1.	1.	Redis ⊞	Key-value, Multi-model ⓘ	145.24	+2.32	+1.06
2.	2.	2.	Amazon DynamoDB ⊞	Multi-model ⓘ	61.37	+1.19	+7.56
3.	3.	↑4.	Microsoft Azure Cosmos DB ⊞	Multi-model ⓘ	31.98	+0.65	+9.94
4.	4.	↓3.	Memcached	Key-value	25.12	-0.78	-4.63
5.	5.	5.	Hazelcast ⊞	Key-value, Multi-model ⓘ	7.82	+0.11	-1.45
6.			etcd	Key-value	7.15		
7.	7.	↑9.	Aerospike ⊞	Key-value	6.19	+0.42	+0.42
8.	↓6.	↓6.	Ehcache	Key-value	6.15	+0.12	-0.56
9.	↓8.	↓7.	Riak KV	Key-value	5.67	+0.11	-0.92
10.	↓9.	↓8.	OrientDB	Multi-model ⓘ	5.38	+0.25	-0.41

☐ include secondary database models　　66 systems in ranking, November 2019

图 6-2　DB-Engines Ranking 发布的 2019 年 11 月键值类数据库排名

键值对（Key/Value）数据库系统可理解为一个针对关联数组、字典或 Hash 表提供高吞吐数据存储、读取和管理服务的数据库系统。关联数组包含很多记录，每个记录可以有不同的属性，体现出 NoSQL 数据库模式灵活的特点。键值数据库系统通过唯一标识记录的键（Key）来迅速存储和读取单行记录中的数据，实现对键值数据的高并发读写服务。

Redis 全称为 Remote Dictionary Server，即远程字典服务。它是一个由 Salvatore Sanfilippo 开发的 Key-Value 存储系统，是一个开源的、使用 ANSI C 语言编写、遵守 BSD 协议、可基于内存亦可持久化的日志型键值类数据库。从 2010 年 3 月 15 日起，Redis 的开发工作由 VMware 主持。从 2013 年 5 月开始，Redis 的开发由 Pivotal 赞助。当前最新发布的版本为 5.0.4。官方网址为 https：//redis.io/。Redis 的出现很大程度上弥补了 Memcached 这类键值存储的不足，在部分场合可以对关系数据库起到很好的补充作用。

Amazon DynamoDB 是一种完全托管的 NoSQL 数据库，支持文档和键值两种存储模式。它可以实现不到 10 ms 的一致延迟，并提供内置的安全性、备份和还原以及内存中的缓存。在 DynamoDB 中，项目（Item）包括一个主键或复合键，以及数量不限的属性。与单个项目相关联的属性数量没有明确限制，但项目总的大小，包括所有属性名称和属性值不得超过 400 KB。表是数据项目的集合，就好比关系数据库中的表是行的集合。每个表具有无限数量的数据项目。

目前 Redis 数据库是应用最为广泛的键值类数据库，本章将主要以 Redis 数据库为例介绍键值类数据库相关技术。一般键值类数据库及 Redis 键值数据库的综合技术特点如下。

（1）高性能，一个独特的 Key 指向一个独特的 Value，之间通过哈希算法关联起来，以达到快速查询的目的，给出一个 Key，可以在时间复杂度为 1 的情况下，找到 Value 在哪，并将其读取出来。相比关系型数据库，键值类数据库能够以较低的成本提供 PB 级键值型数据的高吞吐量服务。

（2）操作简单，提供丰富的 API 支持针对不同类型键值对的增、删、改、查管理操作。

（3）支持多种数据类型的键值存储，如 Redis 数据库支持字符串、双向列表、Hash、集合、有序集合等类型的存储结构，支持获取某个范围内的数值、求差集、求并集、求交集等操作。数据库中的值可以是二进制字节数组、文本、JSON、XML 等内容。

（4）支持持久化操作，如 Redis 可以将内存中的键值数据持久化到磁盘，从而进行数据备份或数据恢复等操作，防止出现断电或系统崩溃后数据丢失的问题。

（5）支持事务管理，Redis 的所有操作都是原子性的，意思就是要么成功执行，要么失败完全不执行。单个操作是原子性的，也提供包含多个操作的批量执行命令。

（6）可扩展性，很多键值数据库都采用分片技术，按照键进行多种方式分片存储。

（7）高可靠性，通过主从机制，可以实时进行数据的同步复制，支持多级复制和增量复制，主从机制是 Redis 进行高可用性保障的重要手段。

（8）支持 Pub/Sub 消息订阅机制，可以用来进行消息订阅与通知。

（9）支持 Key 过期等管理特性。

（10）提供多种语言的 API，如 Java、C/C＋＋、C♯、PHP、JavaScript、Perl、Object-C、Python、Ruby、Erlang 等。

6.2　键值数据存储逻辑架构

键值数据库中数据以键值对的形式存储，采用驻留内存的方式提供键值数据的高性能访问。键是值数据的唯一标识。不同类型的键值数据库提供的键值操作主要有以下三类。

（1）Set(key,value)：将值存储到 key 对应的内存空间中，然后就可以通过键访问到该值。如果键已有数据，旧的数据将被替换。

（2）get(key)：读取 key 对应的数据。

（3）del(key)：删除 key 对应的键值数据。

键值数据库一般针对库中键的操作、值的操作还提供了更加丰富的操作命令及接口。例如 Redis 数据库细化了键值存储结构，主要提供了以下六种数据结构类型。Redis 为不同类型的键值操作提供了不同的操作命令。这里先通过基本的键值设置及读取操作使读者对 Redis 基础键值数据结构有个初步认识，它们是 Redis 键值数据存储管理的基础，7.2 节将对各种数据结构操作进行更加详细的介绍。后述 Redis 提示符简写为' redis＞'。

1. String(字符串)

String 是 Redis 最基本的数据存储结构类型，与 Memcached 键值数据库提供的字符串类型相同。一个键对应一个值。String 类型是二进制安全的，也就是说 String 可以是任何数据，如 jpg 格式图片、音频、视频等其他类型序列化的对象，并不局限于通常意义上的字符序列数据，确切地说是二进制数组数据对象。String 类型的值最大能存储 512 MB。

从应用场景角度来看，String 是最常用的一种数据类型，普通的 Key/Value 存储都可以归为此类，即可以完全实现目前 Memcached 的功能，并且效率更高。除此之外，还可以应用 Redis 的定时持久化、操作日志及复制等功能。除了提供与 Memcached 一样的设置键(set)、查询键(get)、键自增(incr)、键自减(decr)等操作外，Redis 还提供了往字符串追加内容、设置和获取字符串的某一段内容、设置和获取字符串的某一位(bit)、批量设置一系列字符串的内容等更加丰富的操作。String 数据结构常用于常规的 Key-Value 缓存应用及常规计数的应用场景，如存储微博数、粉丝数、销量等。一个用于存储当前用户访问量及当前用户数量最多的城市的 KV 数据结构如图 6-3 所示。命令详细列表及示例参见 7.2.2 节。

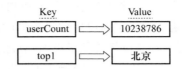

图 6-3　Redis 最基本的 String 类型键值数据示例

使用 Redis SET、GET 命令的字符串类型键值操作示例如下。

```
redis > SET name "BUPT"
OK
redis > GET name
"BUPT"
```

2. List(列表)

Redis 列表是简单的双向字符串列表,按照插入顺序排序。可以添加一个元素到列表的头部(左边)或者尾部(右边),同样可以从列表左边或者右边取出列表元素。列表最多可存储 $2^{32}-1$ 个元素。List 可应用于存储并获取最新的评论列表、最后登录的 N 个用户,获取最近 N 天的活跃用户数等。一个用于存储最近访问用户标识的列表 KV 数据结构如图 6-4 所示。

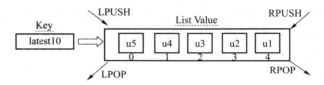

图 6-4　Redis 中的 List 类型键值数据示例

使用 Redis 的 lpush、lrange 命令操作列表类型键值示例如下,lpush 执行从左边插入三个值,lrange 执行按照一定下标范围获取列表中的值,下标从 0 开始,但执行结果从 1 开始列表显示。命令详细列表及示例参见 7.2.3 节。

```
redis > lpush latest10 u1
(integer) 1
redis > lpush latest10 u2
(integer) 2
redis > lpush latest10 u3
(integer) 3
redis > lrange latest10 0 3
1) "u3"
2) "u2"
3) "u1"
```

3. Set(集合)

Redis 的 Set 是 String 类型的无序集合。集合是通过哈希表实现的,所以添加、删除、查找的复杂度都是 $O(1)$。集合最多可存储 $2^{32}-1$ 个元素。两个用于存储不同用户粉丝的集合结构键值数据及其交集、并集、差集结果如图 6-5 所示。

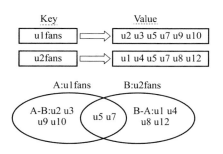

图 6-5　Redis 中的 Set 类型键值数据示例

通过 sadd 命令添加一个 String 元素到 tset 对应的 KV 集合的操作命令示例如下。如果成功，则返回 1；如果元素已经在集合中，则返回 0。smembers 命令可查看集合中的所有元素。

```
redis > sadd tset 23
(integer) 1
redis > sadd tset 56
(integer) 1
redis > sadd tset 88
(integer) 1
redis > sadd tset 88
(integer) 0
redis > smembers tset
1) "23"
2) "56"
3) "88"
```

以上示例中 88 添加了两次，集合内元素具有唯一性，第二次插入的内容被忽略，返回 0。命令详细列表及示例参见 7.2.4 节。

4. Hash（哈希）

Redis 中 Hash 数据结构类型的值是一个键值对集合。Hash 是一个 String 类型的 field 和 value 的映射表，Hash 特别适合用于存储对象。每个 Hash 可以存储 $2^{32}-1$ 个键值对，可达 40 多亿个键值对。使用哈希数据结构存储用户信息如图 6-6 所示。

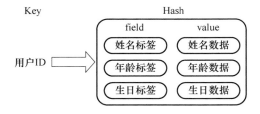

图 6-6　Redis 中的 Hash 类型键值数据示例

用户 ID 作为 Key，Value 是一个 Map。这个 Map 的 Key 是成员的属性名，Value 是属性值，这样对数据的修改和存取都可以直接通过其内部 Map 的 Key，Redis 也称其内部 Map 的 Key 为 field，也就是通过 Key（用户 ID）结合 field（属性标签）操作对应的属性数据。

使用 Redis 的 HMSET、HGET 命令操作哈希类型键值示例如下。更详细的命令列表及示例参见 7.2.5 节。

```
redis > HMSET myhash field1 "Hello" field2 "World"
"OK"
redis > HGET myhash field1
"Hello"
redis > HGET myhash field2
"World"
```

5. ZSet（有序集合）

Redis ZSet 和 Set 一样也是 String 类型元素的集合，且不允许有重复的成员。不同的是每个元素都会关联一个 Double 类型的数值（score），Redis 可以依据该数值对集合中的成员进行排序。ZSet 的成员虽然要求唯一，但对应的排序数值可以重复。有序集合结构键值可应用于销量排名、积分排名等场景。一个存储产品推荐排行榜的有序集合键值数据如图 6-7 所示。

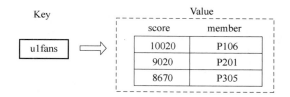

图 6-7　Redis 中的 ZSet 类型键值数据示例

使用 Redis 的 zadd、zrangebyscore 命令操作有序集合类型键值示例如下，zadd 命令语法形式如下，其中 score 为元素的排序数值，元素在集合中如果已存在，则更新对应的 score，zrangebyscore 可以按照 score 的取值查询有序集合中的元素。有序集合更详细的命令列表及示例参见 7.2.6 节。

```
zadd 语法:zadd key score member
redis > zadd tzset 0 red
(integer) 1
redis > zadd tzset 0 blue
(integer) 1
redis > zadd tzset 0 yellow
(integer) 1
redis > zadd tzset 2 white
(integer) 1
redis > zrangebyscore tzset 0 0
1) "blue"
2) "red"
3) "yellow"
```

```
redis > zrangebyscore tzset 0 2
1) "blue"
2) "red"
3) "yellow"
4) "white"
```

6. Stream(流)

Redis Stream 是 5.0 版本引入的一种新数据结构类型,允许消费者等待生产者发送的新数据,还引入了消费者组概念,组之间数据是相同的,组内的消费者不会处理相同数据,分别负责部分数据的处理。这种概念和 Kafka 很相似。在某些特定场景可以使用 Redis 的 Stream 代替 Kafka 等消息队列,减少系统的复杂性,增强系统的稳定性。因 Stream 主要用在 Redis 消息处理场景,这里不再赘述。

6.3　键值数据库管理基础

6.3.1　持久化管理

已有键值数据库的读写方式可分为面向内存的读写方式和面向磁盘的读写方式两种。面向内存的读写最突出的问题就是可靠性问题,内存数据一旦发生故障,数据易丢失、难恢复。面向内存的读写方式一般适用于不要求存储海量的数据但需要对特定数据进行高速并发访问的场景。面向大数据的键值存储往往采用两者相结合的方式,当数据占用内存空间达到一定大小限制或者数据存放超过指定期限时,将会采用一定的机制将数据写入磁盘。将数据从内存中同步到磁盘中,这一过程就是持久化。这样当数据被访问时,先从内存中查找,如果未命中则访问磁盘上的实例化文件。当系统宕机时,内存中的数据也可以被恢复。

Redis 数据库在将数据保存在内存中保障数据高性能访问的同时,也支持数据持久化机制。Redis 使用两种文件格式分别存储全量数据和增量请求数据。全量数据格式文件是把内存中的数据写入磁盘,便于下次读取文件进行加载;增量请求数据则是把内存中的数据序列化为操作请求,用于读取文件进行重新执行请求后得到数据。

Redis 支持两种方式的持久化,一种是 RDB(Redis DataBase),另一种是 AOF(Append-Only File)。可以单独使用一种,也可以结合使用。

(1) RDB:该机制是指在指定时间间隔内将内存中的数据集快照写入磁盘。既可以手动执行,也可以根据服务器配置选项定期执行。生成的 RDB 文件是一个经过压缩的二进制文件,通过该文件可以还原生成 RDB 文件时的数据库状态。其本质上是一种快照备份机制,将数据写入二进制文件中,如默认的 dump.rdb 文件中。

(2) AOF:该机制将以日志的形式记录服务器所处理的每一个写操作,在 Redis 服务器启动之初会读取该文件来重新构建数据库。使用 AOF 持久化时,服务会将每个收到的写命令通过写函数追加到文件中,默认是 appendonly.aof。

Redis 数据存储涉及内存存储、磁盘存储和日志文件三部分,配置文件中主要有三个参数对其持久化机制及自动持久化的触发条件进行配置。

（1）save seconds updates：save 配置指出在多长时间内,有多少次更新操作,就将数据同步到数据文件。可以多个条件配合,默认配置文件中设置了以下三个条件。

- save 900 1：服务器在 900 s 之内,对数据库进行了至少 1 次修改。
- save 300 10：服务器在 300 s 之内,对数据库进行了至少 10 次修改。
- save 60 10000：服务器在 60 s 之内,对数据库进行了至少 10 000 次修改。

（2）appendonly yes/no：appendonly 配置指出是否在每次更新操作后进行日志记录,即是否开启 AOF 持久化存储方式。如果不开启,可能会导致在断电时一段时间内的数据丢失。Redis 默认值为 no,Redis 本身同步数据文件按 save 配置条件同步,有的数据会在一段时间内只存在内存中。

（3）appendfsync no/always/everysec：AOF 持久化存储方式的三种参数配置说明如下。

- always：表示每次收到更新操作写命令后就立即写入磁盘,效率最差,效果最好,从安全性来说,故障只会丢失一条命令数据。
- everysec：表示每秒同步写入磁盘一次,效率与效果居中,从安全性来说,故障只会丢失一秒的命令数据。
- no：从安全性来说,故障时会丢失上次同步 AOF 文件之后的所有写命令数据。

6.3.2 分区机制

键值数据库的分区是指如何合理分割大数据集到多个数据库实例的处理过程,每个数据库实例只保存全局键值数据库中 Key 的一个子集。分区具有明显的优势,通过利用多台服务器的内存存储键值,可以横向扩展构建更大的数据库;通过多核和多台服务器,扩展了计算和存储能力,更好地支持负载均衡;通过多台服务器和网络适配器,扩展了网络带宽,更好地保障数据处理的吞吐量。但同时分区机制也会带来某些方面问题处理的复杂性,如跨多个分区的多个键之间的操作管理问题,以及当数据库服务器节点增加或者删除时,如何动态地调整键分区,实现动态的数据平衡能力。不同类型的键值数据库对既定的 Key 有多种方式来选择这个 Key 存放在哪个数据库实例中。

键值类数据库的分区机制一般分为以下两种类型。

（1）范围分区：最简单的分区方式就是按范围分区,一般要求 Key 是 object_name:<id> 的形式,这样方便映射一定范围 id 的对象到特定的 Redis 数据库实例。这种方式的不足就是需要有一个键区间范围到数据库实例的映射表。这个表需要维护管理。

（2）哈希分区：这种方法对任何 Key 都适用,可以使用一个 Hash 函数将 Key 转换为一个数字,比如使用 crc32 hash 函数,对键 foobar 执行 crc32(foobar)会输出一个类似 93 024 922 的整数。如果有 4 个数据库实例,则对这个整数按 4 取模,将其映射为 0 到 3 之间的数字,就可以将这个整数映射到 4 个 Redis 实例中的一个。

还有很多分区方法,如采用一致性哈希算法进行散列分区,有一些客户端和代理(Proxy)已经实现。DynamoDB 数据库支持在建表时指定将具有多种值的属性作为分区键(Partition Key)。

在键值数据库系统中执行分区任务的角色主要分为以下三类。

（1）客户端分区：即客户端按照分区算法计算得到数据会被存储到哪个数据库节点或者

从哪个数据库节点读取数据。

（2）代理分区：意味着客户端将请求发送给代理，然后代理决定去哪个节点写数据或者读数据。代理根据分区规则决定请求哪些数据库实例，然后将数据库节点的响应结果返回给客户端。Redis 和 Memcached 的一种代理实现就是 Twemproxy。

（3）查询路由：指客户端随机地请求任意一个数据库实例，然后由数据库将请求转发给正确的数据库节点。

Redis Cluster 实现的是一种查询路由与客户端分区混合的查询路由，但并不是直接将请求从一个 Redis 节点转发到另一个 Redis 节点，而是在客户端的帮助下直接 redirected 到正确的 Redis 节点。

6.3.3　集群监控

键值类大数据存储与管理集群架构下服务器状态监控是数据库系统的关键任务，本节主要介绍 Redis 数据库主从架构中的哨兵（Sentinel）监控管理机制。哨兵的含义很形象，就是监控 Redis 系统的运行状态。Redis 哨兵是一个分布式系统，可以在一个架构中运行多个哨兵进程，如图 6-8 所示。这些进程使用流言（Gossip）协议来接收关于 Master 是否下线的信息，并使用投票协议（Agreement Protocols）来决定是否执行自动故障迁移，以及选择哪个 Slave 作为新的 Master。

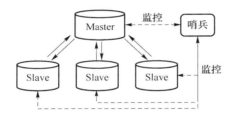

图 6-8　Redis 的哨兵机制

Redis 的哨兵系统用于管理多个 Redis 服务器，主要负责执行以下三个任务。

（1）监控：哨兵会不断地检查 Master 和 Slave 是否运行正常。

（2）提醒：当被监控的某个 Redis 数据库实例出现问题时，哨兵可以通过 API 向管理员或者其他应用程序发送通知。

（3）自动故障迁移：当一个 Master 不能正常工作时，哨兵会开始一次自动故障迁移操作，会将失效 Master 的其中一个 Slave 升级为新的 Master，并让失效 Master 的其他 Slave 改为新 Master 的从节点；当客户端试图连接失效的 Master 时，集群也会向客户端返回新 Master 的地址，使得集群可以使用新 Master 代替失效的 Master。

哨兵实际上只是一个运行在特殊模式下的 Redis 服务器，可以在启动一个普通 Redis 服务器时通过给定参数 --sentinel 选项来启动哨兵。

哨兵监控机制中主要涉及以下几个基本概念。

（1）定时任务：每个哨兵节点维护 3 个定时任务，即通过向主、从节点发送 INFO 命令获取最新的主从结构；通过发布订阅功能获取其他哨兵节点的信息；通过向其他节点发送 PING 命令进行心跳检测，判断是否下线。

（2）主观下线：在心跳检测的定时任务中，如果其他节点超过一定时间没有回复，哨兵节点就会将其进行主观下线。顾名思义,主观下线的意思是一个哨兵节点"主观地"判断下线;与主观下线相对应的是客观下线。

(3)客观下线:哨兵节点在对主节点进行主观下线后,会通过特定命令询问其他哨兵节点该主节点的状态。如果判断主节点下线的哨兵数量达到一定数值,则对该主节点进行客观下线。需要注意的是,客观下线是主节点才有的概念,如果从节点和哨兵节点发生故障,被哨兵主观下线后,不会再有后续的客观下线和故障转移操作。

(4)选举领导者哨兵节点:当主节点被判断客观下线以后,各个哨兵节点会进行协商,选举出一个领导者哨兵节点,并由该领导者节点对其进行故障转移操作。

哨兵的工作方式描述如下。

(1)每个哨兵以每秒一次的频率向它所知的 Master、Slave 以及其他哨兵实例发送一个 PING 命令。

(2)如果一个实例距离最后一次有效回复 PING 命令的时间超过参数配置所指定的值,则这个实例会被标记为主观下线。

(3)如果一个 Master 被标记为主观下线,则正在监视这个 Master 的所有哨兵要以每秒一次的频率确认 Master 的确进入了主观下线状态。

(4)如果有足够数量的哨兵在指定的时间范围内确认 Master 的确进入了主观下线状态,则 Master 会被标记为客观下线。

(5)在一般情况下,每个哨兵会以每 10 秒一次的频率向它已知的所有 Master、Slave 发送 INFO 命令。

(6)当 Master 被哨兵标记为客观下线时,哨兵向下线的 Master 的所有 Slave 发送 INFO 命令的频率会从 10 秒一次改为每秒一次。

(7)若没有足够数量的哨兵同意 Master 已经下线,Master 的客观下线状态就会被移除。

(8)若 Master 重新向哨兵的 PING 命令返回有效回复,Master 的主观下线状态就会被移除。

总之,每个哨兵会向其他哨兵、Master、Slave 定时发送消息,以确认对方是否"活"着,如果发现对方在参数可配置的指定时间内未回应,则暂时主观认为对方已宕机。若"哨兵群"中的多数哨兵都报告某一 Master 没响应,系统才客观认为该 Master 彻底失效,进行故障转移。通过一定的选举算法,从剩下的 Slave 节点中选其一为 Master,然后通知修改相关配置。

故障转移时主要是解决两个问题,一是选 Leader Sentinel,二是选新的 Master。监视该主节点的所有哨兵都有可能被选为领导者,选举使用的算法是 Raft 算法。Raft 算法的基本思路是先到先得,即在一轮选举中哨兵 A 向 B 发送成为领导者的申请,如果 B 没有同意过其他哨兵,则会同意 A 成为领导者。

6.4 键值数据库的应用

各个应用领域凡是能够抽象为键值结构,并希望高性能访问的都可以采用键值类数据库进行存储。在实际应用场景中,键值数据库往往会结合其他类型的数据库,充分发挥各家所长,共同满足业务需求。

据 Amazon DynamoDB 官网简介,它可以在任何规模的环境中提供个位数的毫秒级性能,并且具有适用于 Internet 规模应用程序的内置安全性、备份、恢复和缓存机制。DynamoDB 每天可处理超过 10 万亿个请求,并可支持每秒超过 2 000 万个请求的峰值。许多业务遍布全球的企业,如 Lyft、Airbnb、Redfin、Samsung、Toyota 和 Capital One 等企业,都采用 DynamoDB 支持其关键业务工作负载。数十万 AWS 客户选择 DynamoDB 作为键值和文档数据库,用于其移动、Web、游戏、广告技术、物联网以及其他需要任何规模的低延迟数据访问的应用程序。Redis 数据库也广泛应用在各个领域的 Web 应用系统中。键值数据库非常适合保存会话(会话 ID 为主键)、购物车数据、用户配置等信息,充当缓存,及实现分布式锁等应用场景,分别描述如下。

(1) 会话存储:会话是指一个终端用户与交互系统进行通信的过程,比如从输入账户密码进入系统到退出系统就是一个会话过程。用户登录 Web 应用时将启动会话,并保持活动状态直到用户注销或会话超时。在此期间,应用程序将所有与会话相关的数据存储在内存或数据库中。会话数据可能包括用户信息、个性化数据和主题、有针对性的促销和折扣等。每个用户会话具有唯一的标识符,高性能的键值存储非常适合于会话数据管理。

(2) 购物车:在高峰购物季,电子商务网站可能会在几秒内收到数十亿的订单。键值数据库可以处理大量数据扩展和快速的状态变化,同时通过分布式处理和存储为数百万并发用户提供服务。

(3) 需驻留内存的计数类键值数据存储,如网站访问统计、赞数、踩数及各类标签信息。

(4) 需动态排序的键值类数据存储,如应用排行榜、某特定活动销量排行榜、评价或推荐排行榜等。

(5) 存储列表类需低延迟高性能访问的键值数据,如商品列表、评论列表、聊天室的在线好友列表等。

(6) 存储队列结构类键值数据,如秒杀、抢购、12306 购票订单等请求类场景的任务队列。

(7) 需自动进行数据过期处理的键值数据存储场景,键值数据库可以精确到毫秒,使用参数可指定键的过期时间,这对会话或购物车对象也特别有用。

(8) 消息队列存储应用场景,Redis 提供的发布/订阅消息机制,以及基于 Stream 的流式消息数据处理机制可以满足不同应用场景的消息队列需求。

(9) 缓存应用场景,如缓存数据查询结果、最近一段时间的新闻内容、商品内容等,也是 Redis 数据库应用很多的场景。

(10) 分布式锁应用场景,某些涉及资源竞争的场景,如不同客户端对网购平台产品库存数量的变更请求等,基于 Redis 数据库的 Redisson 框架可满足业务高性能分布式锁需求。

6.5 本章小结

键值数据库是一种非关系数据库,它使用简单的键值方法来存储数据。键值数据库将数据存储为键值对集合,键为唯一标识符。键和值都可以是从简单对象到复杂复合对象的任何内容。键值数据库是高度可分区的,并且允许以其他类型数据库无法实现的规模进行水平扩展。本章在介绍了键值数据库系统的概念与特点的基础上,分别介绍了键值数据存储逻辑架构,并以 Redis 为例介绍了六种基本数据存储结构及其存储数据的特点;键值数据库系统管理相关的持久化机制、分区机制与 Redis 集群哨兵监控管理的基本原理;键值数据库用于存放会话数据、用户配置信息、购物车数据等典型的应用场景。Redis 键值数据库由于读写性能高、数据结构丰富、支持主从复制、支持持久化等其他特性，成为当前最流行的键值型数据库。

6.6　思考与练习题

1. 键值数据库有什么特点？

2. Redis 键值数据库支持的六种基本数据存储结构是什么？

3. Redis 数据库中 Hash 类型数据存储结构有什么特点？适合用在什么场景？请举例说明。

4. Redis 数据库中 ZSet 类型数据存储结构有什么特点？与 Set 有什么区别？适合用在什么场景？请举例说明。

5. Redis 数据库中 Stream 类型数据存储结构有什么特点？适合用在什么场景？

6. 请简述 Redis 持久化机制。RDB 与 AOF 有什么不同？

7. 键值数据库分区有什么好处？一般基于键如何进行分区？

8. Redis 哨兵管理机制在数据库管理系统中有什么作用？请简述其工作机制。

9. 请调研 DynamoDB 键值数据库，并与 Redis 相比较，概述其异同。

10. 请调研键值数据库的应用场景，概述三方面的应用。

本章参考文献

[1]　https://db-engines.com/en/ranking/key-value+store.

[2]　https://redis.io/.

[3]　http://doc.redisfans.com/.

[4]　https://www.runoob.com/redis.

[5]　https://blog.csdn.net/u014203449/article/details/81043196.

[6]　https://aws.amazon.com/cn/nosql/key-value/.

[7]　http://memcached.org/.

[8]　陈雷,等. Redis5 设计与源码分析[M]. 北京:机械工业出版社,2019.

[9]　刘瑜,刘胜松. NoSQL 数据库入门与实践（基于 MongoDB、Redis）[M].北京:中国水利水电出版社,2018.

第7章

Redis 键值数据库

Redis 是支持多种数据结构键值存储的 NoSQL 数据库系统。不同结构键值都支持 Push/Pop、Add/Remove 及取交集、并集和差集等丰富的操作,这些操作都是原子性的。Redis 为了保证数据访问效率,数据缓存在内存中,同时也支持持久化。Redis 以其高性能、丰富的文档、简洁易懂的源码与完善的客户端开发库支持倍受开发者的好评,目前广泛应用于不同领域键值类数据存储与管理系统中。

本章内容思维导图如图 7-1 所示。

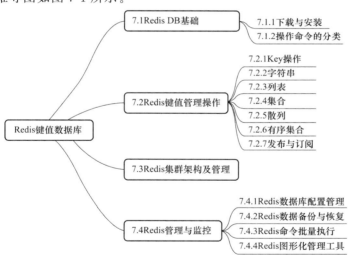

图 7-1　Redis 数据库章节内容思维导图

7.1　Redis DB 基础

7.1.1　下载与安装

Redis 数据库官网没有提供 Windows 平台安装版本。有时为了测试,

Redis 安装程序

或作为初学者可以安装第三方构建的 Windows 版本,最新版本为 3.2,下载链接为 https://github.com/microsoftarchive/redis/releases/tag/win-3.2.100。

建议下载安装文件 Redis-x64-3.2.100.msi,然后运行,会直接将 Redis 写入 Windows 服务,并配置 path 环境变量。安装完后即可在系统服务列表中看到启动的 Redis 服务。如果下载 zip 格式安装文件,则需要自行解压并完成相关配置。

在 Redis 安装目录下 redis-server.exe 用于执行数据库服务的管理操作。常用的 Redis 服务命令如下。启动、停止服务也可直接在系统服务列表中操作。

(1)卸载服务

```
redis-server --service-uninstall
```

(2)开启服务

```
redis-server --service-start
```

(3)停止服务

```
redis-server --service-stop
```

(4)重命名服务

```
redis-server --service-name name
```

在命令行下可输入 redis-cli 命令,启动客户端链接,如果看到如下提示,说明安装成功。数据库默认服务端口号为 6379。

```
C:\Users\Administrator > redis-cli.exe
127.0.0.1:6379 >
```

redis-cli.exe 也可带如下格式参数:

```
redis-cli.exe -h 127.0.0.1 -p 6379 -a requirepass
```

其中,-h 对应服务器地址,-p 对应数据库端口号,-a 对应连接数据库的密码,默认无密码,可以在 redis.windows.conf 中配置。

Redis 数据库 Linux 安装版本可在官网(https://redis.io/)下载,最新稳定版本是 5.0.5,下载文件为 redis-5.0.5.tar.gz。如在 Ubuntu18.04 系统中安装 Redis,可以使用以下命令。

```
$ sudo apt-get update
$ sudo apt-get install redis-server
```

完成后 Redis 会自动启动。也可通过以下命令查看数据库服务状态。

```
$ redis-server
```

同样可采用以下命令测试数据库链接。

```
$ redis-cli
127.0.0.1:6379 >
```

其中,127.0.0.1 是本机 IP,6379 是 Redis 默认服务端口。输入 PING 命令,可看到返回结果 PONG。

```
127.0.0.1:6379 > PING
PONG
```

可以执行以下设置键值、读取键值命令,初步尝试下键值管理操作。

```
127.0.0.1:6379 > SET TKEY HELLO
OK
127.0.0.1:6379 > GET TKEY
"HELLO"
```

Redis 默认提供 0～15 共 16 个数据库实例,使用以下命令可切换到其他数据库实例。Redis 默认操作 0 号数据库。

```
127.0.0.1:6379 > SELECT 2
OK
127.0.0.1:6379[2]>
```

后续章节示例中将 127.0.0.1:6379>提示简化为 redis>。作为初学者,也可使用在线测试环境 http://try.redis.io/,该环境下不需要安装数据库服务,即可在线测试命令的执行效果。

7.1.2　操作命令的分类

Redis 数据库中针对不同存储结构的键值数据提供了丰富的数据操作命令,针对数据库的管理同样也提供了简洁的命令。命令集合总体上可分为 15 类,如表 7-1 所示。

表 7-1　Redis 数据库操作命令的分类

序号	命令类型	描述
1	Keys	用于管理 Redis 的键,如创建、查询、删除等
2	Strings	用于管理字符串结构键值操作
3	Lists	用于管理双向列表类型键值操作
4	Sets	用于管理集合结构键值操作
5	Hashes	用于管理散列结构键值操作
6	Sorted Sets	用于管理有序集合结构键值操作
7	Pub/Sub	用于发布/订阅键值管理相关操作
8	Streams	用于流结构键值管理相关操作
9	Geo	用于地理空间相关键值操作
10	Cluster	用于集群管理相关操作
11	HyperLogLog	用于键值数据基数统计的操作命令集
12	Connection	用于数据库链接管理相关操作
13	Transactions	用于事务管理相关操作
14	Server	用于服务器管理操作,如查看当前状态信息等
15	Scripting	使用 Lua 解释器来执行脚本,执行脚本的常用命令

表中 1～7 类命令的具体使用说明详见 7.2 节,六种其他类型命令简介如下,详细用法可查看官方在线文档。

（1）Geo：Redis 为 Geo 类键值数据提供了丰富的操作，支持基于地理空间索引半径查询，例如 geoadd 命令用于添加地理坐标；geopos 命令用于查询某个地理坐标；geodist 命令用于查询两地之间的距离，可以指定单位；georadius 命令用于返回距离某地一定半径范围内的地理坐标哈希（geohash）值，可以按距离排序。其在基于地理空间的快递、外卖服务等应用系统中有很好的应用。

（2）HyperLogLog：是用来做基数统计的算法命令。基数是指集合中不重复元素的个数。Redis 中每个 HyperLogLog 键只需要使用 12 KB 内存，就可以计算接近 2^{64} 个不同元素的基数。在输入元素的数量或者体积非常大时，计算基数所需的空间仍然固定并且很小。但是，HyperLogLog 只会根据输入元素计算基数，而不存储输入元素本身，所以 HyperLogLog 不能像集合那样，返回输入的各个元素。

（3）Connection：命令主要用于管理客户端链接，例如如何通过密码验证连接到 Redis 服务，并检测服务是否在运行，PING 命令可以查看服务是否运行，QUIT 命令可以关闭当前连接。SELECT 命令可以切换到指定的数据库。

（4）Transactions：Redis 的所有单个操作都是原子性的，要么成功执行，要么失败完全不执行。多个原子操作可通过 MULTI 和 EXEC 指令包起来作为一个整体执行，但 Redis 没有在事务上增加任何维持原子性的机制，所以 Redis 事务可以理解为一个打包的批量执行脚本。中间某条指令的失败不会导致前面已成功执行指令的回滚，也不会造成后续的指令不执行。

（5）Server：该类命令主要用于管理数据库服务，如 CLIENT KILL 命令可用于关闭客户端连接，DBSIZE 命令可用于获取当前数据库的 Key 的数量，INFO 命令可用于获取 Redis 服务器的各种信息和统计数值。

（6）Scripting：该类命令主要用于执行缓存中的 Lua 脚本，如 SCRIPT EXISTS 用于检查脚本是否在缓存中；SCRIPT LOAD 可以将脚本添加到脚本缓存中，但并不立即执行这个脚本；执行脚本的常用命令为 EVAL；SCRIPT KILL 可以终止当前正在运行的 Lua 脚本。

7.2　Redis 键值管理操作

Redis 为不同类键值提供了丰富的、简单易用的操作命令，官方网站为命令操作提供了完善的文档说明，详见 https://redis.io/commands。常用命令分类介绍如下。

7.2.1　Key 操作

Redis 数据库键相关查询、删除、判断是否存在、设置有效期、查看键值类型等常用操作命令如表 7-2 所示。

表 7-2　Redis 常用 Key 操作命令

序号	命令格式	描述
1	del key	该命令用于在 key 存在时删除 key
2	dump key	序列化给定 key，并返回被序列化的值
3	exists key	检查给定 key 是否存在，存在为 1，不存在为 0

序号	命令格式	描述
4	expire key seconds	为给定 key 设置过期时间,以秒计
5	expireat key timestamp	expireat 的作用和 expire 类似,都用于为 key 设置过期时间,不同之处在于 expireat 命令接受的时间参数是 UNIX 时间戳(UNIX Timestamp)
6	pexpire key milliseconds	设置 key 的过期时间,以毫秒计
7	pexpireat key milliseconds-timestamp	设置 key 过期时间的时间戳,以毫秒计
8	keys pattern	查找所有符合给定模式的 key 列表
9	move key db	将当前数据库的 key 移动到给定的数据库db 当中
10	persist key	移除 key 的过期时间,key 将持久保持
11	pttl key	以毫秒为单位返回 key 剩余的过期时间
12	ttl key	以秒为单位,返回给定 key 的剩余生存时间(Time To Live,TTL)
13	randomkey	从当前数据库中随机返回一个 key
14	rename key newkey	修改 key 的名称为newkey
15	renamenx key newkey	仅当 newkey 不存在时,将 key 改名为 newkey
16	type key	返回 key 所储存的值的类型

命令使用方法示例如下。

(1)添加一个键。

```
redis > set pnum 200
OK
```

(2)查询当前所有键。此命令在生产环境中要避免使用。

```
redis > keys  *
```

(3)获取指定 key 的类型,返回值为字符串格式,若不存在则返回 none。

```
redis > type pnum
string
```

(4)设置键的过期时间,单位为秒,返回 1 表示设置成功。

```
redis > expire pnum 5
1
```

(5)获取指定的 key 过期时间,-1 为没有设置过期时间,-2 为已经超时不存在。

```
redis > ttl pnum
-2
```

7.2.2　字符串

字符串(String)是 Redis 最为基础的数据类型,字符串操作常用命令如表 7-3 所示。

表 7-3　**Redis 常用字符串操作命令**

序号	命令	描述
1	set key value	设置指定 key 的值
2	get key	获取指定 key 的值
3	getrange key start end	返回 key 中字符串值的子字符串
4	getset key value	将给定 key 的值设为 value,并返回 key 的旧值(old value)
5	getbit key offset	对 key 所存储的字符串值,获取指定偏移量上的位(bit)
6	mget key1 [key2..]	获取所有(一个或多个)给定 key 的值
7	setbit key offset value	对 key 所储存的字符串值,设置或清除指定偏移量上的位(bit)
8	setex key seconds value	将值 value 关联到 key,并将 key 的过期时间设为 seconds(以秒为单位)
9	setnx key value	只有在 key 不存在时设置 key 的值
10	setrange key offset value	用 value 参数覆写给定 key 所存储的字符串值,从偏移量 offset 开始
11	strlen key	返回 key 所存储的字符串值的长度
12	mset key value [key value ...]	同时设置一个或多个 key-value 对
13	msetnx key value [key value ...]	同时设置一个或多个 key-value 对,当且仅当所有给定 key 都不存在
14	psetex key milliseconds value	这个命令和 setex 命令相似,但它以毫秒为单位设置 key 的生存时间,而不是像 setex 命令那样,以秒为单位
15	incr key	将 key 中存储的数字值增一
16	incrby key increment	将 key 所存储的值加上给定的增量值(increment)
17	incrbyfloat key increment	将 key 所存储的值加上给定的浮点增量值(increment)
18	decr key	将 key 中存储的数字值减一
19	decrby key decrement	将 key 所存储的值减去给定的减量值(decrement)
20	append key value	如果 key 已经存在并且是一个字符串,append 命令将指定的 value 追加到该 key 原来值(value)的末尾

一个对键 ticketNum 赋值、取值、自增、减少 10 及删除该键的操作命令示例如下。

```
redis > set ticketNum 1000
OK
redis > get ticketNum
"1000"
redis > incr ticketNum
(integer) 1001
redis > decrby ticketNum 10
(integer) 991
redis > del ticketNum
(integer) 1
```

7.2.3 列表

列表(List)类型是按照插入顺序排序的双向字符串链表。可以在头部(Left)与尾部(Right)添加新元素。列表可以支持不同方向进出的队列数据存储,如左进右出形式的队列数据存储,也可以支持从相同端进出的堆栈式数据存储,相比而言队列数据结构更常用。列表类型键值操作常用命令如表 7-4 所示。

表 7-4　Redis 常用列表操作命令

序号	命令	描述
1	llen key	获取列表长度
2	lpop key	移出并获取列表的第一个元素
3	lpush key value1 [value2]	将一个或多个值插入列表头部
4	lpushx key value	将一个值插入已存在的列表头部
5	lrange key start stop	获取列表指定范围内的元素
6	lrem key count value	移除列表元素
7	lset key index value	通过索引设置列表元素的值
8	ltrim key start stop	对一个列表进行修剪,就是说,让列表只保留指定区间内的元素,不在指定区间之内的元素都将被删除
9	rpop key	移除列表的最后一个元素,返回值为移除的元素
10	rpoplpush source destination	移除列表的最后一个元素,并将该元素添加到另一个列表并返回
11	rpush key value1 [value2]	在列表中添加一个或多个值
12	rpushx key value	为已存在的列表添加值
13	blpop key1 [key2] timeout	移出并获取列表的第一个元素,如果列表没有元素,则会阻塞列表直到等待超时或发现可弹出元素为止
14	brpop key1 [key2] timeout	移出并获取列表的最后一个元素,如果列表没有元素,则会阻塞列表直到等待超时或发现可弹出元素为止
15	brpoplpush source destination timeout	从列表中弹出一个值,将弹出的元素插入另外一个列表中并返回它,如果列表没有元素,则会阻塞列表直到等待超时或发现可弹出元素为止
16	lindex key index	通过索引获取列表中的元素
17	linsert key BEFORE|AFTER pivot value	在列表的元素前或者后插入元素

一个向列表结构键 userlist 左边插入 8 个元素、从右边弹出一个元素、返回列表元素个数、按索引返回列表元素值、按索引范围返回多个列表元素值的列表操作命令示例如下。

```
redis＞lpush userlist u100 u101 u103 u104 u105 u106 u107 u108
（integer）8
redis＞rpop userlist
"u100"
redis＞llen userlist
```

```
(integer) 7
redis > lindex userlist 6
"u101"
redis > lindex userlist 5
"u103"
redis > lindex userlist 0
"u108"
redis > lrange userlist 1 3
1) "u107"
2) "u106"
3) "u105"
```

7.2.4　集合

集合(Set)类型通常用于存储没有排序的字符集合,与 List 类型的区别是 Set 集合中不允许出现重复的元素。操作常用命令如表 7-5 所示。

表 7-5　Redis 常用集合操作命令

序号	命令	描述
1	sadd key member1 [member2]	向集合添加一个或多个成员,[]表示内容可选
2	scard key	获取集合的成员数
3	sdiff key1 [key2]	返回给定所有集合的差集
4	sdiffstore destination key1 [key2]	返回给定所有集合的差集并存储在 destination 中
5	sinter key1 [key2]	返回给定所有集合的交集
6	sinterstore destination key1 [key2]	返回给定所有集合的交集并存储在 destination 中
7	sismember key member	判断 member 元素是否是集合 key 的成员
8	smembers key	返回集合中的所有成员
9	smove source destination member	将 member 元素从 source 集合移动到 destination 集合
10	spop key	移除并返回集合中的一个随机元素
11	srandmember key [count]	返回集合中一个或多个随机元素
12	srem key member1 [member2]	移除集合中一个或多个成员
13	sunion key1 [key2]	返回所有给定集合的并集

假设键 myfans 与 yourfans 分别用来存储各自的粉丝用户集合,向 myfans 与 yourfans 添加元素、删除指定元素、查询集合所有元素、判断某元素是否存在的命令示例如下。

```
redis > sadd myfans f1 f2 f3 f4 f6 f8 f12
(integer) 7
redis > sadd yourfans f5 f6 f8 f10 f11 f12 f18 f21
(integer) 8
redis > srem myfans f6
(integer) 1
redis > smembers myfans
1) "f3"
2) "f1"
3) "f12"
4) "f8"
5) "f2"
6) "f4"
redis > sismember myfans f5
(integer) 0
```

集合结构键 myfans 与 yourfans 的元素差集、交集、并集运算操作示例如下。

```
redis > sdiff myfans yourfans
1) "f3"
2) "f4"
3) "f2"
4) "f1"
redis > sdiff yourfans myfans
1) "f5"
2) "f6"
3) "f18"
4) "f21"
5) "f11"
6) "f10"
redis > sinter yourfans myfans
1) "f12"
2) "f8"
redis > sunion yourfans myfans
```

sunion 将返回两个集合结构键的并集元素列表,因元素较多就不再列出,读者可自行实践。

7.2.5　散列

Hash 结构数据可以当作具有 String Key 和 String Value 的 Map 容器,非常适合存储对象信息，如包含 UserId、UserName、Age 等属性 Key 的用户信息等。操作常用命令如表 7-6 所示。

表 7-6　Redis 常用散列操作命令

序号	命令	描述
1	hexists key field	查看哈希表 key 中，指定的字段是否存在。返回 0 表示不存在，1 表示存在
2	hset key field value	将哈希表 key 中的字段 field 的值设为 value
3	hsetnx key field value	只有在字段 field 不存在时，设置哈希表字段的值
4	hmset key field1 value1 [field2 value2]	同时将多个 field-value（域-值）对设置到哈希表 key 中
5	hlen key	获取哈希表中字段的数量
6	hkeys key	获取所有哈希表中的字段
7	hmget key field1 [field2]	获取所有给定字段的值
8	hdel key field1 [field2]	删除一个或多个哈希表字段
9	hget key field	获取存储在哈希表中指定字段的值
10	hgetall key	获取在哈希表中指定 key 的所有字段和值
11	hvals key	获取哈希表中的所有值
12	hincrby key field increment	为哈希表 key 中的指定字段的值加上增量 increment
13	hincrbyfloat key field increment	为哈希表 key 中的指定字段的浮点数值加上增量 increment

向 Hash 结构键 order 中添加一个元素、同时添加多个元素、查看所有元素取值的操作示例如下。

```
redis > hset order telnum 13301122123
（integer）1
redis > hmset order address 海淀区西土城路 10 号 amount 3
OK
redis > hgetall order
1）"telnum"
2）"13301122123"
3）"address"
4）"\xba\xa3\xb5\xed\xc7\xf8\xce\xf7\xcd\xc1\xb3\xc7\xc2\xb710\xba\xc5"
5）"amount"
6）"3"
```

以上显示的中文内容是以 Unicode 码的方式显示的，如果需要以中文方式显示，可以使用以下命令重新链接 Redis 数据库。

```
redis-cli.exe  --raw
```

查询 Hash 结构键 order 所有 key、查询所有 value、判断指定 key 的 field 是否存在、返回元素个数、给指定元素的值加一个增量、删除某个 field 元素的操作示例如下。

```
redis > hkeys order
telnum
address
amount
redis > hvals order
13301122123
海淀区西土城路 10 号
3
redis > hexists order count
0
redis > hlen order
3
redis > hincrby order amount 3
6
redis > hdel order address
1
```

返回值表示成功删除 1 个元素。

7.2.6　有序集合

有序集合（Sorted Set）与 Set 相似，它们都是字符串的集合，主要差别是有序集合中的每一个成员都会有一个分数（Score）与之关联。有序集合键值操作常用命令如表 7-7 所示。

表 7-7　Redis 有序集合操作常用命令

序号	命令格式	描述
1	zadd key score1 member1 [score2 member2]	向有序集合添加一个或多个成员，或者更新已存在成员的分数
2	zcard key	获取有序集合的成员数
3	zcount key min max	计算在有序集合中指定分数区间的成员数
4	zincrby key increment member	有序集合中对指定成员的分数加上增量 increment
5	zinterstore destination numkeys key [key ...]	计算给定的一个或多个有序集的交集并将结果集存储在新的有序集合 destination 中
6	zlexcount key min max	在有序集合中计算指定字典区间内的成员数量
7	zrange key start stop [WITHSCORES]	通过索引区间返回有序集合指定区间内的成员
8	zrangebylex key min max[LIMIT offset count]	通过字典区间返回有序集合的成员
9	zscore key member	返回有序集合中成员的分数值
10	zrank key member	返回有序集合中指定成员的索引
11	zrangebyscore key min max [WITHSCORES] [LIMIT]	通过分数返回有序集合指定区间内的成员
12	zrem key member [member ...]	移除有序集合中的一个或多个成员，将返回成功删除的元素个数
13	zremrangebyscore key min max	移除有序集合中给定分数区间的所有成员，将返回成功删除的元素个数

利用有序集合存储产品销售排行榜的操作命令示例如下。

（1）添加有序集合元素。

```
redis > zadd pranklist 100 p1 20 p2 33 p3
3
```

（2）查询有序集合元素个数。

```
redis > zcard pranklist
3
```

（3）查询指定 Key 某个元素的分数。

```
redis > zscore pranklist p2
20
```

（4）根据索引区间范围查询元素列表，默认按各个元素的 score 值从小到大排序输出。

```
redis > zrange pranklist 0 2
p2
p3
p1
```

（5）根据索引区间范围查询元素列表，逆序返回。

```
redis > zrevrange pranklist 0 2
p1
p3
p2
```

（6）删除有序集合中的指定元素。

```
redis > zrem pranklist p1
1
```

（7）根据分数范围删除元素，如下所示命令将删除分数值为 20 的 p2 元素。

```
redis > zremrangebyscore pranklist 10 30
1
```

7.2.7 发布与订阅

Redis 发布订阅（Pub/Sub）是一种消息通信模式，如图 7-2 所示，发送者发送消息，订阅者接收消息。Redis 客户端可以订阅任意数量的频道。

如图 7-2 所示，客户端 Client1、Client3 订阅了 Channel1 这个频道。当有新消息通过 PUBLISH 命令发送给 Channel1 频道时，这个消息就会被发送给订阅它的客户端。

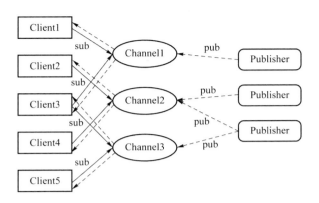

图 7-2　Redis 发布/订阅消息通信模式

订阅、发布操作常用命令示意如下：

- 订阅频道：

```
subscribe channel
```

- 指定频道发布消息：

```
publish channel content
```

如下示例演示发布订阅是如何工作的。首先创建订阅频道，名为 PSTest：

```
redis > SUBSCRIBE PSTest
Reading messages... (press Ctrl-C to quit)
1) "subscribe"
2) "PSTest"
3) (integer) 1
```

重新开启另一个 Redis 客户端，模拟消息发布者，然后在同一个频道 PSTest 发布两次消息，订阅者可以依次接收到消息。

```
redis > PUBLISH PSTest "Hello!"
(integer) 1
redis > PUBLISH PSTest "Have a good time!"
(integer) 1
```

订阅者的客户端将会显示如下消息。

```
1) "message"
2) "PSTest"
3) "Hello!"
1) "message"
2) "PSTest"
3) "Have a good time!"
```

7.3　Redis 集群架构及管理

Redis-Cluster 采用无中心架构,每个节点保存数据和整个集群状态,每个节点都和其他所有节点连接。Redis 无中心集群架构如图 7-3 所示。

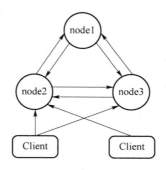

图 7-3　Redis 无中心集群架构

该架构主要有以下特点。

(1) 所有 Redis 集群节点之间彼此互联,内部使用二进制协议优化传输速度和带宽。

(2) 集群中节点的失效是在集群中超过半数的节点检测失效时才生效的。

(3) 客户端与 Redis 节点直接连接,不需要中间代理,客户端也不需要连接集群所有节点,连接集群中任何一个可用节点即可。

(4) Redis-Cluster 把所有的物理节点映射到[0-16383]slot 上,不一定平均分配,Cluster 负责维护 node 与 slot 及 slot 与 value 之间的映射关系。

(5) Redis 集群预分好 16 384 个 slot,当需要在 Redis 集群中放置一个 key-value 时,根据 CRC16(key) mod 16 384 的值,将这个 key 放到对应 slot 中。假设三个主节点分别是 A、B、C,它们可以是一台机器上的三个端口,也可以是三台不同的服务器。采用哈希槽(Hash slot)的方式来分配 16 384 个 slot 的话,它们三个节点分别承担的 slot 区间如下所示:

- 节点 A 覆盖 0～5 460;
- 节点 B 覆盖 5 461～10 922;
- 节点 C 覆盖 10 923～16 383。

如果要存入一个键值,假设计算结果对应槽为 6 782,那么就会把这个 key 的存储分配到 B 上。同样,当连接三者中的任何一个节点想获取 key 时,也会同样计算对应的槽,然后内部跳转到 B 节点上获取数据。当集群中新增一个主节点 D 时,Redis-Cluster 会从各个节点的前面各取一部分 slot 到 D 上,例如大致就会变成如下这样。当删除一个节点时,也会引起数据的迁移。

- 节点 A 覆盖 1 365～5 460;
- 节点 B 覆盖 6 827～10 922;
- 节点 C 覆盖 12 288～16 383;
- 节点 D 覆盖 0～1 364,5 461～6 826,10 923～12 287。

为了保证数据的高可用性,Redis 集群支持主从模式,集群中一个主节点可以对应一个或多个从节点,一个从节点只能对应一个主节点,主节点提供数据存取,从节点则是从主节点拉取数据备份。当这个主节点挂掉后,就会从它的从节点中选取一个来充当主节点,从而保证集群不会挂掉。原来的 Master 重启后将变成 Slaver 节点。

集群有 A、B、C 三个主节点,如果这 3 个节点都没有加入从节点,B 挂掉时将无法访问 B 上数据,整个集群数据的可用性受到影响,所以在集群建立的时候,一般要为每个主节点都添加从节点,例如分别为集群主节点 A、B、C 配置从节点 A1、B1、C1,这样的话即使 B 挂掉,B1 节点替代了 B 节点,系统仍可以继续正常运行。当 B 重新开启后,它就会变成 B1 的从节点。

在主从集群架构下,Redis 需要进行主从同步。数据可以从主服务器向任意数量的从服务器上同步。从节点也可以有另外的从节点,这使得 Redis 可执行单层树复制。由于完全实现了发布/订阅机制,从数据库在任何地方同步树时,可订阅一个频道并接收主服务器完整的消息发布记录。同步机制是保障数据读取操作的高可扩展性和数据高可用性的技术基础。

Redis 提供的集群管理类命令可以用于查看集群状态及管理集群中节点、槽、键等。常用命令说明如下。

- cluster info:用于打印集群的信息。
- cluster nodes:用于列出集群当前已知的所有节点,以及这些节点的相关信息。
- cluster meet < ip > < port >:将 ip 和 port 所指定的节点添加到集群当中,让它成为集群的一分子。
- cluster forget < node_id >:从集群中移除 node_id 指定的节点。
- cluster addslots < slot > [slot ...]:将一个或多个槽指派给当前节点。
- cluster delslots < slot > [slot ...]:移除一个或多个槽对当前节点的指派。
- cluster flushslots:移除指派给当前节点的所有槽,让当前节点变成一个没有指派任何槽的节点。
- cluster keyslot < key >:计算键应该被放置在哪个槽上。
- cluster countkeysinslot < slot >:返回槽目前包含的键值对数量。
- cluster getkeysinslot < slot > < count >:返回 count 个槽中的键。

7.4　Redis 管理与监控

7.4.1　Redis 数据库配置管理

Redis 的配置文件位于 Redis 安装目录下,文件名为 redis. conf,Windows 平台名为 redis. windows. conf。可以通过 CONFIG 命令查看或设置配置项。

Redis CONFIG 命令格式:

```
CONFIG GET CONFIG_SETTING_NAME
```

例如查询日志级别参数示例如下。

```
redis > CONFIG GET loglevel
1) "loglevel"
2) "notice"
```

使用 * 号可获取所有配置项,命令示例如下。

```
redis > CONFIG GET *
```

如果需要修改数据库配置参数,一种方法是直接修改 redis.conf 文件内容,另一种方法是使用 CONFIG SET 命令,语法格式如下。

```
CONFIG SET CONFIG_SETTING_NAME NEW_CONFIG_VALUE
```

部分常用配置参数说明如下。

(1) timeout:当客户端闲置多长时间后关闭连接,如果指定为 0,表示关闭该功能,默认值为 0。

(2) port:指定 Redis 监听端口,默认端口为 6379。

(3) loglevel:指定日志记录级别,Redis 总共支持四个级别:debug、verbose、notice、warning,默认为 notice。debug 表示记录很多信息,用于开发和测试。verbose 表示记录有用的信息,但不像 debug 会记录那么多。notice 常用于生产环境,比 verbose 更简要些。warning 表示只有非常重要或者严重的警告信息会记录到日志。

(4) dbfilename:指定本地数据库文件名,默认值为 dump.rdb。

(5) rdbcompression:指定存储至本地数据库时是否压缩数据,默认为 yes。Redis 采用 LZF 压缩,如果为了节省 CPU 时间,可以关闭该选项,但会导致数据库文件变得巨大。

(6) maxmemory:限定占用最大的内存空间。参数值可根据应用需求先进行估算,官方网站为该参数的估算提供了一个链接 http://www.redis.cn/redis_memory/,估算参考参数如图 7-4 所示。

Key类型	Key个数	Key长度 单位(字节)	元素/字段数	元素/字段长度 单位(字节)	Value长度 单位(字节)
string	Key数量	Key长度			Value长度
list	Key数量	Key长度	元素/字段数	元素/字段长!	
hash	Key数量	Key长度	元素/字段数	元素/字段长!	Value长度
set	Key数量	Key长度	元素/字段数	元素/字段长!	
zset	Key数量	Key长度	元素/字段数	元素/字段长!	Value长度

图 7-4　Redis 数据库空间估算

Redis 数据库连接时默认情况下不需要密码,可以通过 Redis 配置文件设置密码参数,这样客户端连接到 Redis 服务就需要密码验证,使 Redis 服务更安全。可以通过以下命令查看是否设置了密码验证。

```
redis > config get requirepass
1) "requirepass"
2) ""
```

默认情况下 requirepass 参数是空的,意味着无须通过密码验证就可以连接到 Redis 服务。通过以下命令来修改该参数。

```
redis > config set requirepass "redisadm"
OK
redis > config get requirepass
1) "requirepass"
2) "redisadm"
```

设置密码后,客户端连接 Redis 服务就需要使用 AUTH 命令进行密码验证,否则无法执行命令。

```
redis > AUTH "redisadm"
OK
```

7.4.2　Redis 数据备份与恢复

Redis 数据库使用 save 命令创建当前数据库的备份,该命令将在 Redis 安装目录中创建 dump.rdb 文件。

```
redis > save
OK
```

创建 Redis 备份文件也可以使用命令 bgsave,该命令将在后台执行。

```
redis > bgsave
Background saving started
```

同样会在数据库安装路径下产生备份文件 dump.rdb。

save 命令会阻塞 Redis 服务器进程,直到 RDB 文件创建完毕为止,在服务器进程阻塞期间,服务器不能处理任何命令请求。bgsave 命令会派生出一个子进程,然后由子进程负责创建 RDB 文件,服务器进程即父进程可继续处理命令请求。

备份数据前可以使用以下命令查看数据库包含键的数量。

```
redis > dbsize
```

使用 keys 命令可观察当前 Redis 数据库备份前的键情况。

```
redis > keys *
```

如果需要恢复数据,只需将备份文件 dump.rdb 移动到 Redis 安装目录,并启动服务即可。可以使用 config 命令获取 Redis 安装目录。

```
redis > config get dir
1) "dir"
2) "/usr/local/redis/bin"
```

Redis 数据恢复机制需要结合以下持久化配置情况:

- 如果只配置 RDB,启动数据库服务时将加载 dump 文件恢复数据。
- 如果只配置 AOF,重启数据库服务时加载 AOF 文件恢复数据。
- 如果同时配置了 RDB 和 AOF,启动数据库服务时优先加载 AOF 文件恢复数据。

Redis 数据库数据备份与恢复也可使用第三方应用,如 redis-dump。

7.4.3 Redis 命令批量执行

当 Redis 数据库实例需要装载大量用户在短时间内产生的数据时,数以百万计的 Keys 需要被快速地创建,这类操作称为大数据量插入(Mass Insertion)操作。前面章节介绍的命令执行方式主要是在 Redis 的 redis-cli 下,一条条地执行,下面将介绍如何批量执行多条命令。需将要执行的指令一行行存储到文件中,可以编程实现,然后用专门的命令将文件中的命令序列一次性批量执行,示例如下。

首先创建一个 txt 文件,假设内容如下,将这些需要执行的指令一行一行写入文件 mc.txt,假设存储在 d 盘 nosql_test 路径下。

```
set k1 v1
zadd zset2   1 a 2 b 3 c
sadd sset3    egg banana grape
set k4 v4
hset hset5 hsk1 hsv1
hmset hset5 hsk2 hsv2 hsk3 hsv3 hsk4 hsv4
set k6 v6
```

Windows 平台命令行状态下执行命令,将会顺序看到命令的执行结果。

```
d:\nosql_test > type mc.txt |redis-cli
OK
(integer) 3
(integer) 3
OK
(integer) 1
OK
OK
```

从 Redis 2.6 开始 redis-cli 支持一种被称为 pipe mode 的新模式执行大量数据插入工作。还是以上述命令文件为例,执行方式如下,将只会显示最后执行结果,不会显示每条命令的执行结果,效率更高,执行结果如图 7-5 所示。

```
d:\nosql_test > type mc.txt |redis-cli --pipe
```

```
D:\nosql_test>type mc.txt |redis-cli --pipe
All data transferred. Waiting for the last reply...
Last reply received from server.
errors: 0, replies: 7
```

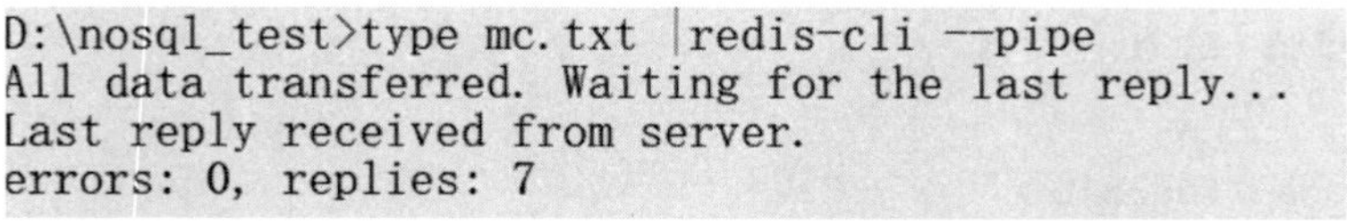

图 7-5　Redis 的 pipe mode 批量执行命令

客户端链接数据库后,可查看当前键列表,如图 7-6 所示。

```
C:\Users\Administrator>redis-cli
127.0.0.1:6379> keys *
1) "hset5"
2) "k4"
3) "k6"
4) "k1"
5) "zset2"
6) "sset3"
```

图 7-6　Redis 批量执行命令的结果

使用 hgetall 命令查询所有字段内容,如图 7-7 所示,说明批量命令执行成功。

```
127.0.0.1:6379> hgetall hset5
1) "hsk1"
2) "hsv1"
3) "hsk2"
4) "hsv2"
5) "hsk3"
6) "hsv3"
7) "hsk4"
8) "hsv4"
```

图 7-7　Redis 批量执行命令后查询某个键值的结果

如果是 Linux 平台,批量执行命令文件需要用 cat 命令,示例如下,可看到类似结果。

```
> cat d1.txt | redis-cli
```

7.4.4　Redis 图形化管理工具

Redis 数据库管理除了使用自带的 redis-cli 命令行式的工具外,也可以使用交互性更加友好的图形化管理工具。Github 上面有很多图形化的管理工具,针对 Redis 数据库存储数据为键值型的特点,界面做了一些优化,如 Redis Desktop Manager、FastoRedis、RedisView 等。

RedisDesktopManager
安装程序

　　Redis Desktop Manager 是一款基于 Qt5 的跨平台 Redis 可视化桌面管理工具,支持全平台,如 Windows7＋、Ubuntu14＋等 Linux 平台、Mac OS X10.10＋等。Redis Desktop Manager 采用 C＋＋ 编写,响应迅速,性能好,但不支持数据库备份与恢复。项目地址:https://github.com/uglide/RedisDesktopManager,下载 exe 安装文件,直接运行即可。支持的 Redis 版本为 2.8＋,更早的版本需要使用 RedisDesktopManager 0.8.8。目前最新的 Redis Desktop Manager 2019 是收费版,读者可使用较早版本实践学习。其操作界面如图 7-8 所示。

　　软件安装后,需要配置数据库的连接信息,创建数据库连接。连接成功后,在左侧会看到 Redis 默认可供选择的 0～15 个数据库实例,可以选择其中一个进行查看。界面操作简单,支持数据库中键值对的查询、重命名、删除等操作,数据可以按照文本、表格、JSON 等格式浏览,具体操作请参见软件文档说明。

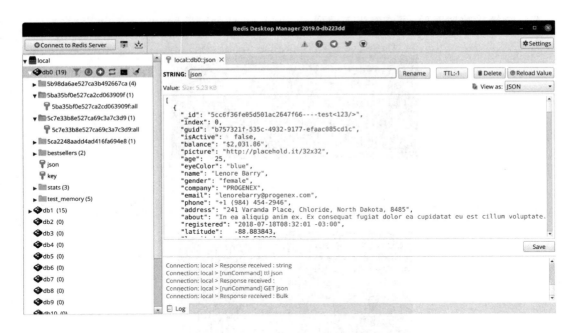

图 7-8　Redis Desktop Manager 操作界面

　　另一款跨平台的 Redis 数据库管理软件为 FastoRedis,可以方便地进行 Redis 数据库集群监控与管理,官网地址为 https://fastoredis.com/。其操作界面如图 7-9 所示。

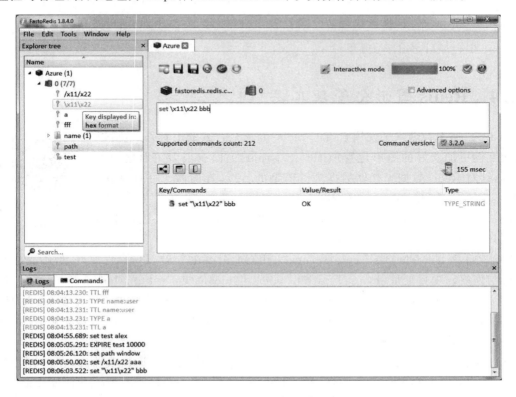

图 7-9　FastoRedis 操作界面

7.5　本 章 小 结

Redis 是目前应用最为广泛的键值类数据库,它支持多种类型的数据结构及地理空间索引半径查询操作。它除了作为数据库外,也可以充当缓存和消息中间件。本章主要介绍了 Redis 数据库的基础知识,具体包含安装方法、15 类丰富的数据库系统管理操作命令集;Redis 常用键值操作命令及其使用方法,通过示例主要介绍了通用的 Key 操作命令、字符串、列表、集合、散列、有序集合及发布/订阅相关命令及其用法;Redis 集群架构及常用管理命令;数据库管理与监控相关技术,包含数据库配置管理、数据备份与恢复、命令批量执行及图形化管理工具。通过本章内容的学习,读者可进一步掌握 Redis 数据库应用相关技术及实践方法,掌握 Redis 数据库集群架构原理等基础知识以及数据库管理与监控的关键技术。

7.6　思考与练习题

1. 请在 Linux 平台下完成 Redis 数据库的安装,并实践 7.2.1 节和 7.2.2 节内容,实践对字符串结构类型键值操作。

2. 请选择 Hash 键值结构存储客户基本信息,Hash 键的各个字段自行设计,分别写出完整的命令并实践,实现以下操作。

（1）新增第 1 位客户信息:客户标识为 1001,姓名为张三,性别为男,年龄为 23;

（2）添加第 2 位客户信息:客户标识为 1002,姓名为陈五,性别为男,年龄为 35,职业类型为教师;

（3）添加第 3 位客户信息:客户标识为 1003,姓名为李丽,性别为女,年龄为 28,职业类型为财务管理;

（4）查找客户标识为 1003 的客户键值信息;

（5）删除客户标识为 1002 的客户的职业类型信息;

（6）修改客户标识为 1003 的客户信息,新增一个字段客户类型,值为 VIP;

（7）删除客户标识为 1001 的键值信息。

3. 请基于第 2 题客户信息,为每位客户设计一个购物车清单列表键,每位客户一个购物车,请用合适的数据结构类型存储每位客户购买的各种商品及数量信息。写出具体的命令完成以下操作。

（1）1001 客户购买了 5 个 P01 商品、3 个 P03 商品;

（2）1002 客户购买了 10 个 P10 商品、2 个 P01 商品;

（3）查看客户 1002 的购物车信息;

（4）查看客户标识为 1002 的购物信息,并按照产品数量降序输出;

（5）查询客户标识为 1001 的客户购买 P01 商品的数量。

4. 请以有序集合数据结构设计相应的键,用于存储当前推荐的 Top10 产品信息,写出命令序列并实践,完成以下数据的存储。

（1）产品标识为 P301,推荐值为 8;

（2）产品标识为 P508，推荐值为 6；

（3）产品标识为 P106，推荐值为 9；

（4）查询当前推荐列表中的产品集合信息；

（5）修改 P508 的推荐值为 3；

（6）按照推荐值降序排序，显示推荐产品标识信息。

5．Redis 如何设置键的有效期？思考、调研并简述 Redis 删除超出有效期 Key 的实现机制。

6．请思考并设计一个 Redis 的发布/订阅应用场景，采用相应命令实践，总结关键实践步骤，完成实验报告。

7．请写出将存储思考与练习题 2～4 键值数据内容的数据库备份及恢复的命令，并实践。

8．请思考布隆过滤器在 Redis 数据库中判断键是否存在过程中的用途，简述其实现机制。

9．请简述 Redis Cluster 分区机制如何实现将数据自动分散到不同节点上。

10．请简述 Redis 集群架构，调研并总结客户端发起的键值查询请求如何路由到集群中对应的数据库节点上。

11．请调研 Redis 的负载均衡管理方法。Redis 集群用什么命令执行负载均衡 slot 的管理？

本章参考文献

[1]　http://redis.cn/.

[2]　http://www.runoob.com/redis/redis-intro.html.

[3]　http://try.redis.io/.

[4]　https://redis.io/.

[5]　https://my.oschina.net/u/3049601/blog/1822884.

[6]　https://redisdesktop.com.

[7]　钱文品.Redis 深度历险：核心原理与应用实践[M].北京：电子工业出版社，2019.

第8章

列族数据库技术

列族类数据库将数据存储在列族中,列族里的行通过"行键"把相关列数据关联起来。列族数据库为了适应大数据的灵活存储及高性能访问需求,做了很多专门设计与优化。列族类数据库集群有的支持主从式,有的支持对等式。本章在介绍列族数据库一般特性的基础上,主要以 Cassandra 数据库为例来学习列族数据库相关基础知识。

本章内容思维导图如图 8-1 所示。

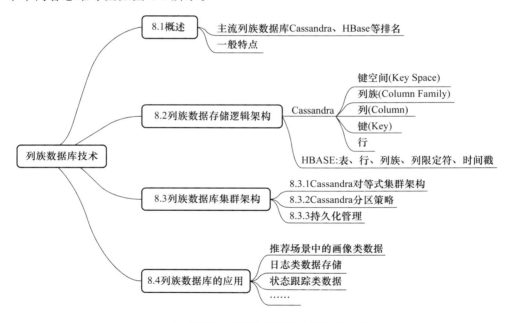

图 8-1　列族数据库技术章节内容思维导图

8.1　概　　述

鉴于 RDB 无法满足包含数十亿行、数百万列这种巨大表数据存储与应用访问需求,列族数据库与 RDB 最大的区别就是采用纵向分割的集群架构来存储大数据,相关的多个列组织在一起形成列族,列族内的列数据经常被一起访问,因此为了保证数据访问的高效性,同一列族数据物理存储时往往被存储在相同节点上。目前列族数据库应用非常广泛。

国际知名的数据库排名网站 DB-Engines Ranking 发布的 2019 年 11 月列族数据库(Wide column stores)排名结果(https://db-engines.com/en/ranking/wide＋column＋store)如图 8-2 所示。其中阿里巴巴 Alibaba Cloud Table Store 登榜排名 11。

☐ include secondary database models 　　　　　　　　　　11 systems in ranking, November 2019

Rank			DBMS	Database Model	Score		
Nov 2019	Oct 2019	Nov 2018			Nov 2019	Oct 2019	Nov 2018
1.	1.	1.	Cassandra ➕	Wide column	123.23	+0.01	+1.48
2.	2.	2.	HBase	Wide column	53.84	-0.99	-6.57
3.	3.	3.	Microsoft Azure Cosmos DB ➕	Multi-model ℹ	31.98	+0.65	+9.94
4.	4.	4.	Datastax Enterprise ➕	Wide column, Multi-model ℹ	9.35	+0.19	+0.80
5.	5.	5.	Microsoft Azure Table Storage	Wide column	5.00	+0.46	+1.03
6.	6.	6.	Accumulo	Wide column	3.95	+0.00	+0.03
7.	⬆8.	⬆8.	ScyllaDB ➕	Wide column	2.18	+0.22	+1.17
8.	⬇7.	⬇7.	Google Cloud Bigtable	Wide column	2.17	+0.16	+0.70
9.	9.	9.	MapR-DB	Multi-model ℹ	0.62	+0.00	+0.01
10.	10.	10.	Sqrrl	Multi-model ℹ	0.49	+0.01	+0.15
11.	11.	11.	Alibaba Cloud Table Store	Wide column	0.26	+0.02	+0.17

图 8-2　DB-Engines Ranking 发布的 2019 年 11 月列族数据库排名

排名第一的 Cassandra 数据库最初由 Facebook 的两名印度人 Avinash Lakshman(亚马逊 Dynamo 的开发者之一)和 Prashant Malik 共同开发。早期设计开发目标是为 Facebook 收件箱搜索功能提供支持。Cassandra 在 2008 年 7 月开放了源代码,并于 2009 年 3 月被纳入 Apache 孵化器,自 2010 年 2 月以来成为一个 Apache 顶级项目,是一个网络社交方面的理想数据库。Cassandra 数据库集群采用 P2P 对等模式搭建分布式集群,提供了高可用性。Cassandra 分布式数据库满足 CAP 理论中的 AP 特性。当前使用 Cassandra 数据库的公司有 Facebook、Twitter、Cisco、Rackspace、eBay、Netflix 等。

HBase 源于 Google 2005 年的论文 BigTable。由 Powerset 公司在 2007 年发布第一个版本,2008 年成为 Apache Hadoop 子项目,2010 年升级为 Apache 顶级项目。HBase 用 Java 编写。HBase 在 HDFS 之上运行,数据库集群采用主从模式搭建,HBase 分布式数据库满足 CAP 理论中的 CP 特性。

列族数据库的一般特点描述如下。

(1)高性能:适用于包含上亿级行、百万级列的大表数据存储,分布式存储具有负载均衡机制,保障数据访问的高效性。

(2)高可扩展性:能够根据需求,灵活增加集群中的节点数量以提高集群吞吐量。

(3)灵活的数据存储格式:借鉴谷歌 BigTable 的数据存储模式,能够适应结构化、半结构化和非结构化数据格式的存储。它可以根据需求变化,灵活修改数据模型,每行数据包含的列可不同。

(4)按修改时间戳,存储数据的多个版本:列数据存储时包含时间戳,其作用主要是当有新数据覆盖的时候,不是直接将老数据从存储介质上删除,而是直接写入新的数据。当需要查询时,通过时间戳可获得最新列值。老数据根据配置参数设置会在一段时间之后自行删除。这种机制也大大提高了数据写入的效率。

(5)便捷的数据分发:通过在多个数据中心之间复制数据,可以灵活地在需要时分发数据。

（6）支持轻量级事务：一般支持分区内单行操作的事务管制机制。

Cassandra 相比其他主从式列族数据库的特点及优点描述如下。

（1）没有单点故障：采用去中心化的环形拓扑存储，节点与节点之间是对等关系，无主从之分，不会出现单点故障问题。

（2）Cassandra 数据库提供了丰富的数据类型，也支持用户自定义类型。

（3）提供灵活的查询语言：使用 Cassandra 查询语言（CQL）访问数据库。

（4）快速写入：Cassandra 写入性能非常高，支持负载均衡策略，它执行快速写入，并可以存储数百 TB 的数据，而不牺牲读取效率。在 Netflix 进行的一次测试中，Cassandra 达到每秒超过 100 万次的写入；非常适合高写入的应用，如广告点击记录、用户浏览记录等。

（5）多数据中心：可以调整节点布局来提高数据中心整体安全性，一个数据中心出现问题时，备用的数据中心有每条记录的完全复制，可快速恢复，继续提供数据服务。

8.2　列族数据存储逻辑架构

Cassandra、HBase 的数据存储逻辑模型架构借鉴了谷歌 BigTable 的设计思想。HBase 数据库的存储架构在"数据科学导论""大数据技术基础"课程中有所介绍。本节主要介绍 Cassandra 数据存储的逻辑架构，如图 8-3 所示，逻辑模型主要包括以下四个概念。

- 键空间（Keyspace）：相当于关系型数据库模型中的数据库，数据库集群中可以同时存储多个键空间。
- 列族（Column Family，CF）：相当于关系型数据库中的表，但它比表更稀疏。
- 行（Row）：表示一个数据对象，存在于列族当中。
- 列（Column）：相当于属性，是存储的基本单元，可以存储几个不同时间戳的值。

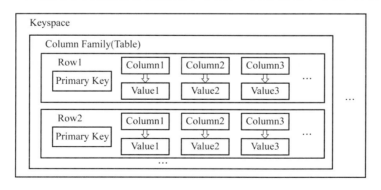

图 8-3　Cassandra 键空间数据存储的逻辑架构

早期版本中 Cassandra 还支持超级列（Super Column）的概念，超级列包含一个 Name，以及一系列 Column 的 KV 列表构成的超级列的值，从 V2.0.0 开始，Cassandra 正式淘汰了超级列，这里不再介绍。除了这些以外，Cassandra 3.0 开始引入了物化视图（Materialized Views）的概念，用于提高分布在集群内的数据查询效率。如果不考虑超级列，Cassandra 数据库中的数据存储模型分为 4 个层级，分别是集群、键空间、列族、列。不同术语与 RDB 中术语的对应关系如表 8-1 所示。

表 8-1　RDB 与 Cassandra 数据库建模术语对比

关系型数据库	Cassandra
数据库实例	集群
数据库	键空间
表	列族
行	行
列(每行所对应的各列均相同)	列(不同的行所对应的列可以有差别)

表 8-1 中的对比可以帮助读者从关系型数据库转换角度理解 Cassandra 的概念,但是设计列族时不要这样去类比。取而代之,考虑它是一个 map 中嵌入另一个 map,外部 map 的 key 为 row key,内部 map 的 key 为 column key,两个 map 的 key 都是有序的。另外,实际应用系统中,存储大数据库必然离不开集群,将数据库系统中各个表分布式地存储在集群中各个节点上,即键空间中不同行数据需要按照一定的分区机制,将包含很多列的大宽表数据分布到各个节点上。将分区概念引入数据库存储逻辑架构中,键空间存储结构如图 8-4 所示。

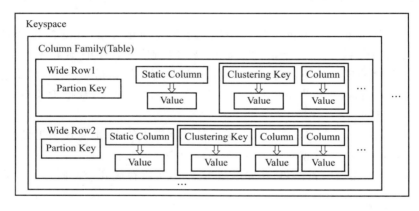

图 8-4　结合集群分区的 Cassandra 键空间存储架构

其中每行数据需要有分区键,分区键也是主键,可以由一个或多个列组成,后者也称组合键。一行数据不同列与集群存在映射关系,体现在列所属的集群键值对上。图中静态列用于存储需要在集群不同节点分区中共享的数据列,静态列不是分区键的组成部分。

Cassandra 的四个逻辑存储术语的含义具体说明如下。

1. 键空间

键空间是 Cassandra 中数据的最外层容器,一个集群可以包含多个键空间。键空间就像 RDBMS 中的数据库,其中包含列族、索引、用户定义类型等。键空间是一个或多个列族的容器。Cassandra 中一个键空间的基本属性描述如下。

(1)复制因子:指放置在不同节点上的数据的副本数。超过两个复制因子能够很好地避免单点故障,保障数据可访问性。综合考虑存储成本,复制因子一般设置为 3。

(2)副本放置策略:指把副本放在存储器中的策略。

- 简单策略:在一个数据中心的情况下使用简单策略。在这个策略中,第一个副本被放置在所选择的节点上,剩下的节点被放置在 P2P 环的顺时针方向,而不考虑机架或节点的位置。

- 网络拓扑策略：该策略用于多个数据中心。在此策略中，必须分别为每个数据中心配置复制因子。

2. 列族

列族是一个行集合的容器。每行包含有序列。每个键空间至少有一个列族，通常一个键空间包含多个列族。列族主要设置项有 Key 缓存、读修复概率、列的排序方式等。

键空间与列族的关系如图 8-5 所示。

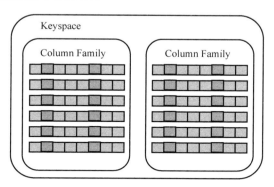

图 8-5　键空间与列族的关系

列族是 Cassandra 的基本数据结构，通过行键访问各个列数据，每个列包含列名称、值和时间戳，列族结构如图 8-6 所示。这种方式相比 RDB 来讲，可以很好地节省空间，没有值的列不用非得存储空值。列族中的列也可以根据业务需求变动，灵活动态增加新的列。图 8-6 中行 1 和行 2 包含不同的列。

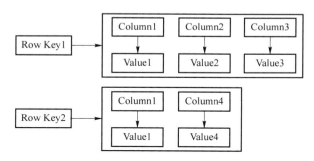

图 8-6　Cassandra 的列族结构

列族中行是由 Key 以及 Key 关联的 Column 组成的。一个存储用户信息的 user 列族示意如下。

```
users = {
    zhang:{//this is a key
        {
            name:"username",
            value:"zhang",
            timestamp:4342423
        },
        {
```

```
                name:"email",
                value:"zhang123@163.com",
                timestamp:4545645
            },
            {
                name:"phone",
                value:"18023656362",
                timestamp:4342443
            }
        },
    wang:{//this is a key
            {
                name:"username",
                value:"wang",
                timestamp:4342423
            },
            {
                name:"email",
                value:"1234567@qq.com",
                timestamp:4545645
            }
        }
    }
```

3. 列

列是 Cassandra 的基本数据结构,具有三个值,即键或列名称、值和时间戳。V1.1 版本之后 Cassandra 列扩展了一个新的属性,即存活时间(TTL)。与 RDB 不同的是,Cassandra 列的名称可以是字符串类型,也可以是数值等其他类型。

将一个 Column 使用 JSON 的形式表示出来,如下所示。

```
{
    name:"email ",
    value:"1234567@qq.com ",
    timestamp:4545645
}
```

4. 键

在 Cassandra 中,每一行数据记录是以键值对的形式存储的,其中 key 是唯一标识,也称为行键。数据存储是按行键排序的,可以对行键定义类型,不同类型的行键排序结果会有差异。

如果给一个 Cassandra 数据库中某个列赋值,通常如图 8-7 所示。

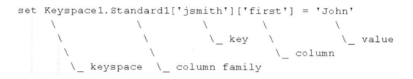

```
set Keyspace1.Standard1['jsmith']['first'] = 'John'
       \            \          \         \          \
        \            \          \_ key    \          \_ value
         \            \                     \_ column
          \_ keyspace  \_ column family
```

图 8-7　Cassandra 数据库列赋值示意

需要注意的是,某个 CF 内所有 Column 都是按照它的 name 来排序,不是按照 value 排序。Cassandra 表设计时,有时可以将真正的值存为列名称,而将列的值置为空。

设计一个 Cassandra 数据库时需要注意的基本原则如下:

(1) 适当采用反范式设计和冗余数据来提高数据访问的便捷性;

(2) 主键设计时,需考虑让数据尽可能均匀分布在集群的各个节点中;

(3) 分析业务常用操作,适应数据访问操作对模型设计进行优化。

8.3　列族数据库集群架构

8.3.1　Cassandra 对等式集群架构

Cassandra 集群架构设计基于 Amazon Dynamo 对等模式,采用一致性哈希拓扑划分策略进行读写负载均衡管理,集群中存储多个副本分布在各个节点上。Cassandra 在后台使用 Gossip 协议,允许节点相互通信并检测集群中的任何故障节点。Cassandra 集群有如下特点:

- 每个节点是独立的,并且同时互联到其他节点,集群中所有节点都扮演相同的角色;
- 集群中的每个节点都可以接受读取和写入请求,无论数据实际位于集群中的何处;
- 当节点关闭时,可以从网络中的其他节点提供读/写请求。

Cassandra 在集群中的节点之间使用数据复制以确保没有单点故障的操作如图 8-8 所示。

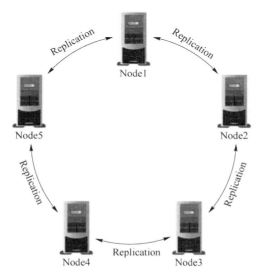

图 8-8　Cassandra 集群中对等节点间的数据复制

Cassandra 数据库中包含的关键组件概念如下。

（1）提交日志：是 Cassandra 中的崩溃恢复机制。每个写操作都会写入提交日志，可以根据日志进行数据恢复。

（2）Mem 表：是存储器驻留内存的数据结构。提交日志后，数据将被写入 Mem 表。每个 CF 对应一个 Mem 表。

（3）SSTable：SSTable 类似 HBase 的 storefile，是一个磁盘文件，当 Mem 表满足一定条件后会将数据从 Mem 表中刷新到磁盘上的 SSTable 中，一旦写入就不可变更，只能读取。

（4）布隆过滤器：快速定位待查询的 Key 所属的 SSTable，它是一种特殊的缓存。

集群中的写操作如图 8-9 所示，首先写日志文件 Commitlog，然后数据才会写入 Column Family 在内存中对应的 MemTable 中，MemTable 满足一定条件后批量刷新到磁盘上，存储为 SSTable。用户可以在写完部分副本而非全部 N 个节点副本时，就返回写入成功。

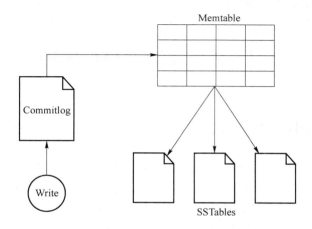

图 8-9　Cassandra 数据库写操作

CommitLog 位于磁盘中，可以确保在异常情况下，根据持久化的 SSTable 和 CommitLog 重构内存中 Memtable 的内容。CommitLog 是 Server 级别，不是 Column Family 级别，每一个节点上的 CommitLog 都统一管理。每个 CommitLog 文件的大小是固定的，称为一个 CommitLog Segment，一般是 128 MB，硬编码在代码中。写操作写完 CommitLog 后会再写 MemTable，当一个文件写满以后，会新建一个的 CommitLog 文件。当旧的 CommitLog 文件不再需要时，会被自动清除。数据恢复时，需要所有磁盘上的 CommitLog 文件。当一个 CommitLog 文件对应的所有 CF 的 MemTable 都刷新到磁盘后，该日志文件就不再需要，系统会自动清除此类日志文件。

MemTable 是一种驻留内存的存储结构，每个 CF 对应一个 MemTable 内容，按照 Key 排序。缓存写回机制是当满足一定条件后批量将数据刷新到磁盘上，存储为 SSTable；下一次 MemTable 需要刷新到一个新的 SSTable 文件中。优势在于将随机 IO 写变成顺序 IO 写，降低了大量的写操作对于存储系统的压力。

SSTable 是磁盘上的持久化数据，按照 key 排序后存储 key/value 键值字符串，SSTable 一旦完成写入，就不可变更，只能读取。为了避免大量 SSTable 带来的性能影响，定期将多个 SSTable 合并成一个新的 SSTable，称为 Compaction。SSTable 中的 key 都是已经排序好的，因此只需要做一次合并排序就可以完成该任务。

查询数据时，如图 8-10 所示，需要去合并读取 Column Family 所有的 SSTable 和 Memtable，Bf 确定待查找 key 所在的 SSTable，Idx 确定 key 在 SSTable 中的偏移位置。

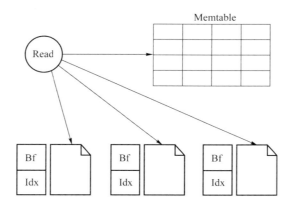

图 8-10　Cassandra 数据库读操作

集群中 R、W、N 分别表示读节点数、写节点数与总节点数，可由用户配置。

- R、W 为 1，可用性最强，一致性最差。
- R、W 为 N，可用性最差，一致性最强。

在一致性要求高时，推荐 $R+W>N$；而实时性要求高时，推荐 $R+W<N$。在实际应用中，经常设置为 2、2、3。

Cassandra 对等集群中节点间会定期通过 Gossip 协议向其他节点发送心跳信息，检查节点失效情况。集群成员管理引入种子节点（SeedNode）机制。

8.3.2　Cassandra 分区策略

Cassandra 横向扩展（Scale Out）时通过增加集群中的节点数量来获得水平扩展的能力，依赖于分区策略将数据切分并分配到各个节点中去，便于并行数据访问。主要包含两种分区方式，即范围分区（Range Partition）和哈希分区（Hash Partition）。其中 HBase 主要采用前者，而 Cassandra 主要采用一致性哈希（Consistent Hashing）算法，使得存取数据非常快速和高效。一致性哈希算法将哈希空间按大小首尾相接形成一个环。每个节点被分配到环上的一到多个区域形成一个 token。哈希空间使用一定位数的整型 ID 来标识每一个分区。每个节点记录环上前驱 token 和后继 token 的位置，最大的 token 后面紧跟着最小的 token，从而形成了一个环。

Cassandra 数据库中 PRIMARY KEY 的第一个元素称为分区键。分区键作为主键的一部分，在 Cassandra 中除了表示数据库中记录的唯一性外，另一个特殊作用就是确定在分布式系统中数据的存放位置。当数据写入到集群中的时候，第一步就是用 Hash 函数计算分区键的值，即依据哈希函数 hash(partition_key) 计算得到 token 值，partition_key 是哈希函数的输入参数，计算结果为 token，通过 token 映射到具体节点上。假设当前是写入操作，会将该数据对象由环上拥有比该对象 token 大的最小 token 节点来负责存储。根据用户在配置时指定的备份策略，将该数据对象备份到另外的 $N-1$ 个节点上。网络中总共存在该对象的 N 个副本。

Cassandra 默认的是 Murmur3Partitioner，Murmur3 哈希函数有着非常良好的随机分布特性。Cassandra 配置还支持 RandomPartitioner、ByteOrderedPartitioner 等分区函数。其中 RandomPartitioner 将按照键的 MD5 值均匀地存放数据到各个节点上，由于键是无序的，所以该策略无法支持针对键的范围查询；ByteOrderedPartitioner 将按照键排序后存放数据到各个节点上，该 Partitioner 允许用户按照键的顺序扫描数据，该方法可能导致负载不均衡。

Cassandra 分区键的选择需要注意以下三点。

（1）分区键要有足够多的分区键值，以便在集群所有节点之间能够均匀地分布数据，典型的分区键是用户 ID、设备 ID、账号等。

（2）分析业务操作，最好单个分区能够涵盖一次读所想拿到的所有相关数据。

（3）分区不要太大，Cassandra 可以处理大于 100 MB 的大分区，但效率不高。如果分区很大，则说明数据分发可能不太均匀。

8.3.3　持久化管理

Cassandra 不会使用回滚和锁机制来实现关系型数据的事务机制，相比较于提供原子性、隔离性和持久化，Cassandra 提供最终一致性级别用户可配置，让用户决定为每个事务提供强一致性或者最终一致性。作为非关系型数据库，为了提供高可用和更快的写入性能，Cassandra 支持行级别的原子性和隔离性。

原子性方面，Cassandra 写操作时提供分区级别的原子性，即同一分区的两行或多行写入或更新可以被当作一个原子写入操作管理。删除操作同样支持分区级别。假设写一致性级别为 QUORUM，即要求大多数成功才算成功，副本因子如果为 3，Cassandra 会将写操作复制到集群中的所有的节点，然后等待 2 个节点的应答。如果某个节点写入失败了，但是其他节点成功了，Cassandra 会在失败的节点报告失败。然而，其他成功写入的节点不会自动进行回滚。Cassandra 使用客户端的时间戳来决定一列的最新更新。当请求数据的时候，最新的时间戳赢，因此如果多个客户端会话同时更新一行的相同列，最后更新的值会被读操作看到。

隔离性方面，Cassandra 写操作是完全行级别的隔离性。这意味着在单个节点上的一个分区，对客户端来说一次只能写入一行。这个操作范围是严格受限的，直到操作完成。

持久化方面，Cassandra 中的写操作是持久化的。一个节点上的所有写操作在收到应答标记写入成功之前都会写入内存和磁盘的 Commitlog 中。如果在 Memtables 刷新到磁盘之前，忽然宕机或者节点失败，Commitlog 可以用来在节点恢复重启时找回丢失的写入操作。

8.4　列族数据库的应用

列族数据库的典型特点是将数据存储在列族中，列族中许多列数据通过"行键"把本行相关数据关联起来，大表可存储上百亿行、上百万列的数据。列的数量可以灵活定义，这种扩展模式特别适合结构化大数据的存储与应用。可以支持千万级别的 QPS（Queries-per-second，每秒查询率）、PB 级别的存储，这些都已经在很多大型互联网公司生产系统运行环境中得到验证。Cassandra、HBase 等列族数据库的设计思想参考自谷歌的 BigTable，充分表明列族数据库能够适应互联网搜索引擎类应用级别的宽表数据存储需求。Cassandra 自 2008 年发布以来已被许多组织使用,包括 Apple、AppScale、Constant Contact、Facebook、IBM、Instagram、Spotify、Netflix 等。HBase 数据库在国内特别是阿里、小米、京东、滴滴等公司内部大都有数千甚至上万台的数据库集群应用。列族数据库也广泛应用在传统电信、金融、交通等领域的详单、订单、地理位置移动信息存储与应用分析场景中。

相比 HBase 列族数据库,Cassandra 的 P2P 架构写入操作非常高效,这在实时大数据应用中有非常大的应用场景。Apache Spark 是应用于 Hadoop 集群的处理引擎,在内存条件下可以为 Hadoop 百倍级加速。Spark 还提供 Spark SQL、流数据处理、机器学习和图型计算等一栈式大数据处理与分析技术架构。Cassandra 与 Spark 相结合,能够让端到端的分析工作流的实现更为容易,企业可以更快地响应客户需求,非常适合需要向客户提供实时推荐和个性化在线体验的企业级大数据应用系统开发。

列族数据库适合的应用场景描述如下。

(1)对象数据存储:如头条类、新闻类平台的新闻、网页、图片、音频、视频等数据的存储。

(2)推荐场景中的画像类数据:如用户画像是一个比较大的稀疏矩阵,蚂蚁风控就是构建在 HBase 之上的。

(3)日志类数据存储:如网页浏览日志、电商客户购买日志、音乐视频观看日志等。

(4)时序数据存储:如 HBase 上有 OpenTSDB 模块,可以满足时序类场景的需求。

(5)状态跟踪类数据:如订单状态、快递、外卖、包裹物流状态等数据。

(6)物联网状态和事件历史类数据:如汽车物联网数据、气象感知等物联网数据。

同样,列族数据库的应用场景随着大数据业务需求的拓展将更加广泛,读者可结合自己的业务领域及兴趣方向,结合列族数据库本身的技术特点及优势进一步思考其应用场景。

8.5　本 章 小 结

本章主要介绍了列族数据库的相关基础知识,包含基本概念、特点、主流列族数据库排名、列族数据存储逻辑架构、列族数据库集群架构及列族数据库主要应用场景。HBase 强调 CP,而 Cassandra 数据库是一个强调 AP 特性的列族数据库。Cassandra 数据存储模型参考自 Google 的 BigTable,集群架构参考自 Dynamo。本章主要介绍 Cassandra 数据库的数据存储逻辑架构、对等集群架构、分区策略及持久化管理机制。用一句话概括,Cassandra 的键空间是一个或者多个列族的容器,列族是一系列行的容器,每一行包括了若干个有序的列,每一个键空间至少有一个列族。列族数据库广泛应用在各个行业中需要分布式存储和管理包含数十亿级行、PB 级大宽表数据的场景中。

8.6　思考与练习题

1. 什么是列族数据库? 请列出三种具体的列族数据库名称。

2. Cassandra 数据库有什么特点? 为什么它的集群架构不会出现单点故障?

3. 请简述 Cassandra 的数据存储逻辑架构。键空间对应关系数据库中的什么概念?

4. 列族数据库中的列与关系数据库中的列有什么区别?

5. 什么样的列应该归入同一列族里面？

6. HBase 分布式架构与 Cassandra 有什么不同？

7. Cassandra 两种键空间副本放置策略有什么不同？

8. 请简述 Cassandra 数据库集群架构原理，并分析其优缺点。

9. 调研并分析 Cassandra 与 HBase 数据存储模型有什么区别。

10. Cassandra 中在写数据入库时 Commitlog、Memtable 和 SSTable 三者关系如何？并简述操作顺序。

11. Cassandra 数据库集群通过什么协议来交换服务器状态信息？

12. Cassandra 数据库分区策略有什么特点？

13. Cassandra 数据库如何进行持久化管理？

14. Cassandra 环形架构中，如果添加一个节点，其他节点如何知晓？

15. 列族数据库一般适合应用在什么场景？请选择其一举例说明，并设计场景中典型的一个大表数据存储的逻辑模型。

本章参考文献

[1]　https://db-engines.com/en/ranking/wide+column+store.

[2]　http://cassandra.apache.org.

[3]　http://hbase.apache.org/.

[4]　Jeff,Carpenter,Eben,Hewitt. Cassandra 权威指南[M]. 南京：东南大学出版社,2018.

[5]　https://www.w3cschool.cn/cassandra/.

## 第 9 章

Cassandra 列族数据库

　　Cassandra 列族数据库具有高度可扩展性,可用于管理大量的结构化数据。Cassandra 是列簇数据库中的优秀代表,备受关注并且得到广泛应用,它是用 Java 语言开发的。本章主要介绍 Cassandra 数据库的基础知识,包括核心概念、安装方法、数据类型、CQL 关键技术、表和索引的管理操作、Cassandra 集群架构关键思想以及数据库管理与监控关键技术。

　　本章内容思维导图如图 9-1 所示。

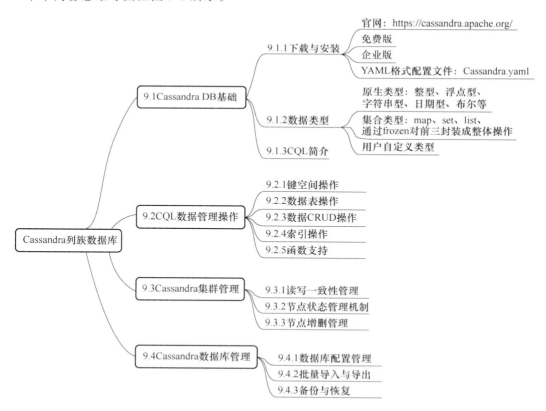

图 9-1　Cassandra 列族数据库章节内容思维导图

9.1　Cassandra DB 基础

9.1.1　下载与安装

Cassandra
安装程序

Cassandra 数据库可以方便地从官方网址：https://cassandra.apache.org/下载，文件名为 apache-cassandra-3.11.4-bin.tar.gz。解压后目录结构如图 9-2 所示。

bin	2019/3/12 16:25	文件夹	
conf	2019/3/12 16:25	文件夹	
doc	2019/3/12 16:25	文件夹	
interface	2019/3/12 16:25	文件夹	
javadoc	2019/3/12 16:25	文件夹	
lib	2019/3/12 16:25	文件夹	
pylib	2019/3/12 16:25	文件夹	
tools	2019/3/12 16:25	文件夹	
CASSANDRA-14092.txt	2019/2/3 6:09	文本文档	5 KB
CHANGES.txt	2019/2/3 6:09	文本文档	359 KB
LICENSE.txt	2019/2/3 6:09	文本文档	12 KB
NEWS.txt	2019/2/3 6:09	文本文档	110 KB
NOTICE.txt	2019/2/3 6:09	文本文档	3 KB

图 9-2　Cassandra 安装文件

这里以 Windows 平台为例说明安装过程，Linux 平台操作过程类似，一般包含如下 5 个步骤。

（1）配置环境变量：配置 CASSANDRA_HOME 为安装路径，并在 path 后面增加"%CASSANDRA_HOME%\bin;"。

（2）确认环境变量设置成功：重新开启新的命令窗口，请注意一定要新开命令窗口才可以查看到被新建或修改的环境变量。在新的命令窗口中输入"echo %Java_home%"或"echo %Cassandra_Home%"输出环境变量的值，会获取到刚才设置的值。

（3）修改默认配置文件，即%CASSANDRA_HOME%\conf 文件夹下的 cassandra.yaml 文件。

① 修改数据存储文件路径，先在本地新建 data 目录，对应配置项如图 9-3 所示。

```
186    # Directories where Cassandra should store data on disk.  Cassandra
187    # will spread data evenly across them, subject to the granularity of
188    # the configured compaction strategy.
189    # If not set, the default directory is $CASSANDRA_HOME/data/data.
190    # data_file_directories:
191    #     - /var/lib/cassandra/data                    默认的
192
```

图 9-3　cassandra.yaml 中的 data_file_directories 配置项

并将其修改为本地新建的 data 路径,示例如下。

```
data_file_directories:
    -C:\BDA\apache-cassandra-3.11.4\data
```

② 修改日志文件存储路径,先在本地新建 commitlog 目录,对应配置项如图 9-4 所示。

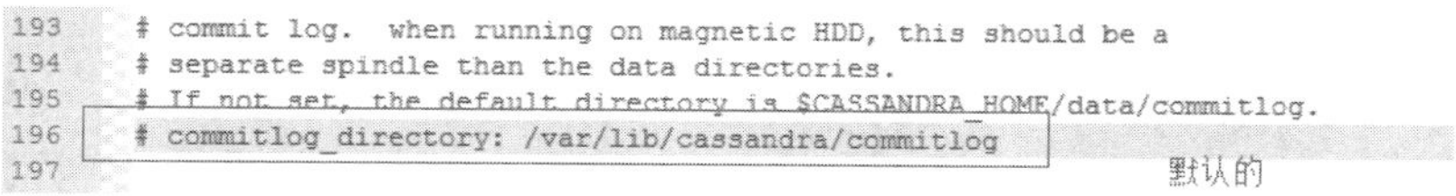

```
193    # commit log.  when running on magnetic HDD, this should be a
194    # separate spindle than the data directories.
195    # If not set, the default directory is $CASSANDRA_HOME/data/commitlog.
196    # commitlog_directory: /var/lib/cassandra/commitlog
197
                                                                    默认的
```

图 9-4　cassandra. yaml 中的 commitlog_directory 配置项

并将其修改为本地新建的日志文件存储路径,示例如下。

```
commitlog_directory: C:\BDA\apache-cassandra-3.11.4\commitlog
```

③ 修改缓存文件存储路径,先在本地新建 saved_caches 目录,同前找到对应配置项后,修改为本地路径,示例如下。

```
saved_caches_directory: C:\BDA\apache-cassandra-3.11.4\saved_caches
```

④ 启动前,在%CASSANDRA_HOME%\bin 下的 cassandra. bat 与 cassandra. in. bat 两个文件中分别添加以下内容,两个环境变量的值修改为读者自己的环境配置。

```
set   JAVA_HOME = C:\Program Files\Java\jdk1.8.0_181
set   CASSANDRA_HOME = C:\BDA\apache-cassandra-3.11.4
```

(4) 启动,执行%CASSANDRA_HOME%\bin 下的 cassandra. bat,看到图 9-5 所示内容即表示安装成功。

图 9-5　Cassandra 启动成功后显示的内容

(5) 运行 cqlsh,可进入如图 9-6 所示交互命令执行环境,进行数据库操作与管理。

```
C:\Users\yuan>cqlsh
WARNING: console codepage must be set to cp65001 to support utf-8 encoding on Wi
ndows platforms.
If you experience encoding problems, change your console codepage with 'chcp 650
01' before starting cqlsh.

Connected to Test Cluster at 127.0.0.1:9042.
[cqlsh 5.0.1 | Cassandra 3.11.4 | CQL spec 3.4.4 | Native protocol v4]
Use HELP for help.
WARNING: pyreadline dependency missing.  Install to enable tab completion.
cqlsh>
```

图 9-6　cqlsh 操作界面

Windows 下运行 Cassandra 除了需要 JRE 外,还需要 Python2.7,如果安装了 Python3 以上的环境,需要单独安装一个 Python2.7 的环境,在 Cassandra 安装目录下的 bin\cqlsh.bat 文件设置 Python2.7 的路径。如图 9-7 所示,同时需将 Python2.7 安装路径添加到系统环境变量 Path 中,或者为方便切换 Python2 与 Python3 可创建 PythonHOME 环境变量,并指向 Python2.7 安装路径。

```
@echo off
if "%OS%" == "Windows_NT" setlocal
set path=C:\\Python27
```

图 9-7　Python2.7 路径参数设置

在 cqlsh 交互环境下查询当前集群信息命令,如看到如图 9-8 所示结果表示安装成功。

```
cqlsh> select cluster_name,listen_address from system.local;

 cluster_name | listen_address
--------------+----------------
 Test Cluster |      127.0.0.1

(1 rows)
```

图 9-8　查询本地集群信息

执行 cqlsh --help 命令可显示有关 cqlsh 命令的帮助信息。

在 Centos 上可以采用"yum"命令在线安装 Cassandra 最新稳定版本。

Cassandra 在安装目录 bin 目录和 tool/bin 目录下提供的常用工具简要说明如下。

- nodetool:用于监控管理集群节点的工具包。
- sstableloader:加载 SSTable 到集群中。
- sstablescrub:删除集群中的冗余数据。

9.1.2　数据类型

Cassandra 数据库提供了丰富的数据类型,分为原生类型(Native_type)、集合类型(Collection_type)、用户定义类型(User_defined_type)、元组类型(Tuple_type)、自定义类型(Custom_type)。Cassandra 原生数据类型如表 9-1 所示。

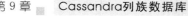

表 9-1 Cassandra 原生数据类型

数据类型	常量	描述
1. 字符串型		
ascii	string	表示 ASCII 字符串
text	string	表示 UTF-8 编码的字符串
varchar	string	表示 UTF-8 编码的字符串
2. 整型		
bigint	integer	表示 64 位有符号长整数
int	integer	表示 32 位有符号整数
tinyint	integer	表示 8 位有符号整数
smallint	integer	表示 16 位有符号整数
varint	integer	表示可变精度整数
3. 浮点型		
decimal	integer, float	表示可变精度浮点数
double	integer, float	表示 64 位 IEEE-754 浮点数
float	integer, float	表示 32 位 IEEE-754 浮点数
4. 日期型		
date	string, integer	一般格式为：yyyy-mm-dd
time	string, integer	一般格式为：hh:mm:ss[.fff]
timestamp	integer, string	表示时间戳，精度到毫秒
timeuuid	uuid	时间相关的 uuid，可以使用 now() 作为值
duration	duration	持续时间，使用 ISO8601 格式
5. 其他类型		
boolean	boolean	表示 true 或 false
counter	integer	表示计数器列
inet	string	表示一个 IP 地址，IPv4 或 IPv6
blob	blob	表示任意字节数组
uuid	uuid	表示 UUID 类数据

Cassandra 数据库集合数据类型主要包含以下 4 种。

① 列表类型：list < T > [value，value，...]，列表中的值可以重复。

② 集合类型：set < T > {value，value，...}，集合中的值不可以重复出现。

③ 键值对集合：map < T，T > {'key1'：value1，'key2'：value2}，使用 column['key'] 来访问。

④ frozen：是对前面三种集合类型的限定，将其所有元素进行序列化，形成一个整体，没用 frozen 时，集合类型均可以对单个元素操作，限定后只能对整体进行操作。

Cassandra 数据库用户自定义类型的创建、查询、修改、删除操作分别说明如下。

（1）创建类型，语法如下，其中 name 为类型名称，create type 语句创建新的用户自定义类型，每个类型都是一组列名称、列类型的集合。字段类型可以是任何合法类型，这里类型也可以是集合或其他已存在的用户自定义类型。

语法：

```
create type <name> (
    column cql_type,
    ......
    column cql_type
);
```

示例如下，其中 test 为一键空间，参见 9.2.1 节的介绍。

```
cqlsh:test> create type address (
                province text,
                city text,
                region text,
                HouseNumber text
            );
```

引用 UDT 创建其他 UDT 示例如下。

```
create type work_and_home_addresses (
    home_address address,
    work_address address
)
```

（2）查询所有的 UDT 类型。

```
cqlsh:test> describe types;
```

（3）查看某个类型。

```
cqlsh:test> describe type address;
```

（4）修改某个 UDT，如添加一个新列。
语法：

```
alter type <name> ADD column cql_type;
```

示例：

```
cqlsh:test> alter type address ADD PostalCode text;
```

（5）修改某个 UDT，如重命名某一列。
语法：

```
alter type <name> RENAME <COLUMN> TO <new_name>
```

示例：

```
cqlsh:test> alter type address RENAME PostalCode TO zipCode;
```

也可以一次修改多个列名称，用 AND 相连接。

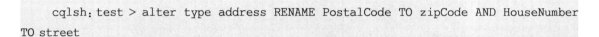

```
cqlsh:test > alter type address RENAME PostalCode TO zipCode AND HouseNumber
TO street
```

（6）删除某一 UDT 类型，类型没有被使用的前提下，才能被删除。

语法：

```
drop type < name >;
```

示例：

```
cqlsh:test > DROP TYPE address;
```

与 UDT 相比较，Cassandra 数据库自定义元组类型，只需要定义元组每个元素的类型即可，不需要定义每个元素的名称。

自定义元组类型一般语法形式为：tuple < text，text >，对应的值为（value，value，...）。

9.1.3　CQL 简介

CQL 是 Cassandra Query Language 的缩写，目前作为 Cassandra 默认并且主要的交互接口。CQL v3 提供了非常类似于 SQL 的语法，数据放在了包含 rows 和 columns 的 tables 中，这些含义与 SQL 定义相同，但是其内部实现的原理不同。CQL 和 SQL 主要的区别是 CQL 不支持 JOIN 和子查询。

CQL 语言使用标识符来标识 tables、columns 和其他对象。标识符字符序列构成与正则表达式[a-zA-Z][a-zA-Z0-9_]* 一致。一些标识符，比如 SELECT 或 WITH，类似于 SQL，属于数据库系统关键字，有固定含义被保留，不能被用户自定义。CQL 标识符和关键字是大小写不敏感的。因此 SELECT 与 select、sElEcT 表示相同含义。一般约定关键字大写，自定义标识符小写。

CQL 单行注释采用--或//开头，多行注释使用"/* 注释内容 * /"方式表示。CQL 语句可以分为以下 3 类。

* DDL：定义或修改数据存储结构。
* DML：数据操作语言，新增、修改与删除数据等。
* Queries：查询数据。

CQL 常用 Shell 命令如下。

（1）登录 Shell。

```
> cqlsh
```

（2）查看命令帮助。

```
> cqlsh -help
```

（3）查看当前版本信息。

```
> cqlsh -version
cqlsh:test > show version;
[cqlsh 5.0.1 | Cassandra 3.11.0 | CQL spec 3.4.4 | Native protocol v4]
```

（4）使用用户名和密码登录，默认用户名和密码都是 cassandra。

```
> cqlsh -u'cassandra'-p'cassandra'
```

（5）启动时执行 cql（可用于导入数据，或者执行文件中的 cql）。

```
> cqlsh --file = "D:\users.cql"
```

（6）捕获命令，所有的 select 查询的结果都将保存在 output 文件中。

```
cqlsh > capture 'D:\cassandra\data\output'
```

（7）关闭捕获。

```
cqlsh:test > capture off;
```

（8）复制命令 copy to，将表中的数据写入文件中。

```
cqlsh:test > copy users(id, username, age) to 'D:\myfile'
```

（9）查看当前主机信息。

```
cqlsh:test > show host;
Connected to Test Cluster at 127.0.0.1:9042.
```

（10）关闭 Shell。

```
cqlsh:test > exit
```

（11）退出 Shell。

```
cqlsh:test > quit
```

（12）描述集群信息，如集群的名称和所使用的环地址分区算法。

```
cqlsh:test > describe cluster;
```

（13）查看键空间列表，类似于查看数据库中表列表。

```
cqlsh:test > describe keyspaces;
```

（14）查看键空间表信息。

```
cqlsh:test > describe tables;
```

（15）清空之前屏幕显示的信息。

```
cqlsh:test > Clear;
```

可以将多条 CQL 语句保存成文本文件（*.cql 文件）。*.cql 文件可以在系统命令行中按照以下语法执行。

```
> cqlsh --file'file_name'
```

也可以在 cqlsh 环境中利用 SOURCE 命令执行。

```
cqlsh:test > SOURCE 'file_name'
```

9.2 CQL 数据管理操作

9.2.1 键空间操作

Cassandra 数据库键空间的创建、查询、修改、删除操作分别介绍如下。

1. 创建键空间

基本语法：

```
CREATE KEYSPACE < identifier > WITH < properties >
```

CREATE KEYSPACE 语句用来创建一个新的顶级 Keyspace。Keyspace 是一个命名空间，定义了复制策略和 Table 的其他选项集合。合法的 Keyspace 名称是由数字和字母组成的，长度小于 32 位的标识。注意，Keyspace 命名是大小写不敏感的。三个主要参数说明如下。

（1）复制策略（class）取值。

- SimpleStrategy：简单策略，在一个数据中心的情况下使用，定义了简单的复制因子，在整个集群中只支持 replication_factor 一个子选项，定义复制因子且是必选项。
- NetworkTopologyStrategy：网络拓扑策略，用于多个数据中心，可以为每个数据中心定义单独的复制因子。子选项以 key-value 方式定义，key 表示数据中心名称，value 表示此数据中心的复制因子。

（2）复制因子（replication_factor）：整数取值，代表副本数。

（3）持久写入（durable_writes）：boolean 值，默认 true。

示例 1：

```
cqlsh > CREATE Keyspace ks_test
    WITH replication = {'class':'SimpleStrategy','replication_factor' : 3};
```

示例 2：

```
cqlsh > CREATE Keyspace ks_multidctest
WITH replication = {'class':'NetworkTopologyStrategy','DC1' : 1,'DC2' : 3}
                AND durable_writes = false;
```

其中 DC1、DC2 是数据中心的名称，可以通过 nodetool status 命令查看数据中心名称。如果设置 durable_writes 为 false，那么在写入数据到 Keyspace 的时候会绕开提交日志。采用这种方式可能会丢失数据。注意，不要在使用简单策略的时候使用这个属性。

2. 查看键空间

要检查键空间是否创建，请使用"DESCRIBE"命令，可以查询某一具体的键空间，如下示例。某个键空间的相关信息包含键空间表 keyspaces、索引表 indexes、视图表 views、函数表 functions、触发器表 triggers、聚合表 aggregates、类型表 types 等。

```
cqlsh > DESCRIBE ks_test;
```

Cassandra 有一个称为 system 的内部 keyspace，用于存储关于集群的元数据，包括节点令牌、集群名，用于支持动态装载的 keyspace 和 schema 的定义。可以通过以下命令查看 system 键空间中各个系统表的创建语句。

```
cqlsh > DESCRIBE system;
```

3. 切换当前要使用的键空间
基本语法：

```
USE < identifier >
```

示例：

```
cqlsh > USE ks_test;
```

4. 修改键空间属性
修改键空间的 replication 和 durable_writes 参数值。
一般语法：

```
ALTER KEYSPACE < name >
WITH REPLICATION = {'class':'strategy name','replication_factor': int}
AND durable_writes = boolean;
```

示例：

```
cqlsh > ALTER KEYSPACE ks_test WITH REPLICATION = {'class':'SimpleStrategy','replication_factor': 1} AND durable_writes = true;
```

5. 删除键空间
语法：

```
DROP KEYSPACE < name >
```

示例：

```
cqlsh > drop keyspace ks_test;
```

DROP KEYSPACE 语句执行将删除 keyspace 中的所有 Column Families 及包含在 Column Families 中的所有数据。

9.2.2　数据表操作

Cassandra 数据库表的创建、查询、修改、删除操作分别介绍如下。
1. 创建表
基本语法：

```
CREATE TABLE [IF NOT EXISTS] < name > (
    column cql_type,
    column cql_type,
    column cql_type,
        ......
    PRIMARY KEY(column, column, … )
) [WITH property = value AND property = value…];
```

在定义表时,每行由 PRIMARY KEY 唯一标识。所以所有的表必须定义一个 PRIMARY KEY。一个 PRIMARY KEY 可以由一个或多个 Columns 组成。如果 PRIMARY KEY 只有一个 Column,则可以直接在此 Column 之后定义。否则 PRIMARY KEY 必须用逗号分隔,以括号包含多个 Column 来单独定义,示例如下。

示例1:

```
cqlsh:ks_test > create table IF NOT EXISTS users (
    id bigint primary key,
    username text,
    age int,
    height double,
    brithday date,
    isvip boolean,
    ip inet,
    hobbies list < text >,
    skills set < text >,
    scores map < text, int >,
    tags tuple < text, text >,
    createtime timestamp,
) with comment = 'user info table';
```

示例2:

```
cqlsh:ks_test > CREATE TABLE CPT (
    CID int,
    PID int,
    remark text,
    PRIMARY KEY (CID,PID)
);
```

在 CQL 中,列的顺序定义了主键。第一个 Column 的 key 称为 Partition key。所有的 rows 共享相同的 Partition key,存储在相同的物理节点上。注意,可能会存在复合 Partition key,比如 Partition key 由多个 Column 组成,使用括号包含多个 Column 组成 Partition key。PRIMARY KEY 中除分区键以外剩下的 column,则称为 Clustering columns。在给定的物理节点和给定的 Partition key 上,Clustering columns 决定了存储的顺序,使得在 Clustering columns 查询时效率很高。

一些 Columns 可以声明为 static,Column 声明为 static 将被拥有相同 Partition key 的所有 rows 共享,即拥有相同的 partition key 则 staic 列的值也一样。例如:

```
CREATE TABLE sctest (
    pk int,
    t int,
    v text,
    sc text static,
    PRIMARY KEY (pk, t)
);
INSERT INTO sctest(pk, t, v, sc) VALUES (0, 0, 'val0', 'static0');
INSERT INTO sctest(pk, t, v, sc) VALUES (0, 1, 'val1', 'static1');
SELECT  *  FROM sctest WHERE pk = 0 AND t = 0;
```

最后查询语句返回结果中 sc 列的值为'static1',类似 C 程序设计语言中的静态变量,只保存最新值。但如果一个 table 没有 Clustering columns,则不能有 static columns。只有非 PRIMARY KEY 的 Columns 才能为静态列。

2. 查看表结构信息

(1) 语法:

```
DESCRIBE TABLE name;
```

示例:

```
cqlsh:ks_test > DESCRIBE TABLE users;
```

(2) 列出所有表的语法:

```
DESCRIBE TABLES;
```

3. 修改表结构信息

(1) 添加一列的语法:

```
ALTER TABLE < name > ADD column cql_type;
```

示例:

```
cqlsh:ks_test > ALTER TABLE users ADD temp varchar;
```

(2) 删除一列的语法:

```
ALTER TABLE < name > DROP column;
```

示例:

```
cqlsh: ks_test > ALTER TABLE users DROP temp;
```

(3) 删除多列的语法:

```
ALTER TABLE < name > DROP (column, column, …)
```

示例:

```
cqlsh: ks_test > ALTER TABLE users DROP   (height, temp);
```

Cassandra 也支持修改列的类型,但需注意 Cassandra 并不支持所有的类型间都能转换,需要遵守一定的类型转换适配规则。

4. 删除表

语法:

```
DROP TABLE < name >
```

示例:

```
DROP TABLE users;
```

9.2.3 数据 CRUD 操作

Cassandra 数据库表中数据的插入、查询、修改、删除操作分别介绍如下。其中,UPDATE 和 INSERT 语句中可以包含 TIMESTAMP 与 TTL 选项。TIMESTAMP 表示设置为操作的时间戳,如果没有指定,则将会使用当前时间,单位是毫秒。TTL 表示允许指定插入值的存活时间,单位是秒。如果设置了,则在指定时间之后,查询数据库时,数据库将不会返回失效数据。请注意 TTL 关注点为插入的值,这意味着后面的更新将会重置 TTL。默认地,值永远不会过期。TTL 为 0 或负数等价于没有设置 TTL。

1. 数据插入

语法 1:

```
INSERT INTO < table name >(column, column, … )
VALUES(value, value,…)
[USING TTL seconds];
```

示例 1:

```
cqlsh:ks_test > insert into users(id, username, age,height,birthday,isvip,ip,
hobbies, skills,scores,tags, createtime)
    values(1,'张三',29,175.5,'1990-10-26',true,'192.168.1.1', ['running', 'reading'],
{'Java', 'iOS'}, {'china': 80, 'english': 90}, ('Beijing', 'Programer'),dateof(now()));
```

示例 2:

```
 cqlsh: test > insert into users ( id, username, age, height, birthday, isvip, ip,
hobbies,skills,scores,tags,createtime)
    values(2,'王五',38, 185.5,'1989-06-06',false,'192.168.11.11',['Movie', 'Music'],{'
Python','NoSQL'}, {'china': 90,'english': 99}, ('Manager', 'ShangHai'), dateof(now()));
```

语法 2:

```
INSERT INTO < table name > JSON '{"key1": "value", "key2": "value", … }'
```

示例 3:

```
cqlsh:test > insert into users
json'{"id": 3, "username": "陈东", "age": 26}'
using ttl 3600;
```

在 INSERT 语句中,当使用 VALUES 语法时,Columns 列表必须提供。当使用 JSON 语法时,Columns 列表是可选的。与 SQL 不同,INSERT 不会检查 row 是否存在,若不存在则创建,否则更新。若使用 IF NOT EXISTS,当 row 不存在时,才会进行插入操作。但请注意,使用 IF NOT EXISTS 将会引起性能降低问题,所以尽量少用。

2. 数据查询基础

语法:

```
SELECT column, column, … FROM < table name > WHERE < condition >;
```

示例:

```
cqlsh:test > SELECT * FROM users;
```

如果 WHERE 条件中使用的字段没有创建索引,需要使用 allow filtering 表示强制查询,如下示例。

```
cqlsh:test > SELECT id, username, createtime, tags
    FROM users
    WHERE id in(1, 2) and age > 18 AND tags = ('Beijing', 'Programer')
    allow filtering;
```

数据查询操作也支持如下使用方法。

(1)支持 LIMIT、TIMESTAMP 和 TTL 从句进一步限定返回数据条数等。

(2)支持扩展命令,使用命令后 select 输出的结果展示形式不一样。

```
cqlsh:test > expand on;
Now Expanded output is enabled
cqlsh:test > select * from users;
```

如下方式可关闭扩展命令。

```
cqlsh:test > expand off;
```

(3)支持排序,ORDERBY 子句与 SELECT 一起使用,可以实现以特定顺序输出结果数据。

(4)可以设置 PAGING [ON | OFF]控制是否分页读取数据。

(5)可以将返回结果显示为 JSON 形式,示例如下。

```
SELECT json * from test.users;
```

3. 数据修改

语法:

```
UPDATE < table name > [USING TTL seconds]
SET
    column = value,
    column = value
        ……
WHERE < condition >
```

示例：

```
cqlsh:test > update users using ttl 60 set username = 'hehe' where id = 3;
```

对于给定的行 UPDATE 语句可以更新一个或多个列。< where-clause >用来查询更新的行，where 子句必须包含组成 PRIMARY KEY 的所有列。与 SQL 不同，UPDATE 不会检查行是否存在，若不存在则创建，否则更新。

4. 数据删除

（1）截断表：使用 TRUNCATE 命令将表中所有数据删除，需慎用。

（2）删除行。

语法：

```
DELETE FROM < table name > WHERE < condition >
```

示例：

```
DELETE FROM Users USING TIMESTAMP 1240003134 WHERE username = '张三';
```

（3）删除列。

语法：

```
DELETE column, ··· FROM < table name > WHERE < condition >;
```

示例：

```
DELETE phone FROM Users WHERE userid IN (1, 2);
```

Cassandra 的数据删除操作实际上并不是真的删除，它执行的是插入操作，插入的数据叫作 Tombstone(墓碑)，记录了被删除记录的信息和删除时间。根据条件查询数据的时候，它会把满足条件的记录查询出来，包括 Tombstone，然后过滤掉删除的记录，再把结果返回。Cassandra 中可通过压紧操作合并 SSTable，丢弃墓碑，创建新索引。

5. BATCH 操作

语法：

```
BEGIN BATCH
    < insert-stmt >;
    < update-stmt >;
    < delete-stmt >;
        ……
APPLY BATCH;
```

示例：

```
cqlsh:test > BEGIN BATCH
    insert into users json '{"id": 4, "username": "test", "age": 16}';
    update users set age = 20 where id = 4;
    delete age from users where id = 4;
    APPLY BATCH;
```

BATCH 语句组合多条语句(插入、修改或删除)到一条语句中。BATCH 语句只能包含 UPDATE、INSERT 和 DELETE 语句。如果每个操作都没有指定 Timestamp,则所有操作将使用同一个 Timestamp。默认地,Cassandra 使用 Batch log 来确保所有的操作自动批处理执行。当 BATCH 跨越多个 partitions 时,会带来性能损失。如果不想带来性能损失,则可以使用 UNLOGGED 选项来告诉 Cassandra 跳过 Batch log。

6. 聚合查询操作

类似于关系数据库,Cassandra 也提供对数据进行求和等汇总查询操作。部分说明如下。

- Count():计数。
- Max()和 Min():求最大和最小值。
- Sum():求和。
- Avg():求平均值。

例如:

```
cqlsh:test > SELECT COUNT ( * ) FROM users;
cqlsh:test > SELECT Avg (age) FROM users;
```

9.2.4　索引操作

Cassandra 数据库中定位数据主要采用以下二级索引机制。

- 第一级索引所用的 key 为(row-key, cf-name),即用一个 row-key 和 column-family-name 可以定位一个 column family 中的一行。column family 是 column 的集合。
- 第二级索引所用的 key 为 column-name,即通过一个 column-name 可以在一个 column family 行中定位一个 column。

KeysIndex 为一种倒排索引的实现。KeysIndex 所创建的二级索引也被保存在一个 ColumnFamily 中。在插入数据时,对需要进行索引的 value 进行摘要,生成独一无二的 key,将其作为 RowKey 保存在索引的 ColumnFamily 中;同时在 RowKey 上添加一个 Column,将插入数据的 RowKey 作为 name 域的值,value 域赋空值,timestamp 域赋插入数据的时间戳。如果有相同的 value 被索引了,则会在索引 ColumnFamily 中相同的 RowKey 后再添加新的 Column。如果有新的 value 被索引,则会在索引 ColumnFamily 中添加新的 RowKey 以及对应新的 Column。当对 value 进行查询时,只需计算该 value 的 RowKey,在索引 ColumnFamily 中查找该 RowKey,对其 Columns 进行遍历就能得到该 value 所有数据的 RowKey。

适当建立索引能够很好地提高数据列的访问性能。例如假设在一个存储数十亿首歌曲的表中,很多歌曲可能有共同的作曲艺术家或者演唱艺术家。作曲艺术家列或者演唱艺术家列就比较适合作为索引。但不是所有列都适合创建索引,例如以下情况:

- 列的值很多的情况下,因为相当于查询了很多条记录,得到一个很小的结果;
- 表中有 couter 类型的列;
- 需要频繁更新和删除的列;
- 在一个很大的分区中查询一条记录时。

创建、删除索引分别示例说明如下。

1. 创建索引

语法:

```
CREATE INDEX [index name] ON < table_name(column)>
```

示例：

```
cqlsh:test > CREATE INDEX users_username_idx ON users(username);
```

2. 删除索引

语法：

```
DROP INDEX [IF EXISTS] < index name >;
```

示例 1：

```
cqlsh:test > DROP INDEX users_username_idx;
```

示例 2：删除指定键空间的索引。

```
cqlsh:test > DROP INDEX test.users_username;
```

索引创建后一般由数据库系统自动维护，如果需要人工维护，可以使用命令行方式下的 nodetool 工具，命令语法一般形式如下。

```
> nodetool rebuild_index < keyspace >< table >< indexName >
```

9.2.5　函数支持

Cassandra 数据库进行数据 CRUD 操作时，可以使用 CQL 提供的丰富的标准库函数，也可以使用用户自定义函数。常用库函数主要分为以下两大类。

- 标量函数（Scalar Functions）：简单地取多个值并且用它产生输出。
- 聚合函数：用于聚合来自 SELECT 语句的多行结果，如 Count、Max、Min、Sum、Avg 函数分别用于计数、求最大值、求最小值、求和与求平均计算，用法参见 9.2.3 节。

常用的标量函数简介如下。

（1）Cast 函数：用于将一种本地数据类型转换为另一种数据类型。示例如下。

```
SELECT cast(score as text) FROM studentTable;
```

（2）Token 函数：参数为列名称，允许计算给定分区键的 token，即在集群环结构中的地址。token 函数的确切值取决于有关的表和集群使用的分区器。示例如下。

```
SELECT token(score) FROM test.studentTable;
```

token 的参数类型取决于分区键列的类型。返回类型取决于正在使用的分区器。

- 对于 Murmur3Partitioner，返回类型是 bigint。
- 对于 RandomPartitioner，返回类型为 varint。
- 对于 ByteOrderedPartitioner，返回类型为 blob。

例如，表定义如下，集群如果使用默认 Murmur3Partitioner，那么 token 函数将采用类型为 text 的单个参数，在这种情况下，分区键是 userid。因为没有聚集列，因此分区键与主键相同，返回类型将是 bigint。

```
CREATE TABLE users (
    userid text PRIMARY KEY,
    username text,
)
```

（3）now：函数不使用参数，并且在协调器节点上生成新的唯一 timeuuid。

（4）时间转换函数：提供了许多函数来将时间符，如时间戳或日期转换成另一种类型，如 toDate 函数、toTimestamp 等。

（5）uuid：函数不使用参数，用来在 INSERT 和 UPDATE 语句中生成 uuid。

（6）TTL：函数参数为列名称，显示该列的生存期，仅针对键值对中的值列，因此对于主键列无法使用。

（7）writetime：函数参数为列名称，返回结果为毫秒级时间戳，即写入时间。注意，该语句无法用于任何主键列，因为行键没有单独的时间戳。示例如下。

```
SELECT WRITETIME(age) from test.tuser；
```

Cassandra 数据库用户自定义函数（UDF）允许执行用户提供的函数代码。默认情况下，Cassandra 支持用 Java 和 JavaScript 定义的函数。可通过向类路径添加 JAR，添加对其他符合 JSR 223 的脚本语言的支持，如 Python、Ruby 和 Scala 等。

UDF 是 Cassandra 模式的一部分。因此，它们会自动传播到集群中的所有节点。

UDF 可以重载，即支持具有不同参数类型但具有相同函数名称的多个 UDF，示例如下：

- CREATE FUNCTION sample (arg int) ...；
- CREATE FUNCTION sample (arg text) ...；

用户自定义函数在函数执行期间应注意异常的捕获及处理。用户自定义函数可以在 SELECT、INSERT 和 UPDATE 语句中使用。

（1）创建用户自定义函数，语法形式简单，示例如下。

```
CREATE FUNCTION akeyspace.fname IF NOT EXISTS(someArg int)
    CALLED ON NULL INPUT
    RETURNS text
    LANGUAGE java
    AS $ $
        // some Java code
    $ $；
```

（2）删除用户自定义函数。

语法：

```
DROP FUNCTION <function name>
```

如果存在多个参数类型不一致，但名称相同的函数，则函数删除时需要指定参数类型。

示例：

```
DROP FUNCTION myfunction;
DROP FUNCTION mykeyspace.afunction;
DROP FUNCTION Tfunction (int);
DROP FUNCTION Tfunction (text);
```

Cassandra 数据库还支持通过 CREATE AGGREGATE、DROP AGGREGATE 创建及删除用户自定义聚合函数。

9.3　Cassandra 集群管理

9.3.1　读写一致性管理

Cassandra 集群一致性指的是如何使节点数据更新到最新,并且在所有副本节点上同步数据。Cassandra 通过提供可以调节的数据一致性参数扩充了最终一致性的观点,对于任何读取或写入操作,用户决定请求数据的一致性级别。一致性级别配置指定副本节点成功返回的数目达到多少时,将返回一个成功响应给客户端。一致性可配置参数取值写操作含义如表 9-2 所示。

表 9-2　Cassandra 一致性参数配置取值写操作含义

级别	描述	使用
ANY	一个写入必须被写入到至少一个节点中。如果给定行所有的副本都宕机了,写入仍然会返回成功	提供了低的延迟和写入永远不会失败的保证。相比于其他级别,提供了最低的一致性和最高的可用性
ONE/TWO/THREE	一个写入必须被写到至少 1 个/2 个/3 个副本节点的 commit log 文件和内存表中	满足了大部分用户的需求,因为一致性级别要求不严格。与协调者节点最近的副本节点接收到请求
QUORUM	一个写入必须被写到规定数目副本节点的 commit log 文件和内存表中	提供了很强一致性
LOCAL_ONE	一个写入会被至少一个本地数据中心的副本节点成功接收	在一个多数据中心的集群,如果期望至少一个副本节点写成功但又不希望任何跨数据中心的通信,可以采用该配置项
LOCAL_QUORUM	一个写入必须被写到本地数据中心中规定数目副本节点的 commit log 文件和内存表中。避免跨数据中心的通信	需要将多数据中心集群配置策略为 NetworkTopologyStrategy。用于在一个数据中心中维护本地的一致性
EACH_QUORUM	一个写入必须被写到所有数据中心中规定数目的副本节点的 commit log 文件和内存表中	在多数据中心集群中使用,严格维护多个数据中心具有相同的一致性。例如,当数据集群宕机并且数据中心不能达到 QUORUM 需返回失败时,可以使用这一级别
ALL	一个写入必须被写到集群中所有的应当存储它的副本节点的 commit log 文件和内存表中	相对于其他级别,提供了最高的一致性和最低的可用性。强调 CAP 中的 CP

当 Cassandra 一致性级别配置为 ONE 或者 LOCAL_QUORUM 时，即使副本节点在其他的数据中心，写入仍然会发送到所有的副本节点。写一致性级别决定了多少个副本节点应当对接收到的写入做出反应。读一致性级别决定了收到多少个副本节点响应时，再返回数据给客户端。为了满足读请求，Cassandra 根据时间戳检查指定数目的副本节点的数据，并找到最新的数据。表 9-2 中的一致性配置项针对读操作的含义类似。

查看当前一致性级别设置，可用 cqlsh 命令，默认为 ONE。

```
CONSISTENCY;
```

当修改设置一致性级别时，cqlsh 命令语法格式如下。

```
CONSISTENCY [ONE| ALL|QUORUM|…];
```

9.3.2　节点状态管理机制

Cassandra 集群没有中心节点，各个节点的地位完全相同，它们通过 Gossip 协议维护集群的状态。Gossip 也被称作逆熵（Anti-entropy），较适合在没有很高一致性要求的场景中用作同步信息。信息达到同步的时间大概是 $\log(N)$，这里 N 表示节点的数量。Gossip 中的每个节点维护一组状态，状态可以用一个 key/value 对表示，还附带一个版本号，版本号大的为更新的状态。两个节点 A、B 之间消息通信有 3 种方式，如表 9-3 所示。Cassandra 采用第三种方式——Push-pull-gossip。

表 9-3　Gossip 消息处理方式

名称	描述
Push-gossip	A 节点将状态集合发送到 B，B 通过和本地的状态集合比较，更新 A 中比自己新的数据
Pull-gossip	A 发送一个摘要给 B，B 通过比较，仅仅返回 A 上需要更新的状态数据
Push-pull-gossip	这种方式和 Pull-gossip 一样，在 B 发送给 A 其需要更新的状态的同时，会向 A 请求比 B 新的数据，更新本地

节点启动时会从配置文件 cassandra.yaml 得到集群名称以及种子节点列表，每个节点的种子节点列表相同。Gossiper 进程通过每个节点的心跳来感知节点是否存活。通过 Gossip 每个节点都能知道集群中包含哪些节点以及这些节点的状态，这使得 Cassandra 集群中的任何一个节点都可以完成任意 key 的路由，任意一个节点不可用都不会造成灾难性的后果。

Cassandra 自带的 Nodetool 工具系统命令行集群管理工具可以执行多种维护性操作，并且显示多种集群状态信息。注意，nodetool 命令不是在 cqlsh 环境中运行的，而是在操作系统的命令行环境中执行的。常用形式说明如下。

（1）单独执行 nodetool，可以看到帮助信息。

（2）执行 nodetool help < command >，可以查看对应指令的用途和用法。

（3）nodetool version：查看版本。

（4）nodetool ring：查看节点环地址等信息。

（5）nodetool describecluster：查看集群名称、用到的分区算法和拓扑策略等。

（6）nodetool netstats：显示当前主机的网络统计信息。

（7）nodetool describering＜keyspace＞：查看键空间相关的 token 分布信息。

（8）nodetool tablestats＜keyspace. table＞：查看数据表的统计信息。

（9）nodetool flush --＜keyspace＞（＜table＞...）：将指定键空间或表的数据持久化，即从 Memtable 到 SSTables。

（10）nodetool rebuild：发生临时性故障后，与其他节点交互重建数据。

（11）nodetool cleanup：用来清理不再负责的分区数据，否则这些旧数据会一直存在硬盘上。

（12）nodetool compact：执行压紧操作，会引起 sstable 文件的合并。

可以指定键空间和表，一般用法如下：

```
nodetool compact --＜keyspace＞＜tables＞...
```

（13）数据修复：

```
nodetool repair
```

可以在频繁执行数据修改或删除动作之后执行，或定期执行。

（14）修复指定数据中心，该命令只能在当前数据中心使用：

```
nodetool repair -dc DC1
```

（15）修复指定键空间、表数据不一致的情况：

```
nodetool repair＜keyspace_name＞＜table1＞＜table2＞
```

9.3.3　节点增删管理

Cassandra 集群采用 P2P 对等模式构建，相关最基本的配置参数主要包含以下几项。

（1）cluster_name：集群中每个节点的名称都是一样的，默认是' Test Cluster'。

（2）auto_bootstrap：新节点加入的过程称为 bootstrap，主要完成新节点中虚拟节点 token 分配，以及加入环，并重新分配数据等过程。该参数默认值为 true，节点将在加入集群后自动完成相应操作。该参数是一个隐藏参数，默认在配置文件中不可见。

（3）-seeds：设置种子节点，可以配置为逗号间隔的多个种子节点 IP 地址列表构成的字符串，用于 gossip 引导新节点加入集群中。在多数据中心的集群中，种子节点一般配置为至少包含每个数据中心的两个节点地址。

（4）listen_address：绑定自己的 IP 地址，用于其他节点与它通信，也可以直接留空，Cassandra 通过 InetAddress. getLocalHost()可以从系统获取本地地址。也可以配置 listen_interface，两者选一配置即可，不要同时配置。

（5）rpc_address 与 rpc_port：客户端连接的监听地址与端口号。

（6）storage_port：可以使用默认的配置 7000，端口用于接收命令和数据。

（7）endpoint_snitch：Cassandra 使用告密者机制来定位节点和路由请求，默认值 SimpleSnitch 用于单数据中心部署或者公共云中的单个区域，不识别数据中心或者机架信息。当涉及集群中多数据中心、多机架分布式部署时，需要根据物理部署架构选择合适的参数，如配置为 GossipingPropertyFileSnitch、PropertyFileSnitch 等，服务器节点与数据中心、机架的对应关系可以在配置文件 cassandra-topology. properties、cassandra-rackdc. properties 中定义。

集群中各个服务器节点均需安装 Cassandra 数据库,在完成配置后,需要分别启动 Cassandra 服务。集群启动时,先启动种子节点,再启动其他节点。可使用 nodetool status 查看集群状态信息,状态信息中 UN 表示节点正常运行,DN 表示节点宕机,UJ 表示数据正在迁移中。

在集群中横向扩展动态添加服务器时,新节点的配置文件参数需要与加入的集群某些关键参数信息匹配,如集群名称必须一致,种子节点列表最好参考其他节点保持一致等。但 listen_address 和 rpc_address 等需要设置成自己的 IP。新节点启动服务后,Cassandra 的自动引导机制会根据配置文件相应参数自动迁移数据到新节点,进行负载均衡,这个过程是后台的、稳健的和智能的。

集群中删除一台服务器时,因为数据有多个备份,并不会丢失数据影响系统的可用性。删除节点操作并不会自动删除该节点的数据,节点下线后可手工删除相应目录下的数据。删除节点主要有两种操作方式。

(1)对需要关闭的集群活跃节点,执行 nodetool decommission 命令。该命令表示关闭节点并且将数据迁移到邻近的其他节点上。

(2)从集群移除宕机节点。首先用 nodetool status 命令确认环中已经处于 DN 状态的节点,从输出中记录宕机节点的 HOSTID。然后使用 nodetool removenode 命令移除宕机的节点,命令一般格式如下:

```
nodetool removenode HostID
```

使用 nodetool removenode status 可查看删除状态,如果发现总在等待删除一个节点,可以使用 nodetool removenode force 执行强制移除该节点。

9.4　Cassandra 数据库管理

9.4.1　数据库配置管理

Cassandra 数据库提供了丰富的数据库管理配置参数,在配置文件 cassandra. yaml 中有每个参数的说明,有关系统安装的基本配置项介绍参见 9.1.1 节,这些基本配置项主要影响数据库的启动。这里对其他有关数据库运行管理等方面关键参数的作用说明如下。

(1)cluster_name:集群名称。Cassandra 集群中每一台服务器都必须具备相同的集群名称。

(2)initial_token:服务器初始化 Token 值,这个值代表了 Cassandra 服务器在一致性哈希环中的位置。当 Cassandra 第一次启动的时候,会从该配置项中读取,如果留空,将随机生成一个 token 值。如果 Cassandra 不是第一次启动,将从系统表中读取该 token 值。

(3)num_tokens:默认配置 256,token 数量越多,这个节点将会存储越多的数据。

(4)auto_bootstrap:第一次启动的时候,是否在加入 Cassandra 集群时从其他服务器获取

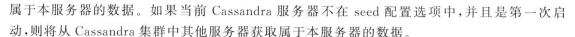

属于本服务器的数据。如果当前 Cassandra 服务器不在 seed 配置选项中,并且是第一次启动,则将从 Cassandra 集群中其他服务器获取属于本服务器的数据。

（5）hinted_handoff_enabled：是否开启当前 Cassandra 服务器的 HINT 操作。如果开启该功能,Cassandra 服务器将缓存发送给暂时失效的其他 Cassandra 服务器的数据,等待失效的服务器恢复后,再将缓存的数据发送给恢复的服务器。

（6）authenticator：验证使用 Cassandra 的用户是否合法,可以选择的项为：

- AllowAllAuthenticator：所有的用户都是合法的。
- PasswordAuthenticator：合法的用户和对应的密码验证后才能执行数据访问操作。

（7）authorizer：验证该用户是否具备操作某一个 Column Family 的权限,默认值为 AllowAllAuthorizer。

（8）partitioner：Cassandra 集群中数据分区的策略。同一个 Cassandra 集群中的每一台服务器中的该配置需要一致。

（9）data_file_directories：SSTable 文件在磁盘中的存储位置。这个选项可以设置多个值,即如果服务器具有多个磁盘,可以将这几个磁盘都指定为存储 SSTable 文件的位置。可以和 commitlog_directory 设置在不同的磁盘中,这样有利于分散整体系统磁盘 I/O 的压力。

（10）commitlog_total_space_in_mb：commitlog 文件占用空间大小,默认 8192。

（11）commitlog_sync：记录 commitlog 的方式。可以选择的项为：

- periodic：周期记录 commitlog,固定周期将数据更新操作写入 commitlog。
- batch：批量记录 commitlog,每一段时间内数据的更新将批量一次操作 commitlog。

（12）commitlog_sync_period_in_ms：周期记录 commitlog 时,刷新 commitlog 文件的时间间隔。这个选项只有在 commitlog_sync 是 periodic 时才能设置。

（13）commitlog_sync_batch_window_in_ms：批量记录 commitlog 时,批量操作缓存的时间间隔。这个选项只有在 commitlog_sync 是 batch 时才能设置。

（14）seeds：Cassandra 集群中的种子节点地址,这个选项可以设置多个值,即 Cassandra 集群中有多个种子节点。集群中所有的服务器在启动的时候,都将与 seed 节点进行通信,从而获取集群的相关信息。如果某一台服务器被设置为 seed 节点,那么在启动的时候,将自动加入集群,并且不会执行 Bootstrap 的操作,即无法从集群的其他节点中获取相应的数据。

（15）column_index_size_in_kb：SSTable 文件中的 Data 文件对应 Column 索引的数据大小。默认值为 64。

Cassandra 数据库也可以使用图形用户界面工具进行管理,如 DataStax OpsCenter,从中央控制台监控和管理集群中的所有节点。OpsCenter 通过图形化操作界面大大简化了数据库的管理操作,可方便地添加扩展集群、配置 nodes、查看性能指标、修复问题及监控集群情况等。OpsCenter 主要通过代理机制收集各个节点的信息到 OpsCenter 服务器,通过浏览器访问 OpsCenter 应用页面进行数据库管理操作。

9.4.2　批量导入与导出

Cassandra 数据库针对批量数据的导入、导出操作可以采用以下方法完成。

（1）cqlsh 命令 COPY TO/FROM

请注意它们不是 cql 命令，需要在 Shell 环境下运行。使用这组命令可以在 Cassandra 与其他 RDBMS 或 Cassandra 之间迁移数据。COPY TO/FROM 支持 CSV 文件格式以及标准输出和输入。COPY TO/FROM 命令同样支持集合数据类型。

（2）sstableloader

Cassandra 提供的批量数据加载工具可以加载外部数据到 Cassandra，也可以恢复 snapshot，实现加载 sstable 到不同配置的 Cassandra 集群。如果数据量很大，建议使用 sstableloader；如果数据量比较小的话，使用 COPY TO/FROM 更省时省力。

（3）ETL 工具

很多第三方的 ETL（Extract-Transform-Load）工具支持从其他数据库向 Cassandra 数据库迁移数据。

这里主要介绍前两种技术，首先来看 COPY FROM/TO 的使用方法，COPY TO/FROM 命令格式如下：

```
COPY table_name [(column, ...)]
FROM 'file_name' | STDIN
WITH option = 'value' AND ...
COPY table_name [(column , ....)]
TO 'file_name' | STDOUT
WITH option = 'value' AND ...
```

COPY FROM 用于从 CSV 文件或标准输入导入数据到表，而 COPY TO 用于将表数据导出到 CSV 文件或标准输出。WITH option='value' 用于指定 CSV 文件的格式，如 header =true 指定了文件是否包含数据头部信息，具体详见官方文档。如果不指定列名，会按表元数据中记载的列顺序输出所有的列。同样，如果 CSV 也是按相同的顺序组织数据，使用 COPY FROM 时也可以忽略所有的列名。

使用 COPY TO/FROM 时，可以只指定部分列进行部分数据的导入和导出，可以按任意顺序指定列名。如果表中已经存在数据，COPY FROM 不会删除已有的数据。

导出数据的示例：

```
cqlsh> use ks_test ;
cqlsh:ks_test> COPY user (id, username, age,height,birthday) TO 'd:\data.csv' ;
```

导入数据的示例：

```
cqlsh:ks_test> COPY user (id, username, age,height,birthday) FROM 'd:\data.csv';
```

Cassandra 的第二种数据迁移工具 sstableloader 位于安装路径 bin 目录下。它是一种可以跨集群迁移数据的方案，即可以用于把一个表的 SSTable 文件导入一个新的集群中。假设要将由三台服务器构成的老集群中的数据迁移到另外三台服务器构成的新集群中，因为 sstableloader 只是迁移所在节点上的数据，因此需要分别在不同的老节点上执行数据迁移操作，分别将数据迁移到对应的新节点上。这种方式要求在迁移数据前，在新集群中建立和老集群相同名称的键空间和表结构。

例如在老集群环境里执行如下命令：

```
./sstableloader -d 192.168.3.18 -u cassandra -pw cassandra -t 100 /opt/data/mykeyspace/
mytable
```

其中各个参数含义简要说明如下。
- -d：迁移的服务器 IP。
- -u：迁移集群的用户名。
- -pw：迁移集群的用户密码。
- -t：限制流量，单位 MB/s，默认不限制。
- /.../keyspace_name/table_name：命令最后部分是被迁移集群存储数据的目录，包含
  键空间名称及表名称。有时表名称对应多个目录，要选择包含.db 后缀文件的路径。
迁移操作需要在老集群所有节点中执行完毕后，表数据才能成功导入到新集群中。

9.4.3　备份与恢复

Cassandra 通过为磁盘中的数据文件，即 SSTable 文件创建快照来备份数据。可为所有
键空间、单个键空间、单个表创建快照。当创建了系统范围的快照后，可开启增量备份，即只备
份自上次快照以来变化了的数据。快照创建、删除、恢复操作命令描述如下。

1. 创建快照

在每个节点使用 nodetool snapshot 命令创建快照，示例如下，其中 demdb 为数据库名，也
可以为某个特定表创建快照。通过-t 参数可以为快照定义名称。

```
nodetool -h localhost -p 7199 snapshot demdb
```

执行该命令后首先会将内存中的数据写入磁盘，之后为 demdb 每个 keyspace 的 SSTable
文件创建快照。快照的默认位置为数据库安装路径下数据子目录中，创建后可考虑移至其他
位置。

快照文件位置示意：/data/< keyspace_name >/< table_name >/snapshots/snapshot-name。

2. 删除快照

使用 nodetool clearsnapshot 命令删除指定名称的快照，如果不指定快照名称，将删除所
有快照。

命令一般格式：

```
nodetool clearsnapshot [-t snapshotname -- keyspacename]
```

创建新的快照并不会自动删除旧的快照，需在创建新快照前通过 nodetool clearsnapshot
命令移除旧的快照。

```
nodetool -h localhost -p 7199 clearsnapshot
```

3. 启用增量备份

默认不开启，可通过在各节点的 cassandra. yaml 配置文件中设置 incremental_backups 为
true 来开启增量备份。开启后会为每个新的被刷入的 SSTable 创建一个备份文件并拷贝至数
据目录的/backups 子目录。Cassandra 不会自动删除增量备份文件，创建新的快照前需手工
移除旧的增量备份文件。

4. 从快照恢复数据

从快照恢复数据需要所有的快照文件,若使用了增量备份,还需快照创建之后所有的增量备份文件。将所有需要的文件复制到数据文件夹下,可使用 nodetool refresh 命令恢复快照数据。通常,在从快照恢复数据前需先清空表中数据。

创建、删除快照也可用并行 SSH 工具在整个集群中并行操作。创建时不保证所有副本一致,但 Cassandra 在恢复快照时利用本身的一致性机制保障一致性。

数据恢复也可采用前述的 sstableloader 工具。

9.5　本 章 小 结

Cassandra 是一个面向列的适合大数据存储的数据库系统。Cassandra 的技术架构综合了 Amazon 的 Dynamo 对等集群架构及 Google BigTable 数据模型的优势和特点。Cassandra 具有高可扩展性、一致性管理级别可配置机制和对等集群高容错能力,不会出现单点故障。本章主要介绍了 Cassandra 数据库基础知识,具体包含环境配置安装步骤、数据类型、CQL 简介及针对键空间、表、索引、函数的数据管理关键操作;Cassandra 集群读写一致性、节点状态管理、节点增删管理技术;Cassandra 数据库配置管理、数据批量导入与导出、备份与恢复技术。nodetool 是 Cassandra 自带的管理工具,命令默认只是操作本机当前进程,例如 repair,如果需要做全集群操作,需要在每台机器上执行对应的 nodetool 命令。

9.6　思考与练习题

1. 请参考 9.1.1 节内容,在 Linux 环境下安装 Cassandra 数据库,并撰写实践报告,包含关键步骤及效果截图。

2. 相比 HBase,Cassandra 在数据类型方面有什么优势?

3. Cassandra 中的集合类型 frozen 有什么作用?

4. Cassandra、HBase 在 CAP 理论方面强调的方面是否相同? 请说明它们侧重的方面。

5. 什么是墓碑? Cassandra 墓碑机制有什么优点?

6. 什么是压紧操作? 主要完成什么工作?

7. 新建键空间时,副本策略及 replication_factor 参数的含义是什么?

8. 请完成以下实践操作。

(1)创建键空间 customers,采用简单策略,副本因子为 3。

(2)切换到该新建的空间并新建表 pCust,包含客户标识、客户类型、客户性别、职业类型、姓名、身份证号、移动电话、住址、消费喜好、累计消费金额、月均消费额;其中消费喜好取值可为书籍、茶具、红茶、黑茶、男童玩具、男童衣物等,客户类型分普通客户与大客户,列名称、类型自行设计。客户标识作为主键。

(3)插入 5 条模拟数据,数据需要覆盖下面第(4)至第(8)项数据操作的需求。

(4)修改其中一条客户数据,要求原来客户类型值为普通客户,修改后为大客户。

（5）针对职业类型列创建索引。

（6）查询所有大客户数据。

（7）查询所有男性客户的月均消费额度。

（8）查询所有女性客户列表中的最低月均消费额。

（9）删除月均消费额在 10 元以下的客户。

9．Cassandra 读写一致性如何配置？不同参数值的含义是什么？

10．请模拟搭建包含 3 个节点的 Cassandra 数据库集群，并撰写实践报告，包含关键步骤及效果截图。

11．Cassandra 如何进行集群节点状态监控？如何对一个节点进行一致性修复？

12．Cassandra 如何批量导入、导出数据？请举例说明。

13．Cassandra 如何备份与恢复数据？请以第 8 题中的 customers 为例，实践备份与恢复操作，并撰写实践报告，包含关键步骤及效果截图。

本章参考文献

［1］　http://cassandra.apache.org/doc/latest/.

［2］　https://docs.datastax.com/en/opscenter/6.7/opsc/opscArchOvr.html.

［3］　Jeff,Carpenter,Eben,Hewitt. Cassandra 权威指南［M］. 南京：东南大学出版社，2018.

［4］　https://www.w3cschool.cn/cassandra/.

［5］　https://blog.csdn.net/q936889811/article/details/89190614.

第 10 章

NoSQL 数据库访问技术

NoSQL 数据库管理系统在大数据生态应用系统架构存储层中起着重要的作用,应用系统业务逻辑开发如何连接访问后台 4 大类主流数据库,是本章学习的重点内容。不同类型的数据库一般都支持多种程序语言的编程接口,如 Java、Python、Ruby、C♯、C＋＋、Scala、Go 等。本章主要介绍基于 Java、Python 语言对 Neo4j 图数据库、MongoDB 文档数据库、Redis 键值数据库、Cassandra 列族数据库的连接与访问方法。

本章内容思维导图如图 10-1 所示。

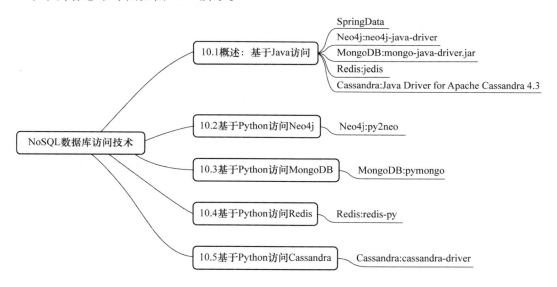

图 10-1　NoSQL 数据库访问技术内容思维导图

10.1　概　　述

NoSQL 数据库在各个行业应用领域的业务系统中起着重要的作用。应用系统架构中存储层往往起着承上启下的核心作用,特别是在大数据时代,为了满足不同应用场景的需求,可能需要同时采用传统关系型数据库、键值数据库、列族数据库、文档数据库等多种数据库。基于 Spring Boot 的 Java Web 应用开发技术栈如图 10-2 所示。框架中通过 Spring Data 实现与不同类型数据库的连接。Spring Data 是 Java Web 应用开发主流框架 Spring 的一个子项目，用于简化数据库访问，支持 NoSQL 和关系数据库存储。其主要目标是使数据库的访问变得方便快捷。数据源的配置及具体访问方法参见官方文档。

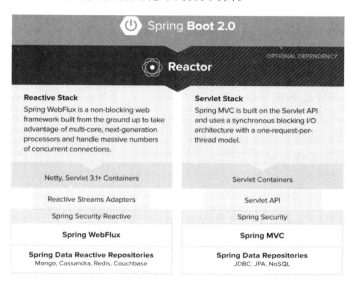

图 10-2　基于 Spring Boot 的 Java Web 应用开发技术栈

Java 访问不同类型的 NoSQL 数据库除了基于 Spring Data 框架外，也可以直接引入开发所依赖的 Jar 包，四类数据库的连接访问依赖包分别介绍如下。

（1）Neo4j 图数据库：驱动文件为 neo4j-java-driver，截至 2019 年 10 月，当前版本为 4.0，下载链接为 https://mvnrepository.com/artifact/org.neo4j.driver/neo4j-java-driver，如图 10-3 所示。

图 10-3　Neo4j 驱动文件

（2）MongoDB 文档数据库：官方提供的驱动文件为 mongo-java-driver.jar，当前版本为 4.0.4，下载链接为 http://mongodb.github.io/mongo-java-driver/。

（3）Redis 键值数据库：jedis 是 Redis 的 Java 版本客户端实现，开发需要的 Jar 包为 jedis.jar，

目前版本为 3.1。下载链接为 https://mvnrepository.com/artifact/redis.clients/jedis。

（4）Cassandra 列族数据库：Datastax 公司提供了 Java 访问 Cassandra 的驱动库包，可以从官方网站（https://docs.datastax.com/en/developer/java-driver/4.3/）查阅文档并下载，当前驱动的最新版本为 4.3。

依赖包可以直接从官网下载，也可以通过第三方工具配置依赖参数自动下载相关驱动 Jar 包。利用 Java 语言编程访问 NoSQL 数据库的一般步骤描述如下：

（1）复制相关 Jar 包到应用的 lib 目录下，可以通过 IDE 提供的功能完成 Jar 包配置；

（2）在应用程序代码中 import 相关类；

（3）加载驱动，创建数据库连接；

（4）创建会话；

（5）执行数据查询与维护管理操作语句；

（6）针对执行结果集进行遍历等操作；

（7）结束会话；

（8）关闭数据库连接，释放资源。

可以根据操作的需求，及数据库对事务的支持程度，在会话中进行事务的编程，或者通过在 Web 应用开发中引入持久化开发框架统一进行事务管理，这也是后端开发常采用的方法。本章后续几节主要基于 Python 介绍访问这四种不同类型 NoSQL 数据库的方法。

10.2　基于 Python 访问 Neo4j

Python3.8
安装程序

基于 Python 访问 Neo4j 数据库主要通过 py2neo 库，开发文档参考地址为 https://py2neo.org/v4/。

可以使用如下 pip 命令安装最新稳定版本。

```
pip install py2neo
```

如果同时安装了 Python 2 和 Python 3，建议把 Python 3 下的 Python.exe 改成 Python 3.exe，执行以下命令安装 py2neo。

```
Python3 -m pip install py2neo
```

Python 程序中需要引入 py2neo，具体示例代码如下。

```
>>> from py2neo import Graph, Node, Relationship
# 连接 neo4j 数据库
>>> graph = Graph("bolt://localhost:7687",username = "neo4j",password = "bupt")
# 创建节点：方便以后的节点查找操作，这里 lable 是属性名称
>>> node1 = Node(lable = "Person",name = "张三")
>>> node2 = Node(lable = "Person",name = "李四")
>>> graph.create(node1)
>>> graph.create(node2)
# 建立关系，并为关系属性 count 赋值为 1
>>> node_1_call_node_2 = Relationship(node1,'CALL',node2)
>>> node_1_call_node_2['count'] = 1
```

```
>>> node_2_call_node_1 = Relationship(node2,'CALL',node1)
>>> graph.create(node_2_call_node_1)
>>> graph.create(node_1_call_node_2)
# 更新关系或节点的属性,push 提交
>>> node_1_call_node_2['count'] += 1
>>> graph.push(node_1_call_node_2)
>>> node1['age'] = 20
>>> graph.push(node1)
# 查询
>>> matcher = NodeMatcher(graph)
>>> matcher.match(name = "张三").first()
# 查询 id 指定节点标识的节点
>>> graph.node[22]
```

其他 py2neo 操作请参考官方文档。

10.3　基于 Python 访问 MongoDB

MongoDB 支持很多种访问方式,参见 https://docs.mongodb.com/ecosystem/drivers。基于 Python 访问 MongoDB 数据库主要通过 pymongo 库,官方介绍文档地址为 https://docs.mongodb.com/ecosystem/drivers/python/。

可以使用如下 pip 命令安装最新稳定版本。

```
pip install pymongo
```

Python 程序中引入 pymongo 访问 MongoDB,示例代码如下。

```
>>> import pymongo
```

(1)创建数据库连接。

```
>>> from pymongo import MongoClient
>>> client = MongoClient()
```

以上方式会连接默认的数据库,可以通过以下方式连接特定地址及端口的数据库。

```
mongo_url = "127.0.0.1:27017"
client = pymorgo.MongoClient(mongo_url)
```

(2)连接到某一具体数据库,假设名称为 mongoTDB。

```
>>> Test_MDB = "mongoTDB"
>>> db = client[Test_MDB]
```

(3)连接到某一集合,如 mongoTDB.TCollection。

```
>>> COLLECTION = "TCollection"
>>> db_coll = db[COLLECTION]
```

（4）插入文档，例如插入一个 blog 数据到 posts 集合中。

```
>>> import datetime
>>> post = {"author": "Mike",
...         "text": "My first blog post!",
...         "tags": ["mongodb", "python", "pymongo"],
...         "date": datetime.datetime.utcnow()}
>>> posts = db.posts
>>> post_id = posts.insert_one(post).inserted_id
>>> print(post_id)
```

（5）查看当前数据库中所有集合名称。

```
>>> db.list_collection_names()
```

（6）使用 find_one 查看某一文档。

```
>>> import pprint
>>> pprint.pprint(posts.find_one())
  {'_id': ObjectId('...'),
   'author': 'Mike',
   'date': datetime.datetime(...),
   'tags': ['mongodb', 'python', 'pymongo'],
   'text': 'My first blog post!' }
```

find_one 也支持查询满足特定条件的文档，示例如下。

```
>>> pprint.pprint(posts.find_one({"author": "Mike"}))
```

pymongo 库中为文档的 CRUD 操作提供了丰富的操作方法，详见官方文档。

10.4　基于 Python 访问 Redis

基于 Python 访问 Redis 数据库主要通过 redis-py 实现，下载链接及相关文档参见 https://github.com/andymccurdy/redis-py，安装命令如下。

```
pip install redis
```

基于 Python 访问 Redis 数据库示例如下。

```
>>> import redis
>>> r = redis.Redis(host ='localhost', port = 6379, db = 0)
>>> r.set('foo', 'bar')
True
>>> r.get('foo')
'bar'
```

10.5 基于 Python 访问 Cassandra

基于 Python 访问 Cassandra 数据库需要安装驱动 cassandra-driver，下载链接及相关文档参见 https://pypi.org/project/cassandra-driver/。通过驱动用户可以实现对数据库的透明访问，该驱动组件由 DATASTAX 公司开发，开源免费，可以采用 pip 方式进行安装。

```
pip install cassandra-driver
```

由于 Cassandra 提供了 CQL 语言操作数据库，因此通过 Python 进行访问的过程实际上就是建立和数据库的连接之后发送 CQL 语句并获取返回结果的过程，示例如下。

（1）建立连接。

```
from cassandra.cluster import Cluster
cluster = Cluster(['192.168.209.180'])
cluster.port = 9042
```

或者通过 cluster＝Cluster()默认连接本机数据库集群。然后通过以下命令可连接默认的链空间或指定的某个键空间，创建会话。

```
session = cluster.connect()
session = cluster.connect('test_cassandra')
```

操作完毕后，可以通过以下方式关闭数据库连接。

```
cluster.shutdown()
```

由于 Cassandra 在分布式部署时采用对等的环形结构，因此 IP 参数支持逗号隔开的地址列表。

（2）连接到某个键空间，有两种方法：

```
session = cluster.connect('test_cassandra')
```

或者

```
session.execute("use test_cassandra")
```

（3）执行 CQL 语句。示例 CQL 语句如下。

```
session.execute("insert into users(id, name) values(1,'Zhang');")
session.execute("insert into users(id, name) values(2,'Wang');")
rows = session.execute("select * from users;")
for r in rows:
    print(r)
session.execute("delete from users where id = 2;")
```

当通过 session. execute 执行查询语句时，可以采用三种方式遍历返回的结果，示例如下。

```
rows = session.execute('SELECT name, age, email FROM users')
for row in rows:
    print (row.name, row.age, row.email)
for (name, age, email) in rows:
    print (name, age, email)
for row in rows:
    print (row[0], row[1], row[2])
```

10.6　本章小结

NoSQL 数据库在大数据应用系统中负责大数据的存储与管理任务。本章主要基于
Java、Python 语言介绍了连接和访问 Neo4j 图数据库、MongoDB 文档数据库、Redis 键值数据
库、Cassandra 列族数据库的方法和技术，并针对应用开发访问数据库所依赖库的安装及基本
访问技术进行了示例。

10.7　思考与练习题

1. 基于 Java 使用 SprinBoot 框架如何连接 NoSQL 数据库？请调研并实践访问
MongoDB。

2. 基于 Python 如何访问 Neo4j？实现连接本书 Neo4j 章节示例对应的数据库，并基于系
统自带的电影图数据库编程练习基本节点、关系、属性数据维护操作，撰写实践报告。

3. 基于 Python 如何访问 MongoDB？实现连接本书 MongoDB 章节创建的某一数据库，
并基于一个文档模型编程练习基本的数据维护操作，撰写实践报告。

4. 基于 Python 如何访问 Redis？实现连接本书 Redis 章节示例对应的某一数据库，并基
于其中的键值模型编程练习基本的数据维护操作，撰写实践报告。

5. 基于 Python 如何访问 Cassandra？实现连接本书 Cassandra 章节创建的某一数据库，
并基于一个大表模型编程练习基本的数据维护操作，撰写实践报告。

本章参考文献

[1]　https://spring. io/projects/spring-data.

[2]　https://spring. io/projects/spring-data-neo4j.

[3]　https://docs. mongodb. com/ecosystem/drivers/python/.

[4]　https://github. com/andymccurdy/redis-py.

[5]　https://neo4j. com/docs/java-reference/current/.

［6］　https://github.com/andymccurdy/redis-py.

［7］　https://pypi.org/project/cassandra-driver/.

［8］　https://py2neo.org/v4/.

［9］　侯宾. NoSQL 数据库原理［M］. 北京：人民邮电出版社，2018.

第 11 章
其他类型的 NoSQL 数据库

前面章节介绍了图数据库、文档数据库、键值数据库、列族数据库四大类 NoSQL 数据库，随着物联网、知识图谱等技术的发展，时序数据库、RDF 数据库、搜索引擎等技术的应用也越来越广泛。本章主要介绍时序数据库、RDF 数据库、搜索引擎这三类数据库相关技术的基础知识。

本章内容思维导图如图 11-1 所示。

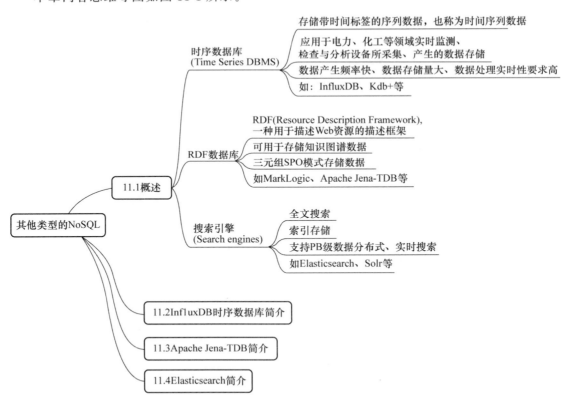

图 11-1 其他类型的 NoSQL 数据库章节内容思维导图

11.1　概　　述

NoSQL 数据库是适应大数据存储与管理应用需求而诞生的技术。多样性是大数据的一个典型特征，NoSQL 数据库也具有多样性。

11.1.1　时序数据库

时序数据库存储带时间标签的序列数据，也称为时间序列数据。时序数据库特别适合应用于环境感知与监测、物流、电力、化工等领域实时监测、检查与分析设备所采集、产生的数据的存储。这类数据产生频率快、数据存储量大、数据处理实时性要求高。物联网技术的高速发展必然带动时序数据库更加广泛的应用。国际数据库排名网站 DB-Engines Ranking 发布的 2019 年 11 月时序数据库（Time Series DBMS）排名结果如图 11-2 所示，其中 InfluxDB 位居第 1。

□ include secondary database models					32 systems in ranking, November 2019			
Rank			**DBMS**	**Database Model**	**Score**			
Nov 2019	Oct 2019	Nov 2018			Nov 2019	Oct 2019	Nov 2018	
1.	1.	1.	InfluxDB ➕	Time Series	19.93	+0.31	+6.29	
2.	2.	2.	Kdb+ ➕	Time Series, Multi-model ℹ	5.29	-0.15	+0.44	
3.	3.	↑6.	Prometheus	Time Series	3.64	+0.04	+1.69	
4.	4.	↓3.	Graphite	Time Series	3.32	-0.02	+0.48	
5.	5.	↓4.	RRDtool	Time Series	2.90	+0.19	+0.18	
6.	6.	↓5.	OpenTSDB	Time Series	2.13	+0.21	+0.11	
7.	7.	7.	Druid	Multi-model ℹ	1.79	-0.05	+0.43	
8.	8.	8.	TimescaleDB ➕	Time Series, Multi-model ℹ	1.73	+0.22	+1.19	
9.	↑11.	↑13.	FaunaDB ➕	Multi-model ℹ	0.61	+0.14	+0.40	
10.	10.	↑14.	GridDB ➕	Time Series, Multi-model ℹ	0.57	+0.03	+0.40	

图 11-2　时序数据库排名

InfluxDB 是用 Go 语言编写的一种开源分布式时序数据库，无须外部依赖，在监控领域、物联网采集设备的时序数据存储领域中有广泛的应用。OpenTSDB 其实不能说是数据库，它本身无法存储任何数据，更准确地说，它只是建立在 HBase 上的一层时序数据读写服务。本章主要以 InfluxDB 为例介绍时序数据库的相关知识。

11.1.2　RDF 数据库

资源描述框架（Resource Description Framework，RDF）是一种资源描述规范。它的出现最初来源于元数据的概念。所谓元数据，即"描述数据的数据"或者"描述信息的信息"。RDF 早期应用在苹果公司管理图片、音频等各种各样数据的元数据表示方面，后来人们发现 RDF 这种形式非常适合用于在万维网上对知识的结构化表示，于是 RDF 被设计为一种通用的资源描述方法，可以被计算机应用程序读取并处理，2004 年 2 月成为 W3C 标准。

知识图谱（Knowledge Graph）是人工智能中认知科学研究中的核心和基础。知识图谱通过形式化的技术和方法将知识领域中的概念及其关系、数据实例以图谱的形式关联起来，建立起丰富的语义链接,更加有利于实现机器自动学习知识,并反向更加智能地服务于人类美好生活的愿景。知识图谱的存储与表示有很多种方法,RDF 就是其中一种。知识图谱使用 RDF 可以描述世界上的各种资源,并以三元组的形式保存到知识库中。

RDF 使用简单的三元组集合方式来描述事物和关系,表示事物之间的语义关系。三元组是知识图谱中知识表示的基本单位,简称 SPO。三元组类似自然语言中的主语、谓语与宾语。从内容上看三元组的结构为"资源-属性-属性值",资源实体由统一资源标识符(URI)表示,属性值可以是另一个资源实体的 URI,也可以是某种数据类型的值,也称为字面量(Literals)。由于 RDF 规定资源的命名必须使用 URI,所以也直接解决了命名空间的问题。

国际数据库排名网站 DB-Engines Ranking 发布的 2019 年 11 月 RDF 存储(RDF stores)排名结果如图 11-3 所示。

☐ include secondary database models				20 systems in ranking, November 2019				
Rank						**Score**		
Nov 2019	Oct 2019	Nov 2018	**DBMS**	**Database Model**		Nov 2019	Oct 2019	Nov 2018
1.	1.	1.	MarkLogic ➕	Multi-model 🛈		12.82	-0.24	-0.64
2.	2.	2.	Virtuoso ➕	Multi-model 🛈		2.63	-0.09	+0.26
3.	3.	3.	Apache Jena - TDB	RDF		2.57	+0.03	+0.37
4.	4.	4.	Amazon Neptune	Multi-model 🛈		1.60	+0.23	+0.55
5.	5.	5.	GraphDB ➕	Multi-model 🛈		1.13	+0.02	+0.45
6.	6.	6.	AllegroGraph ➕	Multi-model 🛈		0.87	-0.01	+0.21
7.	7.	7.	Stardog ➕	Multi-model 🛈		0.76	+0.00	+0.23
8.	8.	8.	Blazegraph	Multi-model 🛈		0.59	+0.00	+0.19
9.	9.	↑ 12.	Redland	RDF		0.53	+0.04	+0.27
10.	10.	10.	RDF4J	RDF		0.38	0.00	+0.10

图 11-3　RDF 存储排名

排名第一的 MarkLogic 是一个支持多种模型数据存储与管理的可扩展的平台。MarkLogic 公司创立于 2001 年,开发的 MarkLogic 数据库并不依赖某种流行的特定开源技术,核心技术是闭源的。它本身是一个文档数据库,但支持灵活的数据模型,内置语义搜索,高可扩展,高可用。底层使用了 HDFS,能够与 Hadoop 生态系统很好地集成。MarkLogic Server 是以文档为中心的领域专用数据库,能够实现 TB 级非结构化数据资源的全文检索。MarkLogic 可以直接存储多种数据类型,如 JSON、XML、RDF、坐标及图片、视频等二进制数据,支持针对不同类型内容的 RESTFul 和 HTTP 请求。

XML 是可扩展标记语言。它是一种元语言,可以定义文档结构相关的语义标记,数据文件中包含结构。XML 遵循 XML 标准体系,支持 Xquery、XPath 等对数据进行操作。可以存储 XML 数据的数据库有 MarkLogic、Oracle Berkeley DB 等。

在数据模型方面,MarkLogic Server 采用 XML 树状结构组织,对 XML 文档提供多种形式的索引,数据查询和检索使用的 DML 和 DDL 语言为 XQuery,MarkLogic 始终保持着远超同类数据库的 XML 文档处理速度,并且支持数据的事务管理要求。由于 MarkLogic 可以在不预先建立文档 Schema 的基础上自动索引文档包含的所有要素,所以 MarkLogic 对 XML、RDF 文档的管理几乎不需要借助 DDL 数据库模式定义。

RDF 数据也可以采用图数据库存储,如 Neo4j 及北京大学研发的 gStore 图数据库等。纯粹用于 RDF 存储的引擎 Apache Jena-TDB 如图 11-3 所示,它是 Apache Jena framework 的一部分。本章主要以开源的 Apache Jena-TDB 为例介绍 RDF 存储。

11.1.3　搜索引擎

随着各个应用领域企业,特别是互联网企业内部数据量越来越大,高效搜索相关文档数据的需求越来越迫切,高效搜索引擎被引入企业级应用系统架构中。国际数据库排名网站 DB-Engines Ranking 发布的 2019 年 11 月搜索引擎(Search engines)排名结果如图 11-4 所示。

☐ include secondary database models					20 systems in ranking, November 2019			
Rank						**Score**		
Nov 2019	Oct 2019	Nov 2018	**DBMS**		**Database Model**	Nov 2019	Oct 2019	Nov 2018
1.	1.	1.	Elasticsearch ➕		Search engine, Multi-model ⓘ	148.40	-1.77	+4.94
2.	2.	2.	Splunk		Search engine	89.06	+2.23	+8.69
3.	3.	3.	Solr		Search engine	57.78	+0.21	-3.10
4.	4.	4.	MarkLogic ➕		Multi-model ⓘ	12.82	-0.24	-0.64
5.	5.	5.	Sphinx		Search engine	7.04	-0.35	-0.32
6.	6.	6.	Microsoft Azure Search		Search engine	6.60	+0.07	+1.29
7.	7.	7.	ArangoDB ➕		Multi-model ⓘ	5.02	+0.14	+0.87
8.	8.	8.	Algolia		Search engine	4.89	+0.38	+1.14
9.	⬆ 11.	⬆ 10.	Amazon CloudSearch		Search engine	3.17	+0.48	+0.42
10.	⬇ 9.	⬇ 9.	Google Search Appliance		Search engine	2.77	-0.09	-0.12

图 11-4　搜索引擎排名

Elasticsearch 位居第一,它是一个基于 Apache Lucene 的开源、分布式并且支持 RESTful 接口的现代搜索与分析引擎,采用 Java 语言开发。Solr 也是一个采用 Java 开发并基于 Lucene 的高性能全文搜索引擎。Solr 提供了比 Lucene 更为丰富的查询语言,是一款非常优秀的全文搜索引擎。Solr 用户可以通过 HTTP 请求,向搜索引擎服务器提交一定格式的文件,生成索引;也可以通过 HTTP Get 操作提出查找请求,并得到 XML/JSON 格式的返回结果。它能够提供高效、灵活的缓存功能与垂直搜索功能,突出显示搜索结果,提供一套强大的 Data Schema 来定义字段、类型和设置文本分析,提供基于 Web 的管理界面等。限于篇幅,本章主要以 Elasticsearch 为例介绍搜索引擎相关知识。

11.2　InfluxDB 时序数据库简介

时序数据就是带有明显的时间序列特征的数据,如随着时间不断变化的股票价格数据、温度变化数据、传感器感知的状态数据、物流中车辆及货物流转状态数据等。时序数据库中每条时序数据都和某个时间点相关联,记录着该时刻业务领域的数据状态。InfluxDB 时序数据库主要特色功能描述如下。

InfluxDB 安装程序

(1) 基于时间序列,支持与时间有关的相关函数,如最大、最小、求和等。

(2) 可度量性:可以实时对时序大数据进行计算。

(3) 基于事件:支持任意的事件数据。

InfluxDB 数据可从链接 https://portal.influxdata.com/downloads/下载。Windows 版本是绿色版,因此不需安装,只需要解压到相应的目录即可。

打开命令窗口后,cd 到主目录运行如下命令:

```
> influxd.exe -config influxdb.conf
```

然后在提示符后输入以下命令,可以看到系统默认包含的数据库列表信息。

```
> show databases;
```

InfluxDB 采用的是一种类似 SQL 的语法,例如创建时序数据库 testDB 语法如下:

```
create databases testDB
```

InfluxDB 时序数据库中的建模术语说明如下。

(1) database:数据库。

(2) measurement:对应数据库中的表,不需单独创建表,直接新增一条数据时,如果该 measurement 不存在,将会创建并插入一条数据。

(3) point:对应表中的一行数据,point 由时间戳(time)、数据列(field)、标签列(tag)组成;时间戳以 ns 为单位,每个记录都有这个属性,没有显示添加时,默认会给一个值。

(4) tag:对应 measurement 的索引列,也可以没有。类型要求是字符串类型,属于键值对结构,适合作为查询的过滤条件。

(5) field:对应数据列,field 无索引,属于键值对结构,类型可以是 long、string、boolean、float、int 等。

(6) retention policy:时序数据库特有的概念,定义时序数据保留策略,如 1 分钟、5 分钟策略,即决定数据保存多久后就可以删除数据。保留策略中还可以设定集群中的副本个数、shardGroupDuration 等参数。shardGroup 是 InfluxDB 存储时序数据的一个基本储存结构。

(7) series:一个 measurement 中存在多个序列,索引 tag 集合的键值对与保留策略能够确定一个时间序列。

比如数据库中有一个表叫 temperature,有两个保留策略,分别表示 5 分钟和 10 分钟,tag 有 location、room。location 有 10 个不同的值,room 有 100 个不同的值,那么这个 temperature 有 $10 \times 100 \times 2$ 共 2 000 个序列。series 的数量对于 InfluxDB 的性能有很大的影响,series 数量越多,对 CPU、内存资源的要求越大。时序数据存储时,需根据业务需求注意 field 和 tag 的设计。

InfluxData 公司还推出了基于 InfluxDB 为存储后端的其他组件,其中 Telegraf 是一个类似 Flume、Heka 的收集器;Chronograf 用于前端展示;Kapacitor 可用于报警检测,也可以进行 ETL 操作。InfluxDB 提供客户端命令行方式、HTTP API 接口、不同编程语言 API 库三种操作方式。InfluxDB 也可作为其他可视化展现工具的数据源进行时序数据的展现与分析,如 grafana 等。

11.3　Apache Jena-TDB 简介

Apache Jena 是专门用于语义网本体操作的开源 Java 框架,提供 RDF 和 SPARQL API,来查询、修改本体和进行本体推理,并且提供了 TDB 和 Fuseki 来存储和管理三元组。TDB 是 Jena 用于 RDF 存储和查询的模块,可以使用命令行或者 Java API 的形式操作 TDB 中的

RDF 数据,TDB 支持事务管理。Fuseki 模块提供 SPARQL 服务,可以多个进程同时访问 TDB 数据集。Jena 下载链接为 https://jena.apache.org/download/。

TDB 存储的 RDF 数据集由 Node 表、Triple 和 Quad 索引、Prefixes 表组成,存放在指定的文件系统目录下。S、P、O 分别代表 Subject、Predicate 和 Object,TDB 采用 B＋树维护 SPO、POS 和 OSP 三种基本形式的三元组索引。

在实际操作中,数据存储管理操作主要包含以下步骤。

(1) 建立 Dataset:建立 Dataset 对象,Dataset 是 TDB 的一个封装类,对应数据库概念。

(2) 装载 Model:将 RDF 文件的三元组读取到 Model 中,Model 对应表的概念,Jena 操作都是围绕 Model 数据结构展开。一个 Dataset 对象包含多个 Model,Model 有各自的名字,Dataset 中默认存在一个 DefaultModel。

(3) 数据持久化:将 Model 对象固化到 TDB 文件,完成数据持久化。装载 Model 时,需要输入 TDB 文件夹的地址。该位置就是将包含了 RDF 数据的 Model 固化到 TDB 的地址。在下次启动时,可以从这个 TDB 文件地址读取到之前固化的各个 Model。

(4) 提交和关闭操作:所有写操作完成后,提交 Model,提交 Dataset,进行事务提交。然后关闭 Model,关闭 Dataset。

基于 Java 等编程语言调用 Jena 提供的编程 API 对 TDB 中的 RDF 数据进行 CRUD 操作的示例参见官网文档。

11.4　Elasticsearch 简介

Elasticsearch(ES) 是一个开源的、高扩展的、分布式、高实时的企业级全文检索引擎。它可以近乎实时地存储、检索数据,可扩展到上百台服务器,处理 PB 级别的数据,支持 RESTful Web 访问接口。Elasticsearch 是用 Java 语言开发的。Elasticsearch 的实现原理:首先用户将数据提交到 Elasticsearch 数据库中,通过分词控制器将对应的语句分词,将其权重和分

ES 安装程序

词结果一并存入数据库;当用户搜索数据时,根据权重将结果排名、打分,再将结果呈现给用户。ES 通过简单的 RESTful API 来隐藏 Lucene 的复杂性,从而让全文搜索易于应用集成。下载链接为 https://www.elastic.co/cn/downloads/elasticsearch。

Elasticsearch 技术的核心概念描述如下。

(1) 全文检索:指对一篇文章进行索引,可以根据关键字搜索,类似于 MySQL 里的 like 语句。全文索引就是把内容根据词的意义进行分词,然后分别创建索引,例如“NoSQL 技术之文档数据库简介”分词后分解为一个词序列,针对关键词如“NoSQL”“技术”“文档数据库”“简介”等可创建索引,这样当搜索“文档数据库”或者“NoSQL”时就会快速把这个文档查询出来。

(2) 分片(Shard):当有大量的文档时,数据可以分为较小的分片。每个分片放到不同的服务器上。当查询的索引分布在多个分片上时,ES 会把查询发送给每个相关的分片,并将结果组合在一起,这个过程对用户来说是透明的。从底层实现机制来看,一个分片就是一个 Lucene Index,Lucene 中包含很多小的 Segment,Segment 是存储的最小管理单元。

(3) 副本(Replia):为提高查询吞吐量或实现高可用性,可以使用分片副本,每个分片可以

有零个或多个副本。主分片可以执行更改索引操作,当主分片不可用时,集群会将某个副本提升为新的主分片。

ES 中有关数据存储模型方面的关键术语介绍如下。

(1) Index:对应数据库的概念。

(2) Type:对应表的概念,1 个索引下面可以有多个类型。

(3) Document:对应行,1 个 Type 由多个文档组成。

(4) Field:字段,一个文档可以有多个 Field。

(5) Mapping:模式定义,定义索引下的 Type 的字段处理规则,即索引如何建立、索引类型、是否保存原始索引 JSON 文档、是否压缩原始 JSON 文档、是否需要分词处理、如何进行分词处理等。

(6) 数据操作:通过 RESTful API 的 GET、PUT、POST、Delete 实现数据的增、删、改、查操作。也可安装 Kibana 工具,通过使用其提供的 DevTools,在更加友好的界面下执行数据操作。

ES 分布式集群架构可横向扩展,支持 PB 级大数据毫秒级搜索服务,索引被分为很多分片分布式存储在集群中各个节点上。GitHub、维基百科、SoundCloud 等互联网企业都采用 Elasticsearch 作为企业的核心搜索引擎。ES 在百度多个产品线也有很好的应用,如百度文库、云分析等。

11.5　本　章　小　结

本章主要介绍了时序数据库、RDF 数据库、搜索引擎相关基础知识。时序数据是带有明显的时间序列特征的数据。RDF 使用简单的三元组集合方式来描述事物和关系,表示事物之间的语义关系。三元组是知识图谱中采用 RDF 表示知识的基本单位,简称 SPO。三元组类似于自然语言中的主语、谓语与宾语。高可扩展、分布式、实时的企业级全文检索引擎在互联网企业级系统中被广泛应用。本章以 InfluxDB 为例介绍时序数据库相关基础知识,以 Apache Jena-TDB 为例介绍 RDF 数据存储相关基础知识,以 Elasticsearch 为例介绍搜索引擎相关基础知识。

11.6　思考与练习题

1. 时序数据库有什么特点?请比较 HBase-OpenTSDB 与 InfluxDB 模型的异同。

2. 什么是知识图谱?RDF 与知识图谱的关系是什么?

3. RDF 数据有什么特点?请列举三种可以用于存储 RDF 数据的数据库。

4. 搜索引擎与数据存储有什么关系?

5. InfluxDB 时序数据库建模有什么特点?一行数据一般由什么构成?

6. 请下载并安装 InfluxDB 数据库,建立数据库 testDB,创建表 weather 用于记录某地区的天气情况,表中包含字段有时间、温度、湿度、地区,并实践数据的 CRUD 操作,撰写实践报告。

7．简述 Apache Jena-TDB 用于 RDF 数据存储时的一般操作步骤。

8．搜索引擎有什么作用？请举例说明 Elasticsearch 的应用场景。

9．从 Elasticsearch 数据存储角度看，Index、Type、Document、Field、Mapping 的作用分别是什么？

10．Elasticsearch 索引和分片的关系是什么？

本章参考文献

［1］ https：//db-engines. com/en/ranking/time＋series＋dbms.

［2］ https：//db-engines. com/en/ranking/rdf＋store.

［3］ https：//db-engines. com/en/ranking/search＋engine.

［4］ http：//www. openkg. cn/tool/gstore.

［5］ http：//www. gstore-pku. com/pcsite/index. html.

［6］ https：//www. influxdata. com/.

［7］ https：//docs. influxdata. com/.

［8］ https：//github. com/influxdata/influxdb.

［9］ https：//github. com/jasper-zhang/influxdb-document-cn.

［10］ http：//jena. apache. org/documentation/tdb/.

［11］ https：//www. jianshu. com/p/752481bbeda0.

［12］ https：//www. marklogic. com/.

［13］ https：//tutorial-academy. com/apache-jena-tdb-crud-operations/.

第 12 章

区块链数据存储技术

区块链(Blockchain)本质上是一个去中心化的数据库,它也是分布式数据存储、共识机制、加密算法、点对点传输等计算机技术的新型综合应用模式,可以用于验证记录信息的有效性,起到防伪作用,在数字金融、征信等领域备受关注。习近平主席在主持中央政治局第十八次集体学习时提出把区块链作为我国核心技术自主创新的重要突破口技术。本章主要从数据存储角度介绍区块链相关知识。

本章内容思维导图如图 12-1 所示。

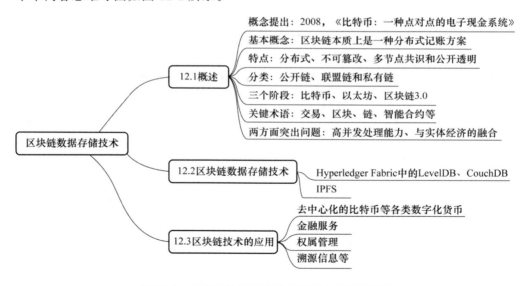

图 12-1 区块链数据存储技术章节内容思维导图

12.1 概　　述

区块链本质上是一种分布式公共记账方案。概念出自 2008 年 Satoshi Nakamoto 的一篇论文《比特币:一种点对点的电子现金系统》,通过建立一组互联网上的公共账本,由网络中所有的用户共同在账本上记账与核账,来保证信息的真实性和不可篡改性。区块链名称非常形象,因为区块链存储数据的结构是由网络上一个个存储区块组成的一根区块数据链条,每个区块中包含了一定时间内网络中全部的信息交易数据,而随着时间推移这条链会不断增长。

区块链的核心概念是分布式账本,同样的账本而且是全量的交易数据在任意一台服务器节点上都有,所以其优点是数据很难造假,造假后也可以通过追溯记录来追究法律责任,缺点就是极大的浪费。区块链的这种特性同时带来的另一个问题是账本不能太大,至少不能超过区块链网络中最小节点的存储以及处理能力,这制约了总交易数据的数量。

区块链技术相关的基本概念简要说明如下。

(1)交易(Transaction):一次操作,导致账本状态的一次改变,如一次转账操作。

(2)区块(Block):记录一段时间内发生的交易和状态结果,是对当前账本状态的一次共识。第一个区块称作创世区块,创世区块的高度为 0,后续区块高度依次递增。

(3)链(Chain):由一个个区块按照发生顺序串联而成,是整个状态变化的日志记录,如图12-2 所示。如果把区块链作为一个状态机,则每次交易就是试图改变一次状态,而每次共识生成的区块,就是参与者对于区块中所有交易内容导致状态改变的结果进行确认。

(4)智能合约(Chaincode):是运行在区块链上的模块化、可重用的自动执行脚本,可以完成复杂的业务逻辑,同一个区块链上可以有多份合约,而每份合约可以约定不同的参与者、企业或者相关方。也可以指定每份合约里每个子命令做一批特定的事,可以在合约里指定允许哪些企业的节点参与到交易流程中来,在 fabric 里称作共识策略。

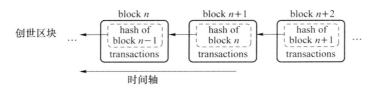

图 12-2　区块链的简单结构

根据参与者的不同,区块链可以分为公开(Public)链、联盟(Consortium)链和私有(Private)链。公开链即任何人都可以参与使用和维护,典型的如比特币区块链,信息是完全公开的。私有链一般由某些组织内部管理,信息不公开,仅是组织内使用。联盟链则介于两者之间,由若干组织一起合作维护区块链,该区块链的使用有权限管理,相关信息会得到保护。根据使用目的和应用场景的不同,区块链也可以分为以数字货币为目的的货币链、以记录产权为目的的产权链、以众筹为目的的众筹链等。就区块链技术本身而言,所有直接或间接依赖于第三方担保信任机构的活动,均可能从区块链技术中获益。

区块链是一个有效记录双方交易的分布式账本,具有分布式、不可篡改、多节点共识和公开透明的特征。

(1)分布式:区块链系统内没有中心化的服务器节点和管理机构,各节点之间的权利和义务近乎均等,每个节点都能获得完整的数据拷贝,系统由多个节点共同维护。

(2)不可篡改:区块链上的区块只能新增,不能被替换,交易可以通过新增区块的方式予以修改,但是区块记录将永久保留。

(3)多节点共识:无中心管理节点,各个节点之间通过共识机制对入链数据进行验证,数据内容和系统运作规则公开透明,节点之间通过技术手段自动实现信任关系。

(4)公开透明:通过共识机制,账本和商业规则可以被所有人审阅,并可利用时间戳机制对交易记录进行追溯,保证了交易数据的公开透明。

区块链技术的广泛应用还面临很多挑战,需要攻坚克难,其中最突出的两个问题描述如下。

(1) 高并发处理能力:每秒处理的交易数(Transaction Per Second,TPS)性能是区块链发展阶段的一个硬性标准。例如以太坊技术阶段 TPS 较比特币阶段有了很大的提升,从每秒 7 次交易处理能力,提高到了每秒 40 次左右。目前区块链 3.0 阶段 TPS 能达到千级别,但各个应用领域,特别是互联网领域动辄数十、上百万 TPS 的场景比比皆是,因此区块链技术想要真正具备广泛的落地能力,百万级别的 TPS 是不可或缺的条件。

(2) 与实体经济的融合:新技术必须有应用场景,和实体经济挂钩带来收益,能够推动传统经济降低运营成本,提高工作效率,或者推动共享新经济模式的发展,才能有更广阔的生存空间,否则只能是昙花一现。

12.2　区块链数据存储技术

区块链技术的核心思想是去中心化,将历史交易数据以区块的链式结构进行分布式存储,基于分布式计算平台利用分布式共识算法技术提供防篡改的可信数据服务。区块链技术是第四次工业革命的重要技术,有望重塑社会治理和信任机制,升级隐私保护和数据保护方式。

区块链的发展主要经历了三个阶段:比特币为代表的可编程货币区块链技术;以太坊为代表的可编程金融区块链技术,引入智能合约但应用范围有限,主要是金融领域的应用;实现完备权限控制和安全保障的 Hyperledger 项目代表的区块链技术,更加通用,受到金融领域以外其他领域的广泛关注。生态令(ECOL)被认为是区块链 3.0 可编程社会时代的奠基性技术。它开创并定位了区块链 3.0 技术的统一标准,是智能化、高效化、模块化、有效去中心化的多维多功能区块链生态圈和应用场景的解决方案。生态令汇聚区块链、大数据、物联网、人工智能(AI)、虚拟现实(VR)等诸多领域的最新研究成果,试图建立人类的计算机统一语言和编程环境。

本节以 Hyperledger Fabric (HLF) 为例介绍区块链数据存储相关技术。HLF 是由 Linux 基金会主导推广的区块链开源项目。在 HLF 的基础上又衍生出了其他一些相关的项目。HyperLedger 项目汇集了金融、银行、物联网、供应链、制造等各界开发人员的心血。HLF 是区块链中优秀的联盟链,主要代码由 IBM、Intel、各大银行等贡献,目的是打造一个跨领域的区块链应用开发平台。

HLF 的存储系统和比特币一样,也是由普通的文件存储和 KV 数据库(LevelDB/CouchDB)组成的。在 HLF 中,每个 channel 对应一个账本目录,账本目录由 blockfile_000000、blockfile_000001 命名格式的文件组成。为了快速检索,区块数据每个文件的大小是 64 MB。每个区块的数据由区块头和区块里的所有交易数据构成,区块数据会序列化为字节码的形式写入 blockfile 文件中。HLF 使用 KV 数据库存储检索信息。每次新交易执行完,都同步更新一个状态数据库,在 fabric 里默认用的是 levelDB,这样查询当前状态时,只需要查询该数据库即可。

在序列化的过程中,程序以追加方式打开 blockfile 文件,然后将区块大小和区块数据写入 blockfile 文件中。

以下是区块数据写入的具体描述:

（1）写入区块头数据，依次写入的数据为区块高度、交易哈希和前一个区块哈希；

（2）写入交易数据，依次写入的数据为区块包含交易总量和每笔交易的详细数据；

（3）写入区块的元数据，依次写入的数据为元数据总量和每个元数据项的数据详细信息。

在写入数据的过程中会以 KV 的形式保存区块和交易在 blockfile 文件中的索引信息，以方便 HLF 的快速查询。

HLF 区块索引信息格式在 KV 数据库中存储最终的 LevelKey 值由前缀标志和区块 hash 组成，而 LevelValue 的值由区块高度、区块哈希、本地文件信息、每个交易在文件中的偏移量和区块的元数据组成，HLF 按照特定的编码方式将上述信息拼接成数据库中的值。

HLF 交易索引信息格式在 KV 数据库中存储最终的 LevelKey 值由 channel_name、chaincode_name 和 chaincode 中的键值组合而成。而 LevelValue 的值由区块号、交易在区块中的编号组成，HLF 通过将区块号和交易编号按照特定的方式编码，然后与 chaincode 中的值相互拼接最终生成数据库中的值。

EOS(Enterprise Operation System)是为商用分布式应用设计的一款区块链操作系统。EOS 是 EOS 软件引入的一种新的区块链架构，旨在实现分布式应用的性能扩展。它并不像比特币和以太坊那样是数字货币，而是基于 EOS 软件项目之上发布的代币。EOS 通过并行链和 DPOS 的方式解决了延迟和数据吞吐量的难题，可以达到每秒上千级别的处理量。EOS 文件存储系统使用 IPFS 分布式文件系统作为底层存储。

IPFS 星际文件系统是一种内容可寻址、点对点、通过 HTTP 传输的开源分布式文件系统。IPFS 采用内容寻址技术，即通过文件内容进行检索而不是通过文件的网络地址，针对文件内容进行哈希运算，将哈希值作为文件名保存在本地数据库中，因此只要文件内容不变，文件名也保持不变。运行 IPFS 的节点，既是客户端又是服务器。客户端通过发送文件名到服务器，请求下载文件，服务器会根据文件名查找对应的文件，查找成功后将文件发送给客户端，当文件下载完成后，客户端通过对文件内容进行哈希运算，将哈希值和文件名作比较就可以确定文件的完整性。IPFS 的工作机制是将整个文件拆散，然后存储在全球的不同节点上，本质上是一个对等的分布式文件系统。目前已应用在很多区块链数据存储领域项目中。

12.3　区块链技术的应用

区块链技术的集成应用在新技术革新和产业变革中起着重要作用。区块链成为核心技术自主创新的重要突破口，区块链 3.0 应用范围已超出金融领域，智能化物联网时代区块链技术可扩展到人类生活的方方面面，人们可以不再依靠某个第三人或者机构获取信任或者建立信任，可实现数字化信息的可信共享。这使得区块链适合记录交易事件、医疗记录和其他记录管理活动，比如信用记录、身份管理、交易处理、来源记录、食品可追溯性或投票数据等。

IPFS 安装程序

区块链技术的典型应用场景描述如下。

- 金融服务：主要是降低交易成本，减少跨组织交易风险等。该领域的区块链应用将最快成熟起来，银行和金融交易机构将是主力推动者。
- 征信和权属管理：这是大型社交平台和保险公司都梦寐以求的，目前还缺乏足够的数据来源、可靠的平台支持和有效的数据分析和管理。

- 溯源信息：如医疗、农产品行业产品从生产、运输到消费者的信息的可信记录，避免假疫苗、毒韭菜等事件的发生。
- 二手车交易：车辆信息从购买到使用过程中维护、事故信息记录的保存，为二手车买主提供可信的交易信息。
- 投资管理：无论公募还是私募基金，都可以应用区块链技术降低管理成本和管控风险。

国内迅雷公司研发的"迅雷链"拥有百万级并发处理能力，采用全新升级的 PBFT (Practical Byzantine Fault Tolerance)共识算法，单链出块速度可达秒级，同时还具备简易接入、弹性扩展、节省成本等特点，可实现广泛应用的区块链载体。2019 年 11 月迅雷链与泰国那黎宣大学合作打造的"Doctor X 医疗资源共享平台"作为首个中国区块链技术输出至海外的应用案例，充分展示出中国区块链核心技术具备了极强的"硬实力"。作为核心技术自主创新的重要突破口，区块链的高性能访问问题、安全风险问题还需要进一步探索和研究。

12.4　本 章 小 结

区块链技术的集成应用在新的技术革新和产业变革中起着重要作用。本章主要介绍了区块链技术的基本概念、特点及关键技术与应用场景。区块链本质上是一个去中心化的数据库。区块链是一个有效记录双方交易的分布式账本，具有分布式、不可篡改、多节点共识和公开透明的特征。根据参与者的不同，区块链可以分为公开链、联盟链和私有链。HLF 采用了键值数据库 LevelDB 存储状态数据及索引数据，也可配置为 CouchDB。IPFS 是一个面向全球的、点对点的分布式文件系统，目前在区块链数据存储领域应用越来越广泛。

12.5　思考与练习

1. 什么是区块链？
2. 区块链技术发展的三个阶段的关键差异是什么？
3. 简述区块链技术的典型特征。
4. 什么是 EOS？EOS 数据存储采用什么机制？
5. Hyperledger Fabric 是什么？主要采用什么方式存储区块链中的数据？
6. 请思考区块链技术的应用场景，除了本书提到的应用以外，请简述两方面可能的应用场景。

本章参考文献

[1]　http://paper.people.com.cn/rmrbhwb/html/2019-10/26/content_1952533.htm.

[2]　杨毅. HyperLedger Fabric 开发实战：快速掌握区块链技术[M]. 北京：电子工业出版社，2018.

[3]　虞家男. EOS 区块链应用开发指南[M]. 北京：电子工业出版社，2018.

［4］　https：//blog. csdn. net/tiandiwuya/article/details/81289923.

［5］　http：//baijiahao. baidu. com/s? id＝1599342083853878207&wfr＝spider&for＝pc.

［6］　https：//blog. csdn. net/aaa123524457/article/details/80966976.

［7］　https：//blog. csdn. net/russell_tao/article/details/80459698.